建筑•室内•景观设计

SketchUp 2018

从入门到精通

麓山文化　编著

机械工业出版社

本书共 11 章，第 1 章～第 5 章从熟悉操作界面开始，首先介绍了 SketchUp 2018 常用工具和高级工具的用法，然后通过酒柜、木桥、欧式凉亭、廊架等绘制实例，综合练习前面所学知识，掌握绘图技能；第 6 章～第 10 章详细讲解了使用 SketchUp 2018 进行户型图设计、客厅室内设计、现代别墅建筑设计、欧式办公楼建筑设计、广场景观设计的方法和技巧；第 11 章介绍了如何使用 V-Ray 渲染器与 SketchUp 进行结合，渲染输出高品质效果图的方法和技巧。

本书配套资源内容丰富，除包含全书所有实例的素材和源文件外，还额外赠送高清语音教学视频，以及大量模型、贴图等实用资源，真正做到物有所值。

本书适合广大室内设计、建筑设计、城市规划设计、景观设计的工作人员与相关专业的大中专院校学生学习使用，也可供房地产开发策划人员、效果图与动画制作从业人员，以及希望使用 SketchUp 2018 来进行绘图的图形图像爱好者作为参考。

图书在版编目（CIP）数据

建筑·室内·景观设计SketchUp 2018从入门到精通/麓山文化编著. —5版. —北京：机械工业出版社，2020.3（2024.9重印）
ISBN 978-7-111-64716-4

Ⅰ.①建…　Ⅱ.①麓…　Ⅲ.①建筑设计-计算机辅助设计-应用软件　Ⅳ.①TU201.4

中国版本图书馆CIP数据核字（2020）第025990号

机械工业出版社（北京市百万庄大街22号　邮政编码 100037）
策划编辑：曲彩云　责任编辑：曲彩云　李含杨
责任印制：单爱军
北京虎彩文化传播有限公司印刷
2024年9月第5版第4次印刷
184mm×260mm · 22印张 · 587千字
标准书号：ISBN 978-7-111-64716-4
定价：79.00元

电话服务　　　　　　　　　网络服务
客服电话：010-88361066　机 工 官 网：www.cmpbook.com
　　　　　010-88379833　机 工 官 博：weibo.com/cmp1952
　　　　　010-68326294　金 书 网：www.golden-book.com
封底无防伪标均为盗版　机工教育服务网：www.cmpedu.com

前　言

关于 SketchUp

SketchUp 是一个直接面向设计过程的三维软件，区别于追求模型造型与渲染表现真实度的其他三维软件，SketchUP 更多地关注于设计，软件的应用方法类似于现实中的铅笔绘画。SketchUp 软件可以让使用者非常容易地在三维空间中画出尺寸精准的图形，并快速生成 3D 模型。因此，通过短期的认真学习，即可熟练掌握该软件的使用，并在设计工作中发掘出该软件的无限潜力。

本书内容

本书首先从易到难、由浅入深地介绍了 SketchUp 2018 各方面的基本操作，然后结合室内、建筑、园林景观等实际案例，详细讲解了 SketchUp 2018 在各设计行业的应用方法和技巧，最后介绍了 SketchUp 与 V-Ray 渲染器结合，进行渲染输出的技巧。

本书共 11 章，各章具体内容如下.

第 1 章为"SketchUp 快速入门"，主要介绍 SketchUp 的功能特点，并熟悉其基本界面与操作。

第 2 章为"SketchUp 常用工具"，主要介绍 SketchUp 常用的工具栏，使读者掌握软件最为常用的一些模型建立方法，以便快速上手。

第 3 章为"SketchUp 高级工具"，主要介绍 SketchUp 实体工具、截面工具以及地形工具等高级工具，使读者进一步掌握 SketchUp 的建模方法。

第 4 章为"SketchUp 导入与导出"，主要介绍 SketchUp 与 AutoCAD、3ds max 等软件文件间的互转，方便在实际工作中使用相关文件。

第 5 章为"SketchUp 基本建模练习"，主要通过一些常用模型组件建立的方法，使读者具备初步的软件应用能力，如下图所示。

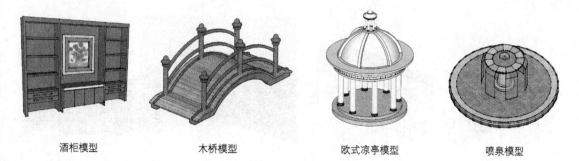

| 酒柜模型 | 木桥模型 | 欧式凉亭模型 | 喷泉模型 |

第 6 章为"室内户型图设计"，主要介绍利用一张平面布置图建立户型图三维模型的方法与技巧，如下图所示。

 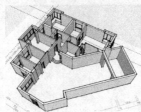 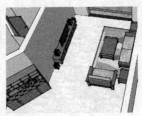 

导入平面布局图　　　　　　建立框架　　　　　　　　细化空间　　　　　　　户型图最终效果

第 7 章为 "欧式别墅客厅室内设计"，主要介绍通过 AutoCAD 平面图推敲高细节室内装饰三维模型的方法与技巧，如下图所示。

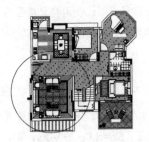 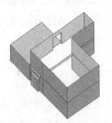 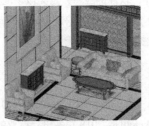 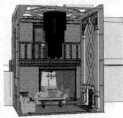

导入 CAD 平面图　　　　　　建立框架　　　　细化立面与合并家具模型　　　最终完成效果

第 8 章为 "室外别墅建筑照片建模"，主要介绍通过照片建立匹配的三维模型的方法与技巧，如下图所示。

导入照片　　　　　　　进行照片匹配　　　　　　创建建筑细节模型　　　　最终完成效果

第 9 章为 "欧式办公楼建筑设计"，主要介绍通过 AutoCAD 施工图建立高细节三维模型的方法与技巧，如下图所示。

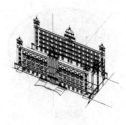 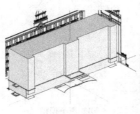  

导入施工图　　　　　　创建轮廓　　　　　　　细化立面　　　　　　最终完成效果

第 10 章为 "广场景观方案设计"，主要介绍通过彩平图建立广场景观的方法与技巧，如下图所示。

导入彩平图

创建景观

创建建筑与环境

最终完成效果

　　第 11 章为"V-Ray for SketchUp 渲染表现"，主要介绍了 V-Ray for SketchUp 渲染器材质、灯光和渲染面板的基本知识，然后通过室内客厅渲染具体案例，讲解效果图的渲染流程和方法。

初始模型

布置完场景模型

初步渲染效果

最终渲染效果

本书配套资源

　　本书物超所值，除了书本内容，还附赠素材、视频、模型等资源，扫描"资源下载"二维码即可获得下载方式。

　　读者可以先像看电影一样轻松愉悦地通过教学视频学习本书内容，然后对照本书加以实践和练习，以提高学习效率。

资源下载

读者群体

　　本书内容翔实，实例丰富，结构严谨，深入浅出，适合广大室内设计、建筑设计、城市规划设计、景观设计的工作人员与相关专业的大中专院校学生学习使用，也可供房地产开发策划人员、效果图与动画制作从业人员，以及希望使用 SketchUp 来进行绘图的图形图像爱好者作为参考。

本书编著者

　　本书由麓山文化编著，参加编写的有陈志民、薛成森、江凡、张洁、马梅桂、戴京京、骆天、胡丹、陈运炳、申玉秀、李红萍、李红艺、李红术、陈云香、陈文香、陈军云、彭斌全、林小群、刘清平、钟睦、刘里锋、朱海涛、廖博、喻文明、易盛、陈晶、张绍华、黄柯、何凯、黄华、陈文轶、杨少波、杨芳、刘有良、刘珊、赵祖欣、刘慧明、毛琼健、宋瑾、江涛、袁圣超。

　　由于编著者水平有限，书中错误、疏漏之处在所难免。在感谢您选择本书的同时，也希望您能够把对本书的意见和建议告诉我们。

　　读者服务邮箱：lushanbook@qq.com

　　读　者 QQ 群：327209040

麓山文化

目　录

前言

第 1 章　SketchUp 快速入门·········1

1.1　认识 SketchUp ··············2
　1.1.1　直观的显示效果········2
　1.1.2　便捷的操作性··········2
　1.1.3　优秀的方案深化能力·····3
　1.1.4　全面的软件支持与互转···3
　1.1.5　自主的二次开发功能·····3
　1.1.6　SketchUp 2018 新增功能 ·4
1.2　了解 SketchUp 2018 界面构成·····4
　1.2.1　菜单栏················5
　1.2.2　工具栏················5
　1.2.3　状态栏················6
　1.2.4　数值输入框············6
　1.2.5　绘图区················6
1.3　SketchUp 视图的控制·········7
　1.3.1　切换视图··············7
　1.3.2　旋转视图··············8
　1.3.3　缩放视图··············8
　1.3.4　平移视图·············10
　1.3.5　撤销、返回视图工具·····10
　1.3.6　设置视图背景与天空颜色10
1.4　SketchUp 对象的选择········11
　1.4.1　一般选择·············11
　1.4.2　框选与叉选···········13
　1.4.3　扩展选择·············14
1.5　SketchUp 对象的显示········14
　1.5.1　七种显示模式··········14
　1.5.2　边线显示效果··········16
1.6　设置 SketchUp 绘图环境·····20

　1.6.1　设置绘图单位·········20
　1.6.2　设置工具栏···········21
　1.6.3　自定义快捷键·········21
　1.6.4　设置文件自动备份······23
　1.6.5　保存与调用模板········23

第 2 章　SketchUp 常用工具······25

2.1　SketchUp【绘图】工具栏·······26
　2.1.1　【矩形】工具··········26
　2.1.2　【直线】工具··········29
　2.1.3　【圆】工具············34
　2.1.4　【圆弧】工具··········35
　2.1.5　【多边形】工具········39
　2.1.6　【手绘线】工具········40
2.2　SketchUp【编辑】工具栏·······41
　2.2.1　【移动】工具··········41
　2.2.2　【旋转】工具··········43
　2.2.3　【缩放】工具··········45
　2.2.4　【偏移】工具··········47
　2.2.5　【推/拉】工具·········49
　2.2.6　【路径跟随】工具·······51
2.3　SketchUp【主要】工具栏·······53
　2.3.1　【制作组件】工具·······53
　2.3.2　【材质】工具··········57
　2.3.3　【擦除】工具··········66
2.4　SketchUp【建筑施工】工具栏···67
　2.4.1　【卷尺】工具··········67
　2.4.2　【量角器】工具········69
　2.4.3　【尺寸】工具··········70
　2.4.4　【文字】工具··········75

2.4.5 【轴】工具 ················76
2.4.6 【三维文字】工具 ·······77
2.5 SketchUp【相机】工具栏 ········78
2.5.1 【定位相机】与
【绕轴旋转】工具 ·······78
2.5.2 相机设置实例 ··········79
2.5.3 【漫游】工具 ··········80
2.5.4 设置漫游动画实例 ·······81
2.5.5 输出漫游动画 ··········83

第3章　SketchUp 高级工具 ·······84
3.1 SketchUp【组】工具 ·········85
3.1.1 创建与分解群组 ········85
3.1.2 嵌套组 ··············87
3.1.3 编辑组 ··············88
3.1.4 锁定组 ··············89
3.2 SketchUp【图层】工具 ·······90
3.2.1 图层的显示与隐藏 ·······91
3.2.2 增加与删除图层 ········93
3.2.3 改变对象所处图层 ·······95
3.3 SketchUp【截面】工具 ·······95
3.3.1 创建剖切面 ···········96
3.3.2 截面常用操作与功能 ·····97
3.4 SketchUp【阴影】设置 ·······101
3.4.1 设置地理位置 ·········101
3.4.2 设置【阴影】工具栏 ····103
3.4.3 物体的投影与受影 ·····104
3.5 SketchUp【雾化】特效 ·······105
3.6 SketchUp【实体工具】 ·······106
3.6.1 【实体外壳】工具 ·····107
3.6.2 【相交】工具 ·········109
3.6.3 【联合】工具 ·········110
3.6.4 【减去】工具 ·········110
3.6.5 【剪辑】工具 ·········111
3.6.6 【拆分】工具 ·········112
3.7 SketchUp【沙箱】地形工具 ····112
3.7.1 【根据等高线创建】工具113
3.7.2 【根据网格创建】工具 ··114
3.7.3 【曲面起伏】工具 ·····115
3.7.4 【曲面平整】工具 ·····119
3.7.5 【曲面投射】工具 ·····120

3.7.6 【添加细部】工具 ·······120
3.7.7 【对调角线】工具 ·······121

第4章　SketchUp 导入与导出 122
4.1 SketchUp 导入功能 ·········123
4.1.1 导入 AutoCAD 文件 ····123
4.1.2 导入 3DS 文件 ········125
4.1.3 导入二维图像 ········126
4.2 SketchUp 导出功能 ·········128
4.2.1 导出 AutoCAD 文件 ···128
4.2.2 导出常用三维文件 ·····130
4.2.3 导出二维图像文件 ·····132
4.2.4 导出二维截面文件 ·····133

第5章　SketchUp 基本建模练习136
5.1 制作酒柜模型 ·············137
5.1.1 制作酒柜轮廓 ········137
5.1.2 制作酒柜层板等细节 ···140
5.1.3 制作酒柜其他细节 ·····141
5.2 制作木桥模型 ·············145
5.2.1 制作桥身骨架 ········145
5.2.2 制作木桥栏杆 ········147
5.2.3 制作桥面细节 ········149
5.3 制作欧式凉亭模型 ·········151
5.3.1 制作凉亭平台 ········151
5.3.2 制作凉亭支柱与连接
角线 ···············152
5.3.3 制作凉亭屋顶 ········154
5.4 制作喷泉模型 ·············156
5.4.1 制作喷泉底部水池 ·····156
5.4.2 制作喷泉水盆 ········158
5.4.3 制作喷泉水幕 ········160
5.5 制作廊架模型 ·············161
5.5.1 制作廊架底部平台 ·····161
5.5.2 制作廊架支柱 ········163
5.5.3 制作廊架座椅 ········165
5.5.4 制作廊架顶部支架 ·····168

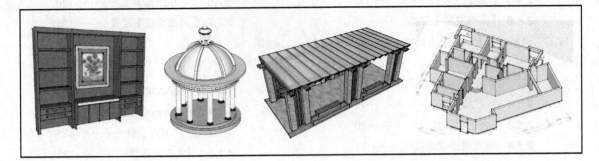

第6章 室内户型图设计········171

6.1 制作户型框架············172

6.1.1 制作户型基本墙体······172

6.1.2 创建窗洞与门洞······175

6.1.3 制作下沉式客厅········177

6.2 布置门窗············179

6.2.1 布置门模型······179

6.2.2 布置窗户模型······180

6.2.3 制作飘窗模型······181

6.2.4 制作阳台窗户模型······182

6.3 细化客厅与茶室············183

6.4 细化厨房············185

6.5 细化主卧············187

6.5.1 细化主卧卧室······187

6.5.2 细化主卧更衣室······188

6.5.3 细化主卧卫生间······188

6.6 细化其余空间············189

6.7 户型图模型最终完善············189

6.7.1 布置空间装饰物········189

6.7.2 标注功能空间······190

6.7.3 制作阴影效果······191

第7章 欧式别墅客厅室内设计192

7.1 制作空间框架············194

7.1.1 制作空间墙体············194

7.1.2 制作门（窗）洞与过道
平台············196

7.1.3 制作踢脚线与门套线···198

7.2 细化客厅模型············202

7.2.1 细化铺地············203

7.2.2 细化客厅右侧立面······204

7.2.3 细化客厅左侧立面······211

7.2.4 细化客厅吊顶··········212

7.3 制作过道············214

7.3.1 制作过道装饰栏杆······214

7.3.2 制作双开门············217

7.3.3 制作过道吊顶··········219

7.4 合并常用家具·············220

第8章 室外别墅建筑照片建模222

8.1 SketchUp 照片建模基础·······223

8.1.1 如何导入照片··········223

8.1.2 匹配照片·············224

8.1.3 建立模型·············224

8.2 SketchUp 照片建模实例·······226

8.2.1 匹配照片·············226

8.2.2 制作建筑主体轮廓·······227

8.2.3 制作建筑细节模型·······233

8.2.4 制作周边设施及环境····238

第9章 欧式办公楼建筑设计 241

9.1 正式建模前的准备工作·········242

9.1.1 在 AutoCAD 中简化
整理图形············242

9.1.2 导入整理好的图形至
SketchUp············244

9.1.3 通过图形分析建模思路·246

9.2 制作建筑轮廓模型·········246

9.3 制作建筑主入口·········249

9.3.1 制作斜坡与平台·······249

9.3.2 制作石柱与栏杆·······251

9.4 制作建筑正立面·········253

9.4.1 制作底层大门·······253

9.4.2 制作底层窗户…………254

9.4.3 制作阳台…………255

9.4.4 制作中间层正立面……257

9.4.5 制作顶层正立面………258

9.4.6 完成正立面其他细节…260

9.5 制作建筑侧立面…………262

9.5.1 制作侧立面入口………263

9.5.2 制作侧立面窗户与角线·264

9.6 制作建筑背立面…………266

9.6.1 制作背立面底层窗户…266

9.6.2 制作背立面其他门窗…267

9.6.3 制作背立面阳台与

角线…………270

9.7 制作建筑屋顶及细节……274

第 10 章 广场景观方案设计··277

10.1 正式建模前的准备工作………278

10.1.1 在 Photoshop 中裁剪

彩平图…………278

10.1.2 导入整理图形至

SkechUp…………279

10.2 制作主入口及周边景观模型··280

10.2.1 制作台阶及中心通道

景观…………280

10.2.2 制作右侧小道景观……284

10.2.3 制作廊架…………286

10.2.4 制作曲水流觞及亲水

木平台…………287

10.3 制作中心广场…………290

10.3.1 制作轮廓并处理连接细节290

10.3.2 制作中心广场及喷泉··291

10.3.3 制作中心广场其他细节293

10.4 制作后方汀步及水景………298

10.4.1 制作水景轮廓…………298

10.4.2 制作汀步及小广场……298

10.4.3 制作水景周边环境……300

10.4.4 制作其他细节…………301

10.5 制作建筑及周边环境………302

10.5.1 制作建筑模型…………302

10.5.2 制作周边环境…………303

10.6 细化景观节点效果…………304

10.6.1 细化主入口景观节点…304

10.6.2 细化中心广场景观节点·306

10.6.3 细化其他节点效果……309

第 11 章 V-Ray for SketchUp

渲染表现…………311

11.1 V-Ray for SketchUp 渲染器概述312

11.2 V-Ray for SketchUp 渲染器详解312

11.2.1 V-Ray for SketchUp 主工

具栏…………313

11.2.2 V-Ray 材质编辑器……313

11.2.3 创建 V-Ray 材质流程··315

11.2.4 V-Ray 材质类型………316

11.2.5 V-Ray 灯光工具栏……318

11.2.6 V-Ray 渲染设置面板……322

11.3 实战——室内客厅效果图渲染·325

11.3.1 布置家具…………325

11.3.2 添加材质…………326

11.3.3 布置灯具…………329

11.3.4 添加装饰…………334

11.3.5 最终渲染…………335

附录

附录 A SketchUp 快捷功能键速查 338

附录 B SketchUp 8.0/2015/2018

菜单和工具栏对比………339

第 01 章

SketchUp 快速入门

本章重点：

◆ 认识 SketchUp

◆ 了解 SketchUp 2018 界面构成

◆ SketchUp 视图的控制

◆ SketchUp 对象的选择

◆ SketchUp 对象的显示

◆ 设置 SketchUp 绘图环境

SketchUp 最初由@AtLast Software 公司开发，是一款直接面向设计方案创作过程的设计工具。由于其使用简便、容易上手，直接面向设计过程，在设计时可以进行直观的构思，满足与客户即时交流的需要，并且能随着构思的深入不断增加设计细节，因此被形象地比喻为计算机设计中的【铅笔】。

目前，SketchUp 已经广泛用于室内、建筑以及园林景观等设计领域，如图 1-1~图 1-3 所示。本章介绍 SketchUp 的工作界面、视图控制、对象选择、视图显示和环境设置等基本内容，为后面章节的学习打下坚实的基础。

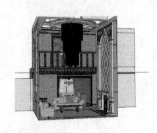

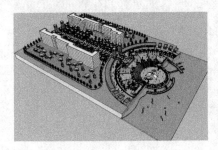

图 1-1　SketchUp 室内效果　　　图 1-2　SketchUp 建筑效果　　　图 1-3　SketchUp 景观效果

1.1 认识 SketchUp

SketchUp 在 2006 年 3 月被 Google 收购，现已推出新版本 SketchUp Pro 2018，其软件开启界面与默认工作界面分别如图 1-4 与图 1-5 所示。

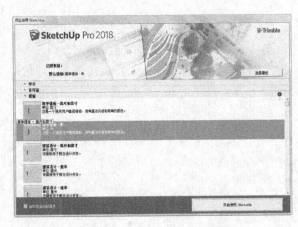
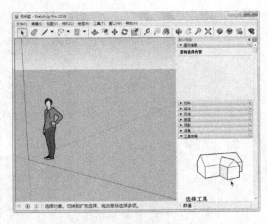

图 1-4　【SketchUp Pro 2018】开启界面　　　　图 1-5　【SketchUp Pro 2018】默认工作界面

SketchUp 之所以能快速、全面地被室内设计、建筑设计、园林景观、城市规划等诸多设计领域的设计人员接受并推崇，主要有以下几个明显区别于其他三维软件的特点。

1.1.1　直观的显示效果

在使用 SketchUp 进行设计创作时，可以实现【所见即所得】，设计过程中的任何阶段都可以作为直观的三维成品，并能快速切换不同的显示样式，如图 1-6 与图 1-7 所示。

不但摆脱了传统绘图方法的繁重与枯燥，而且能与客户进行更为直接、灵活和有效的交流。

1.1.2　便捷的操作性

观察图 1-5 可以发现，SketchUp 的默认工作界面十分简洁，所有的功能都可以通过界面菜单与按钮完成。对于初学者来说，很快即可上手运用。而经过一段时间的练习，成熟的设计师使用鼠标能像拿着铅笔一样灵活，不再受到软件繁杂操作的束缚，而专心于设计的构思与实现。

图 1-6 SketchUp 隐藏线显示效果

图 1-7 SketchUp 贴图显示效果

1.1.3 优秀的方案深化能力

SketchUp 三维模型的建立基于最简单的【推/拉】等操作，同时由于其有着十分直观的显示效果，因此使用 SketchUp 可以方便地进行方案的修改与深化，直至完成最终的方案，如图 1-8 所示。

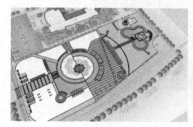

初步方案　　　　　　　　　深化方案　　　　　　　　　最终方案

图 1-8 方案设计过程

1.1.4 全面的软件支持与互转

SketchUp 虽然俗称草图大师，但其功能远远不局限于方案设计的草图阶段。SketchUp 不但能在模型的建立上满足建筑制图高精确度的要求，还能完美地结合 VRay、Piranesi、Artlantis 等渲染器，实现如图 1-9 与图 1-10 所示的多种样式的表现效果。此外，SketchUp 与 AutoCAD、3ds max、Revit 等常用设计软件能进行十分快捷的文件转换互用，满足多个设计领域的需求。

1.1.5 自主的二次开发功能

SketchUp 的使用者可以通过 Ruby 语言进行创建性应用功能的自主开发，通过开发的插件可以全面提升 SketchUp 的使用效率，或者突出延伸其在某个设计领域的功能。

图 1-9 VRay 渲染效果

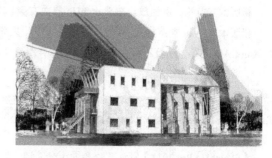

图 1-10 Prianesi 渲染效果

1.1.6 SketchUp 2018 新增功能

较为之前的 SketchUp 版本，SketchUp 2018 增加和改善了一些功能，主要表现在以下几个方面。

1. 封面人物的变化

SketchUp 2018 的封面人物更换为担任 SketchUp 核心团队质量工程师的 Stacy，如图 1-11 所示。图 1-12 所示为 SketchUp 2016 版本的封面人物。

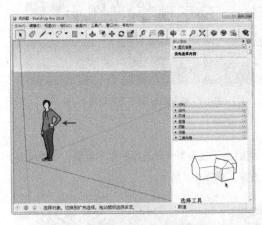

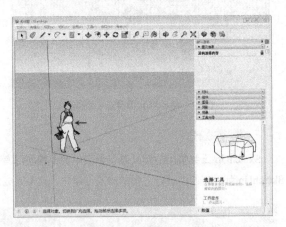

图 1-11　SketchUp 2018 封面人物　　　　图 1-12　SketchUp 2016 封面人物

2. 软件的翻译存在变化

在使用 SketchUp 2018 时，会发现有一些命令的名称发生了改变，如【剖面切割】翻译为【剖切线】，【沙盒】翻译为【沙箱】等。

3. 兼容旧版本的快捷键

旧版本适用的快捷键，在 SketchUp 2018 中也同样可以使用。

4. 新增 BIM 功能

随着 BIM 建模技术的推广，SketchUp 2018 也增加了 BIM 功能。在创建组件时可以增加高级属性，嵌入有价值的信息。

例如，在创建组件时，可以在高级属性中添加大小、材料、价格、类型、状态乃至制造商等信息，还可以依靠 BIM 中的 IFC 分配和操作属性，支持导入与导出模型。

可以在文件选项【生成报告】中创建模型的信息报表，使得模型的信息详细地以列表的方式显示。

5. 实时剖面填充功能

SketchUp 2018 的剖面填充可以在【样式】面板中打开，自动填充剖面所需要的颜色。

此外，为了方便管理，新版本还支持为剖面命名。剖面箭头也变成施工图的剖面剖切符号。

6. Layout 的改变

新版本支持等比例缩放。在 SketchUp 界面右侧【按比例的图纸】窗口中设置参数，即可定义所绘图形比例。

新版本 Layout 支持导入 DWG。在旧版本中，只能导出 AutoCAD 格式文件，但是 2018 版本的 Layout 可以与 AutoCAD 共存，而且不存在比例上的问题，增强了模型信息在各个软件中互相导入导出。

1.2　了解 SketchUp 2018 界面构成

【SketchUp Pro 2018】默认工作界面十分简洁，如图 1-13 所示。主要由标题栏、菜单栏、工具栏、状态栏、数值输入框、窗口调整柄、绘图区及右侧的默认面板构成。

1.2.1　菜单栏

SketchUp 2018 菜单栏由【文件】、【编辑】、【视图】、【相机】、【绘图】、【工具】、【窗口】及【帮助】8 个主菜单构成，单击这些主菜单可以打开相应的子菜单以及次级子菜单，如图 1-14 所示。

1.2.2　工具栏

默认状态下，SketchUp 2018 仅有横向【使用入门】工具栏，主要有【绘图】、【相机】、【编辑】等工具按钮，通过执行【视图】|【工具栏】命令，在弹出的【工具栏】对话框中可以调出或关闭某个工具栏，如图 1-15 所示。

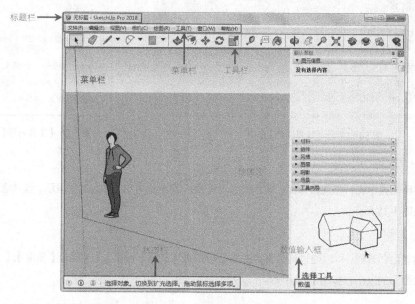

图 1-13　【SketchUp Pro 2018】默认工作界面

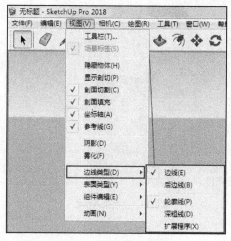

图 1-14　子菜单与次级子菜单

图 1-15　【工具栏】对话框

技 巧

【默认面板】可关闭，执行【窗口】|【默认面板】|【显示面板】命令，即可重新显示；执行【窗口】|【默认面板】|【工具向导】命令，如图 1-16 所示。即可打开【工具向导】面板，观看操作演示，以方便初学者了解工具的功能和用法，如图 1-17 所示。

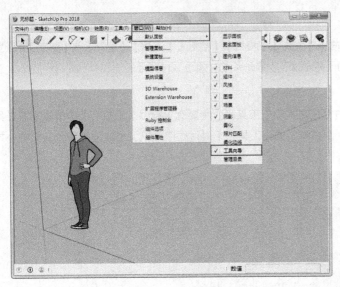

图 1-16　执行【工具向导】命令　　　　　　　　图 1-17　【工具向导】面板

1.2.3　状态栏

当操作者在绘图区中进行任意操作时，状态栏会出现相应的操作提示。根据这些提示，操作者可以更加准确地完成操作，如图 1-18 所示。

1.2.4　数值输入框

在进行精确模型创建时，可以通过键盘直接在数值输入框内输入【长度】、【半径】、【角度】、【个数】等参数，以准确指定所绘图形的大小，如图 1-19 所示。

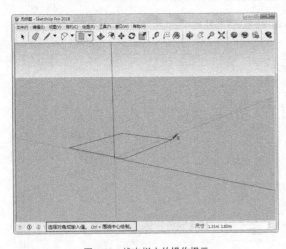

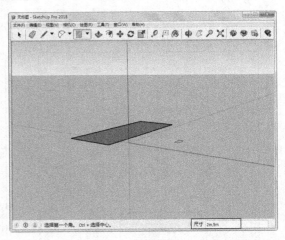

图 1-18　状态栏内的操作提示　　　　　　　　　图 1-19　直接输入参数

1.2.5　绘图区

绘图区占据了 SketchUp 工作界面大部分的空间，与 Maya、3Dsmax 等大型三维软件平、立、剖及透视多视口显示方式不同，SketchUp 为了界面的简洁，仅设置了单视口，通过对应的工具按钮或快捷键，可以快速地进行各个视图的切换，如图 1-20~图 1-22 所示，有效节省系统显示的负载。通过 SketchUp 独有的【剖面】工具，还能快速实现如图 1-23 所示的剖面效果。

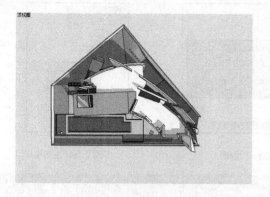

图 1-20　俯视图

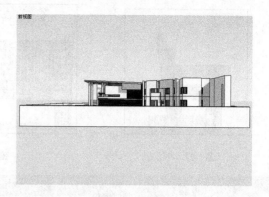

图 1-21　主视图

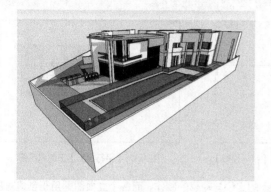

图 1-22　透视图

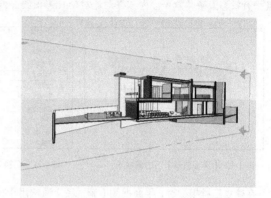

图 1-23　剖面图

1.3　SketchUp 视图的控制

在使用 SketchUp 进行方案推敲的过程中，会经常需要通过视图的切换、缩放、旋转、平移等操作，以确定模型的创建位置或观察当前模型的细节效果，因此可以说，熟练地对视图进行操控是掌握 SketchUp 其他功能的前提。

1.3.1　切换视图

SketchUp 主要通过【视图】工具栏中的 6 个按钮 进行快速切换，单击某按钮，即可切换至对应的视图，如图 1-24~图 1-29 所示。

图 1-24　等轴视图

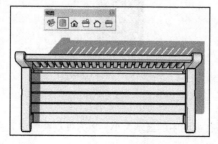

图 1-25　俯视图

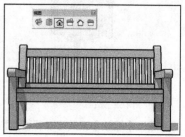

图 1-26　前视图

图 1-27 右视图

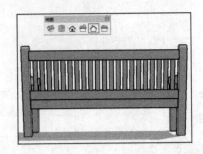

图 1-28 后视图

图 1-29 左视图

> **注意**
>
> SketchUp 默认设置为【透视显示】，因此所得到的平面与立面视图都非绝对的投影效果。执行【相机】|
> 【平行投影】菜单命令，即可得到绝对的投影视图，如图 1-30~图 1-32 所示。

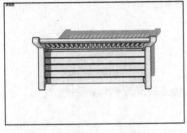

图 1-30 【透视显示】下的俯视图

图 1-31 切换为【平行投影】

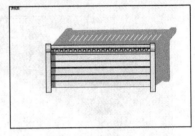

图 1-32 【平行投影】下的俯视图

在建立三维模型时，平面视图（俯视图）通常用于模型的定位与轮廓的制作，而各个立面图则用于创建对应立面的细节，透视图则用于整体模型的特征与比例的观察与调整。为了能快捷、准确地创建三维模型，应该多加练习，以熟练掌握各个视图的作用。

1.3.2 旋转视图

在任意视图中旋转，可以快速观察模型各个角度的效果。单击【相机】工具栏中的【环绕观察】按钮，按住鼠标左键进行拖动，即可对视图进行旋转，如图 1-33~图 1-35 所示。

> **技巧**
>
> 默认设置下【旋转】工具的快捷键为 O，此外按住鼠标的滚轮不放，拖动鼠标同样可以进行旋转操作。

图 1-33 旋转角度 1

图 1-34 旋转角度 2

图 1-35 旋转角度 3

1.3.3 缩放视图

通过【缩放】工具可以调整模型在视图中的显示大小，以方便观察整体效果或局部细节。SketchUp 的【相机】工具栏内提供了多种视图缩放工具。

1.【缩放】工具

【缩放】用于调整整个模型在视图中大小。单击【相机】工具栏上的【缩放】按钮 🔍 ，按住鼠标左键不放，从屏幕下方向上方移动是扩大视图，从屏幕上方向下方移动是缩小视图，如图 1-36~图 1-38 所示。

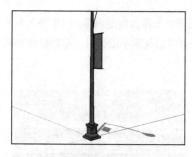
图 1-36　原模型显示效果

图 1-37　放大模型显示观察细节

图 1-38　缩小模型显示观察整体

技 巧

默认设置下【缩放】工具的快捷键为 Z。此外，前后滚动鼠标的滚轮同样可以进行缩放操作。

2.【缩放窗口】工具

【缩放窗口】工具可以划定一个显示区域，位于划定区域内的模型将在视图内最大化显示。单击【相机】工具栏上的【缩放窗口】按钮 🔍 ，然后在视图中划定一个区域即可进行缩放，如图 1-39~图 1-41 所示。

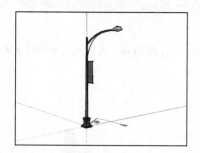
图 1-39　原模型显示效果

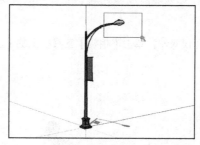
图 1-40　划定【缩放窗口】

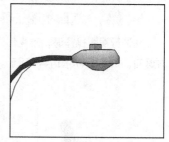
图 1-41【缩放窗口】显示效果

技 巧

【窗口缩放】工具默认的快捷键为 Ctrl+Shift+W。

3.【充满视窗】工具

【充满视窗】工具可以快速地将场景中所有可见模型以屏幕的中心为中心进行最大化显示。其操作步骤非常简单，直接单击【相机】工具栏上的【充满视窗】按钮 ⊕ 即可，如图 1-42 和图 1-43 所示。

图 1-42　原视图

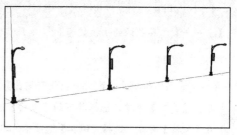
图 1-43　【充满视窗】显示效果

1.3.4 平移视图

【平移】工具可以保持主视图内模型显示大小比例不变，整体平移视图进行任意方向的调整，以观察到当前未显示在视窗内的模型。单击【相机】工具栏上的【平移】按钮🖐，当视图中出现抓手图标时，拖动鼠标即可进行视图的平移操作，如图 1-44~图 1-46 所示。

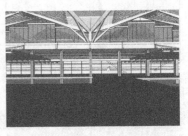

图 1-44　原视图　　　　　图 1-45　向左平移视图　　　　　图 1-46　向下平移视图

1.3.5 撤销、返回视图工具

在进行视图操作时，难免出现误操作，单击【相机】工具栏上的【上一个】按钮🔍，可以进行视图的撤销与返回，如图 1-47~图 1-49 所示。

图 1-47　原视图　　　　　　　图 1-48　返回上一视图　　　　　　　图 1-49　返回原视图

1.3.6 设置视图背景与天空颜色

不同的使用者可以根据个人喜好进行天空与背景颜色的设置，具体方法如下。

01 单击【窗口】菜单，选择其下的【风格】选项，如图 1-50 所示，弹出【风格】面板。

02 在【风格】面板中选择【编辑】选项卡，单击【背景设置】按钮🔲，即可通过选择其中各项参数后的色块进行颜色的调整，如图 1-51 所示。

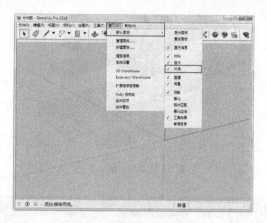

图 1-50　选择【风格】选项

图 1-51　调整背景与天空的颜色

1.4　SketchUp 对象的选择

　　SketchUp 是一个面向对象的软件，即首先创建简单的模型，然后再选择模型进行深入细化等后续工作，因此在工作中能否快速、准确地选择到目标对象，对工作效率有着很大的影响。SketchUp 常用的对象选择方式有一般选择、框选与叉选、扩展选择 3 种。

1.4.1　一般选择

　　SketchUp 中的【选择】命令可以通过单击工具栏上的【选择】按钮 ，或者直接按键盘上的空格键激活，下面以实例操作进行说明。

　　01　启动 SketchUp Pro 2018，执行【文件】|【打开】命令，弹出【打开】对话框，选择文件，如图 1-52 所示。

　　02　打开配套资源【对象的选择】模型，本实例为一套由多个构件组成的户外桌椅模型，如图 1-53 所示。

图 1-52　选择文件

图 1-53　户外桌椅模型

　　03　单击【选择】按钮 ，或者直接按键盘上的空格键，激活【选择】工具，此时在视图内将出现一个【箭头】图标，如图 1-54 所示。

　　04　此时在任意对象上单击均可将其选择，这里选择左侧的木板。观察视图可以看到，被选择的对象以高亮显示，以区别于其他对象，如图 1-55 所示。

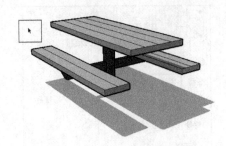

图 1-54　激活选择工具

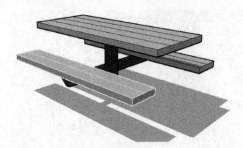

图 1-55　选择左侧木板

> **注　意**
>
> SketchUp 中最小的可选择单位为【线】，其次分别是【面】与【组件】，电子资料包中【对象选择】文件中的桌椅模型左右两侧的木板以及支架均为【组件】，无法直接选择到【面】或【线】。但如果选择【组件】，执行快捷菜单中的【炸开模型】选项，如图 1-56 所示，就可以选择到【线】或【面】，如图 1-57 所示。

图 1-56　选择【炸开模型】选项

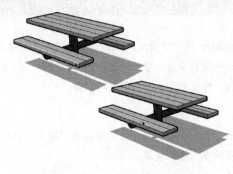

图 1-57　选择【线】或【面】

05　在选择了一个目标对象后，如果要继续选择其他对象，则首先要按住 Ctrl 键不放，待视图中的光标变成 +时，再单击下一个目标对象，即可将其加入选择。利用该方法加选支架与右侧木板，如图 1-58 所示。

06　如果误选了某个对象而需要将其从选择范围中去除时，可以按住 Ctrl+Shift 键不放，待视图中的光标变成 —时，单击误选对象即可将其进行减选。利用该种方法减选支架，如图 1-59 所示。

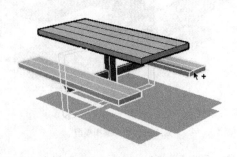

图 1-58　单击加选支架与右侧木板

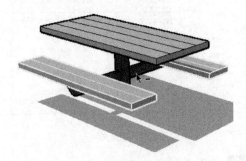

图 1-59　单击减选支架

07　此外，如果单独按住 Shift 键不放，待视图中的光标变成 ±时，单击当前未选择的对象，则将自动进行加选，如图 1-60 所示。单击当前已选择的对象，则自动进行减选，如图 1-61 所示。

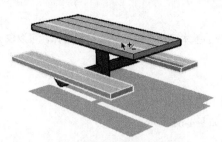 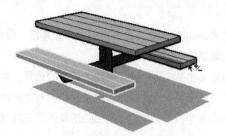

图 1-60　单击加选桌面木板线条　　　　　图 1-61　单击减选右侧木板

 技 巧

进行减选时不可直接单击组件黄色高亮的范围框，而需单击模型表面方能成功进行减选。

1.4.2　框选与叉选

以上介绍的选择方法均为通过单击来完成操作，因此每次只能选择单个对象，而使用【框选】与【叉选】，可以一次性完成多个对象的选择。

【框选】是指在激活【选择】工具后，使用指针从左至右绘制出如图 1-62 所示的实线选择框，完全被该选择框包围的对象则将被选择，如图 1-63 所示。

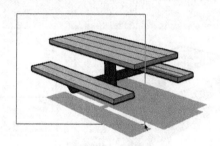 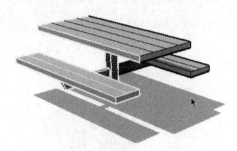

图 1-62　绘制实线选框　　　　　　图 1-63　【框选】选择效果

【叉选】是指在激活【选择】工具后，使用指针从右至左绘制出如图 1-64 所示的虚线选择框，全部或部分位于选择框内的对象都将被选择，如图 1-65 所示。

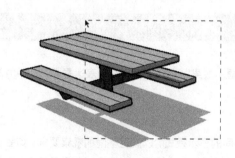 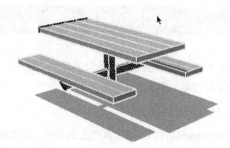

图 1-64　绘制虚线选框　　　　　　图 1-65　【叉选】选择效果

 注 意

选择完成后，单击视图中任意空白处，将取消当前所有选择。

按 Ctrl+A 键将全选所有对象，无论是否显示在当前的视图范围内。

上一节所讲述的加选与减选的方法对于【框选】与【叉选】同样适用。

1.4.3 扩展选择

在 SketchUp 中，线是最小的可选择单位，面则是由线组成的基本建模单位，通过扩展选择，可以快速选择关联的面或线。

直接单击某个面，这个面就会被单独选择，如图 1-66 所示。

双击某个面，则与这个面相关的线同时也将被选择，如图 1-67 所示。

三击某个面，则与这个面相关的其他面与线都将被选择，如图 1-68 所示。

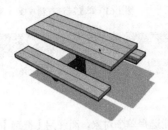

图 1-66 单击选择面

图 1-67 双击选择面与关联的线

> **注 意**
>
> 在选择对象上单击右键，可以通过弹出的快捷菜单进行关联的边线、平面或其他对象的选择，如图 1-69 所示。

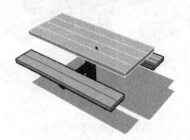

图 1-68 三击选择所有关联面与线

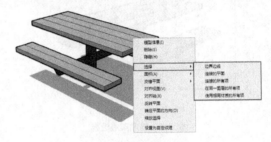

图 1-69 快捷菜单

1.5 SketchUp 对象的显示

SketchUp 是一个直接面向设计的软件，提供了多种对象显示效果以满足设计方案的表达需求，让甲方能够更好地了解方案，理解设计意图。

1.5.1 七种显示模式

单击 SketchUp【风格】工具栏上的按钮，可以快速切换不同的显示模式，以满足不同的观察要求，如图 1-70 所示。从左至右分别为【X 光透视】【后边线】【线框】【消隐】【阴影】【材质贴图】以及【单色】七种显示模式。

图 1-70 SketchUp【风格】工具栏

1.【X 光透视】显示模式

在进行室内或建筑等设计时，有时需要直接观察室内构件以及配饰等效果，此时单击【X 光透视】按钮 ，即可马上实现如图 1-71 所示的显示效果，不用进行任何模型的隐藏，即可对内部效果一览无余。

2.【后边线】显示模式

【后边线】是一种附加的显示模式。单击该按钮，可以在当前显示效果的基础上以虚线的形式显示模型背面无法观察的线条，如图 1-72 所示。但在当前为【X 光透视】与【线框】显示效果时，该附加显示无效。

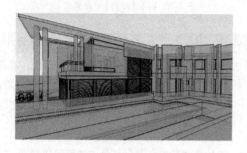

图 1-71　【X 光透视】显示模式

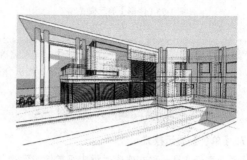

图 1-72　【后边线】显示模式

3.【线框】显示模式

【线框】是 SketchUp 中最节省系统资源的一种显示模式，如图 1-73 所示。在这种显示模式下，场景中所有对象均以实线条显示，材质、贴图等效果也将暂时失效。在进行视图的缩放、平移等操作时，大型场景最好能切换到该模式，可以有效避免卡屏、迟滞等现象。

4.【消隐】显示模式

【消隐】模式将仅显示场景中可见的模型面，此时大部分的材质与贴图会暂时失效，仅在视图中体现实体与透明的材质区别，因此是一种比较节省资源的显示模式，如图 1-74 所示。

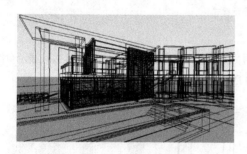

图 1-73　【线框】显示模式

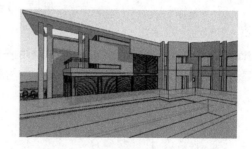

图 1-74　【消隐】显示模式

5.【阴影】显示模式

【阴影】是一种介于【消隐】与【材质贴图】之间的显示模式。该模式在可见模型面的基础上，根据场景已经赋予的材质，自动在模型面上生成相近的色彩，如图 1-75 所示。在该模式下，实体与透明的材质区别也有所体现，因此显示的模型空间感比较强烈。

 技 巧

如果场景模型没有指定任何材质，则在【阴影】模式下的模型仅以黄、蓝两色表明模型的正反面。

6.【材质贴图】显示模式

【材质贴图】是 SketchUp 中最全面的显示模式，该模式下材质的颜色、纹理及透明效果都将得到完整的体现，如图 1-76 所示。

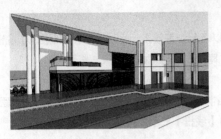

图1-75 【阴影】显示模式

图1-76 【材质贴图】显示模式

> **技巧**
>
> 【阴影】显示模式十分占用系统资源，因此该模式通常用于观察材质以及模型整体效果。在建立模式、旋转、平衡视图等操作时，则应尽量使用其他模式，以避免卡屏、迟滞等现象。此外，如果场景中模型没有赋予任何材质，该模式将无法应用。

7. 【单色】显示模式

【单色显示】是一种在建模过程中经常使用到的显示模式，该种模式用纯色显示场景中的可见模型面，以黑色实线显示模型的轮廓线，在较少占用系统资源的前提下，有十分强的空间立体感，如图1-77所示。

图1-77 【单色】显示模式

1.5.2 边线显示效果

SketchUp中文俗称【草图大师】，能得到这样的一个称谓，其主要原因是SketchUp通过设置边线显示参数，可以显示出类似于手绘草图样式的效果，如图1-78与图1-79所示。

图1-78 建筑手绘草图

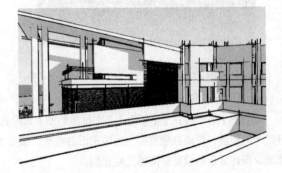

图1-79 SketchUp草图显示效果

1. 设置边线显示类型

在SketchUp中打开【视图】|【边线类型】子菜单，选择其中的命令，可以快速设置【边线】、【后边线】、【轮廓线】、【深粗线】以及【扩展程序】的效果，如图1-80所示。

❑ 轮廓线：【轮廓线】为默认选择，取消选择后，场景中模型边线将淡化或消失，如图1-81所示。

图 1-80 【边线类型】子菜单

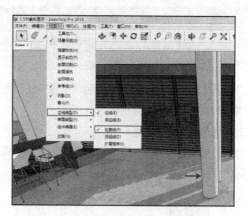

图 1-81 【轮廓线】的显示效果

❏ 深粗线：选择【深粗线】后，边线将以比较粗的深色线条进行显示。由于该种效果影响模型细节的观察，因此通常不予勾选，如图 1-82 所示。

❏ 扩展程序：在实际手绘草图的过程中，两条相交的直线通常会稍微延伸出头，在 SketchUp 中勾选【扩展程序】选项，即可实现该种效果，如图 1-83 所示。

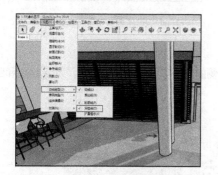

图 1-82 【深粗线】的显示效果

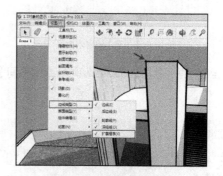

图 1-83 【扩展程序】的显示效果

在【边线类型】子菜单中，仅能简单地设置各种边线效果，对边线的宽度、长度、颜色等特征都无法进行控制。执行【窗口】|【默认面板】|【风格】命令，打开【风格】面板。在【编辑】选项卡中单击【边线设置】按钮，即可进行更加丰富的边界线类型与效果的设置，如图 1-84 所示。

❏ 端点：勾选【端点】复选框后，边线与边线的交接处将以较粗的线条显示，如图 1-85 所示。通过其右侧的数值输入框可以设置线条的宽度。

图 1-84 单击【边线设置】按钮

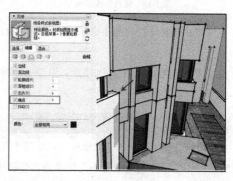

图 1-85 【端点】的显示效果

> **注 意**
>
> 在【风格】面板中，各种边线类型右侧都有数值输入框，除了【出头】参数用于控制延伸长度外，其他参数均用于控制线条自身宽度。

□ 抖动：勾选【抖动】复选框后，笔直的边界线将以稍微弯曲的线条进行显示，如图 1-86 所示。该种效果用于模拟手绘中真实的线段细节。

2. 设置边线的显示颜色

默认设置下边线以深灰色显示，单击【风格】面板的【颜色】下拉按钮，在弹出的下拉列表中可以选择 3 种不同的边线颜色设置类型，如图 1-87 所示。

图 1-86 【抖动】的显示效果

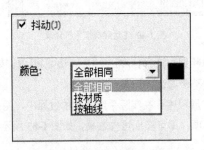

图 1-87 【颜色】下拉列表

□ 全部相同：默认边线颜色选项为【全部相同】，单击其右侧的色块可以自由调整色彩，如图 1-88 和图 1-89 所示。

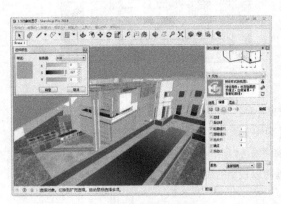

图 1-88 绿色边线效果

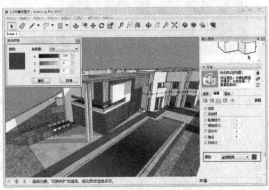

图 1-89 红色边线效果

□ 按材质：选择【按材质】选项后，系统将自动调整模型边线为与自身材质颜色一致的颜色，如图 1-90 所示。

□ 按轴线：选择【按轴线】选项后，系统分别将 X、Y、Z 三个轴向上的边线以红、绿、蓝三种颜色显示，如图 1-91 所示。

> **注 意**
>
> SketchUp 无法分别设置边线颜色，只有利用【按材质】或【按轴线】选项才能使边线颜色有所差别。但即使这样，颜色效果的区分也不是绝对的，因为即使不设置任何边线类型，场景的模型仍可以显示出部分黑色边线。

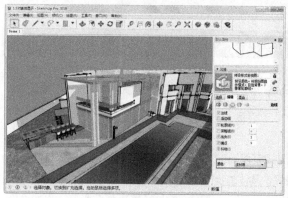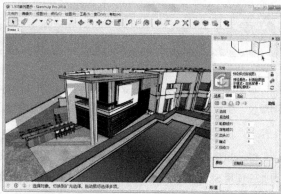

图 1-90 【按材质】显示边线效果　　　　图 1-91 【按轴线】显示边线效果

注 意

除了调整以上类似铅笔黑白素描的效果外，通过【风格】面板【选择】选项卡中的下拉按钮，还可以选择诸如【手绘边线】、【颜色集】等其他样式效果，如图 1-92~图 1-94 所示。

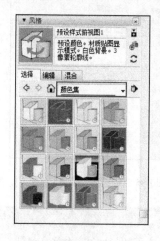

图 1-92 【风格】列表　　　　　　　图 1-93 【颜色集】列表

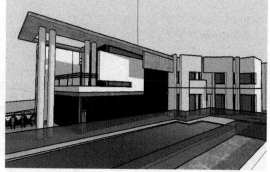

图 1-94 【颜色集】样式效果

1.6 设置 SketchUp 绘图环境

正如每个设计者有不同的设计观念一样，每个 SketchUp 用户都会有自己的操作习惯。根据自己习惯设置绘图单位、工具栏、快捷键等绘图环境，可以有效地提高工作效率。

1.6.1 设置绘图单位

SketchUp 默认以 in（寸制）为绘图单位，而我国设计规范以 mm（米制）为单位，精度则通常保持 0mm，因此在使用 SketchUp 时，第一步就应该将系统单位调整好，具体的步骤如下。

01 执行【窗口】|【模型信息】命令，如图 1-95 所示。

02 打开【模型信息】设置面板，在【长度单位】选项中单击【格式】下拉按钮，选择【十进制】，在其右侧下拉列表中选择【mm】；单击【精确度】下拉按钮，选择【0mm】，如图 1-96 所示。

图 1-95　执行【模型信息】命令

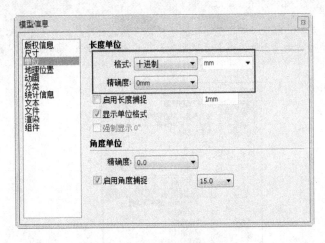

图 1-96　设置【长度单位】选项组

技巧

在开启 SketchUp 时，会弹出如图 1-97 所示的开启界面。单击【模板】按钮，可以直接选择毫米制的建筑绘图模板，如图 1-98 所示。

图 1-97　【SketchUp Pro 2018】开启界面

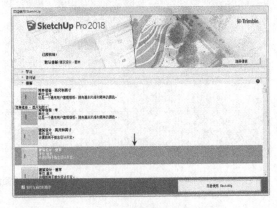

图 1-98　选择毫米制建筑绘图模板

1.6.2 设置工具栏

默认设置下，SketchUp 仅有一行横向的工具栏，如图 1-99 所示。该工具栏罗列了一些常用的工具按钮，用户可以根据需要调整出更多的工具栏。

01 执行【视图】|【工具栏】菜单命令，弹出【工具栏】对话框，如图 1-100 所示。

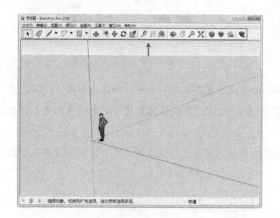

图 1-99　默认工具栏　　　　　　　　图 1-100　【工具栏】对话框

02 通过【工具栏】选项卡调整出【标准】、【视图】、【风格】、【截面】、【绘图】、【图层】、【相机】等工具栏，将其吸附在绘图区上方（【大工具集】一般位于左侧），如图 1-101 所示。

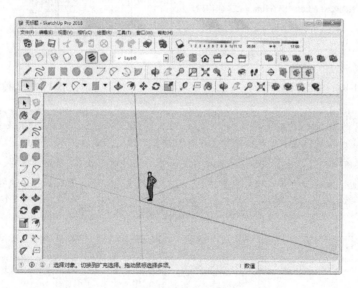

图 1-101　吸附结果

1.6.3 自定义快捷键

SketchUp 为一些常用工具设置了默认快捷键，如图 1-102 所示。用户也可以自定义快捷键，以符合个人的操作习惯。

01 执行【窗口】|【系统设置】菜单命令，在弹出的【SketchUp 系统设置】对话框中选择【快捷方式】选项卡，在右侧列表框中选择对应的命令，即可在右侧的【添加快捷方式】文本框中自定义快捷键，如图 1-103 所示。

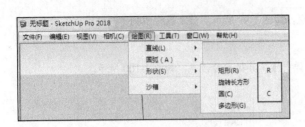

图 1-102　默认快捷键

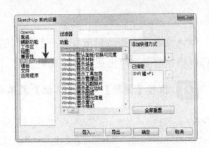

图 1-103　自定义快捷键

02 输入快捷键后，单击【添加】按钮 ± 即可。如果该快捷键已被其他命令占用，将弹出如图 1-104 所示的信息提示对话框。此时单击【是】按钮将其替代，然后单击【SketchUp 系统设置】对话框中的【确定】按钮即可生效。

03 如果要删除已经设置好的快捷键，只需要选择对应的命令，然后选择快捷键，单击右侧的【删除】按钮 ± 即可，如图 1-105 所示。

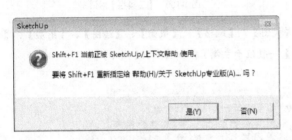

图 1-104　信息提示对话框

图 1-105　删除快捷键

技巧

单击【SketchUp 系统设置】对话框中的【导出】按钮，弹出如图 1-106 所示的【输出预置】对话框。在其中设置好文件名并单击【导出】按钮，即可将自定义好的快捷键以 .dat 文件进行保存。而当重装系统或在他人电脑上应用 SketchUp 时，再单击【导入】按钮，在弹出的【输入预置】对话框中选择快捷键文件，单击【导入】按钮，即可快速加载之前自定义的所有快捷键，如图 1-107 所示。

图 1-106　【输出预置】对话框

图 1-107　导入快捷键

1.6.4　设置文件自动备份

为了防止因为断电等突发情况造成文件的丢失，SketchUp 提供了文件自动备份与保存的功能，其设置步骤如下：

01 执行【窗口】|【系统设置】菜单命令，在弹出的【SketchUp 系统设置】对话框中选择【常规】选项卡，如图 1-108 所示，即可设置保存备份及间隔时间，如图 1-109 所示。

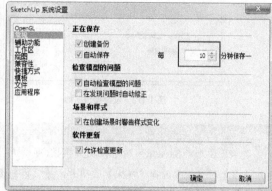

图 1-108　选择【常规】选项卡　　　　　　　　图 1-109　设置保存备份及间隔时间

> **注意**
>
> 　　创建备份与自动保存是两个概念，如果只勾选【自动保存】复选框，数据将直接保存在打开的文件上。只有同时勾选【创建备份】复选框，才能将数据另外存储在一个新的文件上，这样即使打开的文件出现损坏，还可以使用备份文件。

02 选择【文件】选项卡，如图 1-110 所示。单击【模型】选项右侧【设置路径】按钮 ，在弹出的【选择文件夹】对话框中设置备份文件的保存路径，如图 1-111 所示。

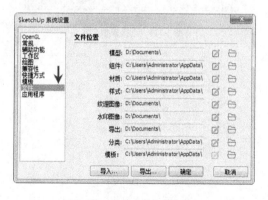

图 1-110　选择【文件】选项卡　　　　　　　　图 1-111　设置保存路径

1.6.5　保存与调用模板

设置好以上的绘图环境后，还可以将其保存为模板文件，在以后的工作中可以随时调用。

01 执行【文件】|【另存为模板】菜单命令，在弹出的【另存为模板】对话框中设置模板名称和保存路径，单击【保存】按钮即可，如图 1-112 所示。

02 保存完成后关闭当前文件，再次打开 SketchUp 时，即可在开启界面中选择保存好的模板文件，进行直接调用，如图 1-113 所示。

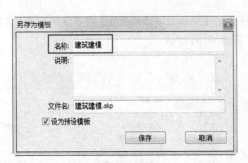

图 1-112　设置模板名称

图 1-113　调用自定义模板

技 巧

如果在开启 SketchUp 时忘记调用模板，可以执行【窗口】【系统设置】命令，如图 1-114 所示。在【SketchUp 系统设置】对话框中选择【模板】选项卡，然后单击【浏览】按钮，选择之前保存的模板文件并单击【确定】按钮即可，如图 1-115 所示。

图 1-114　执行【系统设置】命令

图 1-115　选择模板文件

第 02 章

SketchUp 常用工具

本章重点：

◆ SketchUp【绘图】工具栏

◆ SketchUp【编辑】工具栏

◆ SketchUp【主要】工具栏

◆ SketchUp【建筑施工】工具栏

◆ SketchUp【漫游】工具栏

本章介绍 SketchUp 的常用工具，包括【绘图】工具栏、【编辑】工具栏、【主要】工具栏、【建筑施工】工具栏和【漫游】工具栏中的工具。通过学习这些工具的用法，可以掌握 SketchUp 基本模型的创建和编辑方法。

2.1 SketchUp【绘图】工具栏

SketchUp【绘图】工具栏如图 2-1 所示，包含了【矩形】工具、【直线】工具、【圆】工具、【圆弧】工具、【多边形】工具和【手绘线】工具共 6 种二维图形绘制工具。

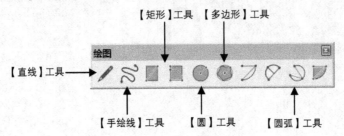

图 2-1 SketchUp【绘图】工具栏

三维建模的一个最重要的方式就是从二维到三维，即首先使用【绘图】工具栏中的二维绘图工具绘制好平面轮廓，然后通过【推/拉】等编辑工具生成三维模型，因此绘制出精确的二维平面图形是创建三维模型的前提。

2.1.1 【矩形】工具

【矩形】工具▉通过两个对角点的定位生成规则的矩形，绘制完成将自动生成封闭的矩形平面；【旋转矩形】工具▉主要通过指定矩形的任意两条边和角度，即可绘制任意方向的矩形。单击【绘图】工具栏中的按钮▉/▉，或者执行【绘图】|【形状】|【矩形】、【旋转长方形】，均可启用该命令。

> **技 巧**
>
> 【矩形】工具默认的快捷键为 R。

1. 通过鼠标新建矩形

01 启用【矩形】工具▉，待光标变成▉时在绘图区中单击，确定矩形的第一个角点，然后向任意方向拖动光标，确定矩形对角点，如图 2-2 所示。

02 确定对角点位置后再次单击，即可完成矩形绘制，SketchUp 将自动生成一个等大的矩形平面，如图 2-3 所示。

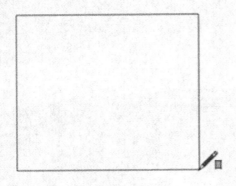

图 2-2 绘制矩形

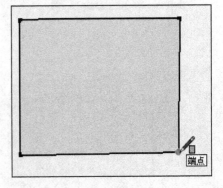

图 2-3 自动生成矩形平面

1.在创建二维图形时，SketchUp 自动将封闭的二维图形生成等大的平面，此时可以选择并删除自动生成的面，如图 2-4 所示。

2.当绘制的【矩形】长宽比接近 0.618 的黄金分割比例时，矩形内部将显示一条虚线，如图 2-5 所示。此时单击鼠标左键，即可创建满足黄金分割比例的矩形，如图 2-6 所示。

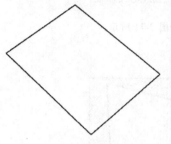

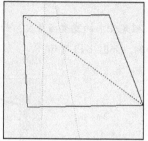

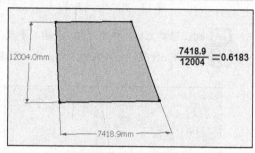

$$\frac{7418.9}{12004}=0.6183$$

图 2-4　删除面后的矩形　　　　图 2-5　显示矩形内部虚线　　　　图 2-6　创建黄金分割比例的矩形

2. 通过输入新建矩形

在没有图样参考时，直接使用鼠标难以完成准确尺寸的矩形绘制，此时需要结合键盘输入的方法进行精确图形的绘制，其操作步骤如下：

01 启用【矩形】工具，待光标变成时在绘图区中单击，确定矩形的第一个角点；然后在【尺寸】数值框内输入长 × 宽的数值，数值中间使用逗号进行分隔，如图 2-7 所示。

02 输入长 × 宽的数值后，按下键盘上的 Enter 键进行确认，即可创建精确大小的矩形，如图 2-8 所示。

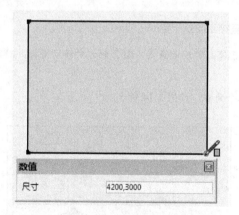

图 2-7　输入【尺寸】数值

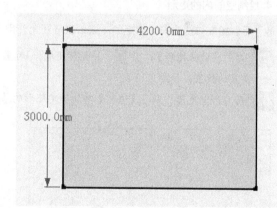

图 2-8　创建精确大小的矩形

3. 绘制任意方向上的矩形

【旋转矩形】工具能在任意角度绘制离轴的矩形（并不一定要在地面上），这样方便了绘制图形，可以节省大量的绘图时间。

01 启用【旋转矩形】工具，待光标变成时在绘图区中单击，确定矩形的第一个角点，如图 2-9 所示。

02 拖曳光标指定对角点，输入矩形的长度，如图 2-10 所示。

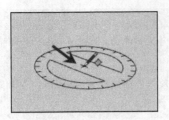

图 2-9　确定第一个角点

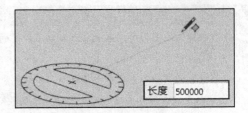

图 2-10　输入矩形的长度

03 向上移动光标，指定方向，并输入参数，确定矩形的宽度与角度，如图 2-11 所示。

04 按下 Enter 键，完成任意方向上的矩形绘制，如图 2-12 所示。

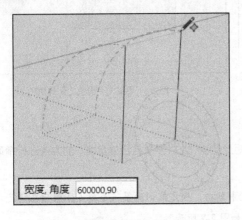

图 2-11　确定矩形的宽度与角度

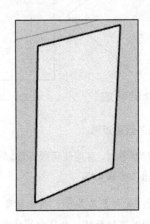

图 2-12　绘制任意方向上的矩形

4. 绘制空间内的矩形

除了可以绘制轴线方向上的矩形，SketchUp 还允许用户直接绘制处于空间任何平面上的矩形。

01 启用【旋转矩形】工具 ，待光标变成 时置于已有矩形的端点上，向 Z 轴方向移动光标，确定矩形第一个角点的位置，如图 2-13 所示。

02 向右移动光标，利用【追踪】功能确定矩形的第二个角点，如图 2-14 所示。

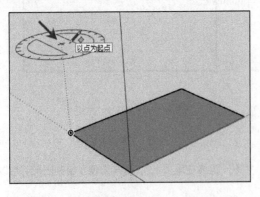

图 2-13　确定第一个角点

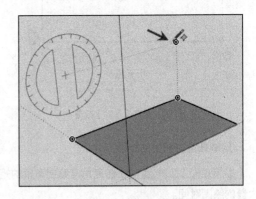

图 2-14　确定第二个角点

03 移动光标，继续确定矩形的第三个角点，如图 2-15 所示。

04 绘制空间内的平面矩形，如图 2-16 所示。

参考上述的操作方法，以已有的矩形为基准，创建空间内的立面矩形，如图 2-17 和图 2-18 所示。

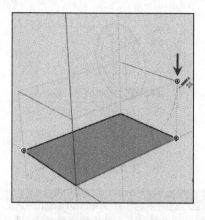

图 2-15　确定第三个角点

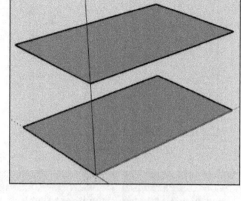

图 2-16　绘制空间内的平面矩形

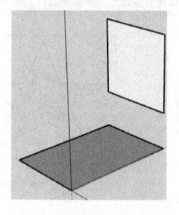

图 2-17　创建空间内的立面矩形 1

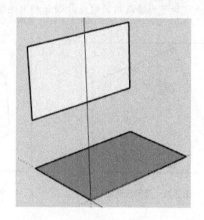

图 2-18　创建空间内的立面矩形 2

 技 巧

在绘制矩形的过程中，按住 Ctrl 键，可以将矩形的中心点指定为绘制起点。按住 Shift 键，可以锁定轴向。按下键盘上的方向键，可以锁定表面法线：按下↑，锁定蓝色轴线；按下←，锁定绿色轴线；按下→，锁定红色轴线；按下↓，可以在平行方向上创建矩形。

2.1.2 【直线】工具

　　【直线】工具的功能十分强大，除了可以使用鼠标直接绘制外，还能通过尺寸、坐标点、捕捉和追踪功能进行精确绘制。单击【绘图】工具栏中的按钮 🖊，或者执行【绘图】|【直线】|【直线】菜单命令，均可启用该绘制命令。

技 巧

【直线】工具默认的快捷键为 L。

1. 通过鼠标绘制直线

01　启用【直线】工具 🖊，待光标变成 🖊 时在绘图区中单击，确定线段的起点，如图 2-19 所示。

02　沿着线段目标方向拖动光标，同时观察屏幕右下角数值输入框内的数值，确定好线段【长度】后再次单击鼠标左键，即完成目标线段的绘制，如图 2-20 所示。

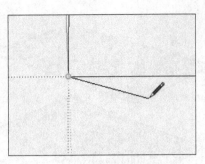

图 2-19　确定线段起点

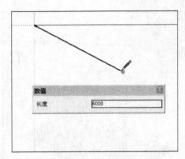

图 2-20　绘制线段

技 巧

在线段的绘制过程中，确定线段终点前按下 Esc 键，可取消该次操作。如果连续绘制线段，则上一条线段的终点即为下一条线段的起点，因此利用连续线段可以绘制出任意的多边形，如图 2-21～图 2-23 所示。

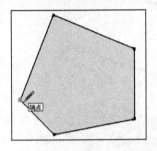

图 2-21　绘制五边形

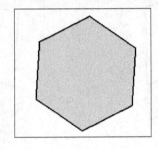

图 2-22　绘制六边形

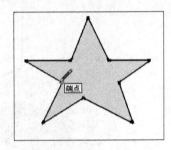

图 2-23　绘制五角星

2. 通过输入绘制直线

在实际的工作中，经常需要绘制精确长度的线段，此时可以通过键盘输入的方式完成这类线段的绘制。

01　启用【直线】工具 ✐，待光标变成 ✐ 时在绘图区中单击，确定线段的起点，如图 2-24 所示。

02　拖动光标至线段目标方向，然后在【长度】数值框中直接输入数值，并按 Enter 键确定，即可绘制精确长度的线段，如图 2-25 与图 2-26 所示。

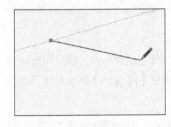

图 2-24　确定线段起点

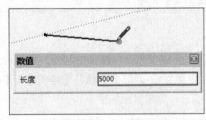

图 2-25　输入线段【长度】数值

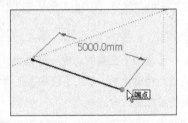

图 2-26　绘制精确长度的线段

3. 绘制空间内的直线

01　启用【直线】工具 ✐，待光标变成 ✐ 时在绘图区中单击，确定线段的起点；在起点位置向上移动光标，此时会出现【在蓝色轴线上】的提示，如图 2-27 所示。

02　找到线段终点单击鼠标左键，或者直接输入线段【长度】数值后按下 Enter 键，即可创建垂直于 XY 平面的线段，如图 2-28 所示。

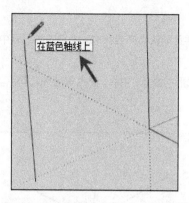

图 2-27　显示"在蓝色轴线上"的提示文字

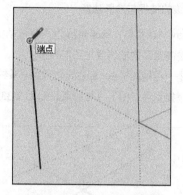

图 2-28　创建垂直于 XY 平面的线段

03 指定线段的起点，在 X 轴方向上移动光标，显示【在红色轴线上】的提示文字，如图 2-29 所示。

04 在终点的位置单击鼠标左键，绘制与 X 轴平行的线段，如图 2-30 所示。

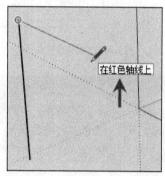

图 2-29　显示"在红色轴线上"的提示文字

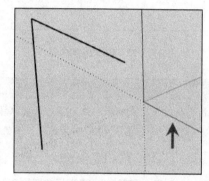

图 2-30　绘制与 X 轴平行的线段

05 指定线段的起点，在 Y 轴方向上移动光标，显示【在绿色轴线上】的提示文字，如图 2-31 所示。

06 单击鼠标左键，指定线段的终点，绘制与 Y 轴平行的线段，如图 2-32 所示。

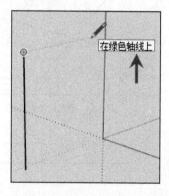

图 2-31　显示"在绿色轴线上"的提示文字

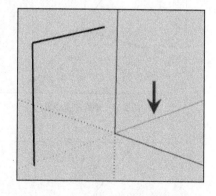

图 2-32　绘制与 Y 轴平行的线段

技 巧

　　在绘制任意图形时，如果出现【在蓝色轴线上】的提示文字，则当前对象与 Z 轴平行；如果出现【在红色轴线上】的提示文字，则当前对象与 X 轴平行；如果出现在【在绿色轴线上】的提示文字，则当前对象与 Y 轴平行。

4. 直线的捕捉与追踪功能

与 AutoCAD 类似，SketchUp 也具有自动捕捉和追踪功能，并且默认为开启状态。在绘图的过程中可以直接运用，以提高绘图的准确度与工作效率。

捕捉是一种绘图模式，即在定位点时，系统能够自动定位到图形的端点、中点、交点等特殊几何点。SketchUp 可以自动捕捉到线段的端点与中点，如图 2-33 与图 2-34 所示。

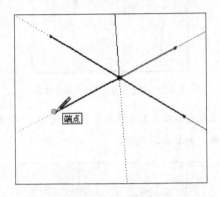

图 2-33　捕捉线段端点

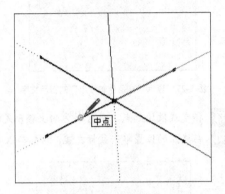

图 2-34　捕捉线段中点

> **注意**
>
> 相交线段在交点处将一分为二，此时线段中点的位置将发生改变，如图 2-34 所示。此时可以进行分段删除，如图 2-35 和图 2-36 所示。此外，如果一条相交线段被删除，另外一条线段将恢复原状，如图 2-37 所示。

追踪的功能相当于辅助线，将光标放置到直线的中点或端点，在垂直或水平方向移动光标即可进行追踪，从而轻松绘制出长度为一半且与之平行的线段，如图 2-38～图 2-40 所示。

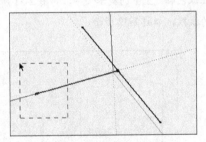

图 2-35　删除左侧线段

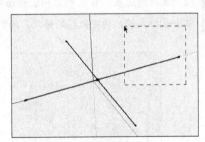

图 2-36　删除右侧线段

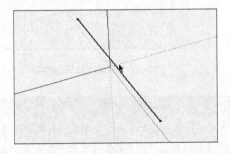

图 2-37　恢复单条线段

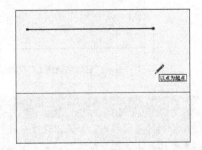

图 2-38　跟踪起点

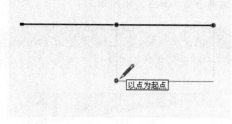

图 2-39　跟踪中点

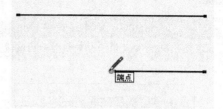

图 2-40　绘制完成

5. 拆分线段

SketchUp 可以对线段进行快捷的拆分操作，具体的操作步骤如下所述。

01 选择创建好的线段，单击鼠标右键，在弹出的快捷菜单中选择【拆分】选项，如图 2-41 所示。

02 默认将线段拆分为 3 段，如图 2-42 所示。

03 向上轻轻推动光标，即可逐步增加拆分段数，如图 2-43 所示。

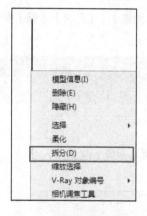

图 2-41　选择【拆分】选项

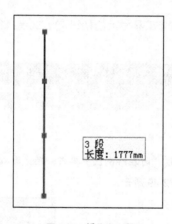

图 2-42　拆分为 3 段

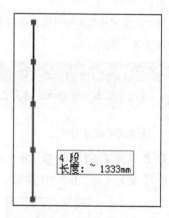

图 2-43　拆分为 4 段

6. 使用直线分割模型面

在 SketchUp 中，直线不但可以相互分段，而且可以用于模型面的分割。

01 启用【直线】工具 ✏️，待光标变成 ✏️ 时将其置于面的边界线上，当出现【在边线上】的提示时单击鼠标左键，创建线段起点，如图 2-44 所示。

02 将光标置于模型另侧边线，当出现【在边线上】的提示时，单击鼠标左键，创建线段端点，如图 2-45 所示。

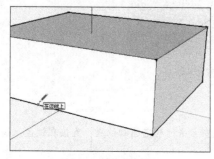

图 2-44　创建线段起点

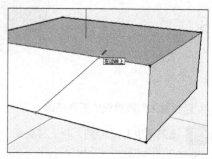

图 2-45　创建线段端点

03 此时再在模型面上单击，可发现其已经被分割成左右两个面，如图 2-46 所示。

技 巧

在 SketchUp 中，用于分割模型面的线段为细实线，普通线段为粗实线，如图 2-47 所示。

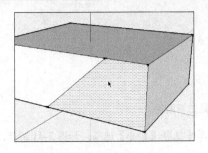

图 2-46　分割模型面

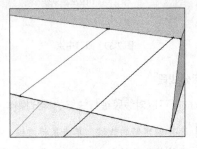

图 2-47　分割线与普通线段的显示区别

2.1.3 【圆】工具

圆广泛应用于各种设计中，单击【绘图】工具栏上的按钮 ⊘，或者执行【绘图】|【形状】|【圆】命令，均可启用该工具。

技 巧

【圆】工具默认的快捷键为 C。

1. 通过鼠标新建圆形

01 启用【圆】工具 ⊘，待光标变成 ⊘ 时在绘图区中单击，确定圆心位置，如图 2-48 所示。

02 拖动光标，拉出圆的半径，如图 2-49 所示。

图 2-48　确定圆心

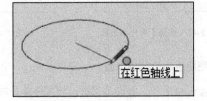

在红色轴线上

图 2-49　拉出圆的半径

03 再次单击，即可创建出圆形平面，如图 2-50 所示

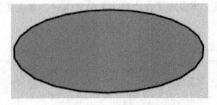

图 2-50　创建圆形平面

2. 通过输入创建精确的圆形平面

01 启用【圆】工具 ⊘，待光标变成 ⊘ 时在绘图区中单击，确定圆心位置，直接在键盘上输入【半径】数值，如图 2-51 所示。

02 按下 Enter 键，即可创建精确大小的圆形平面，如图 2-52 所示。

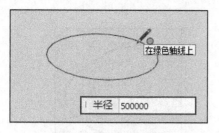

图 2-51　输入【半径】数值

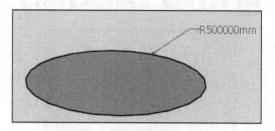

图 2-52　创建精确的圆形平面

> **技 巧**
>
> 　　在三维软件中，圆除了半径这个几何特征外，还有边数的特征。边数越大，圆越平滑，所占用的内存也越大，SketchUp 也是如此。在 SketchUp 中，如果要设置边数，可以在确定好圆心位置后，输入【数量 S】即可控制边数，如图 2-53～图 2-55 所示。

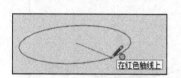

图 2-53　确定圆心

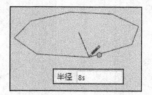

图 2-54　输入圆形边数

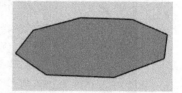

图 2-55　通过边数绘制圆形平面

2.1.4　【圆弧】工具

　　圆弧虽然只是圆的一部分，但利用圆弧可以绘制更为复杂的曲线，因此在使用与控制上更有技巧性。单击【绘图】工具栏中的按钮 ╱ ╱ ╱ ╱，或者执行【绘图】|【圆弧】菜单命令，均可启用该工具。

> **技 巧**
>
> 　　【圆弧】工具默认的快捷键为 A。

　　常用的圆弧绘制方法如下：

1. 从中心和两点绘制圆弧

　01　单击【绘图】工具栏上的【从中心和两点绘制圆弧】按钮 ╱，在绘图区中单击，确定圆弧的中心点，如图 2-56 所示。

　02　拖曳光标，指定第一个圆弧点，如图 2-57 所示。

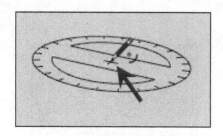

图 2-56　确定中心点

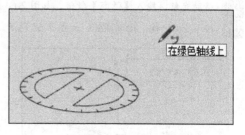

图 2-57　指定第一个圆弧点

　03　移动光标，指定第二个圆弧点，如图 2-58 所示。

04 单击鼠标左键，绘制圆弧，如图 2-59 所示。

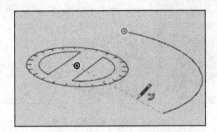

图 2-58 指定第二个圆弧点

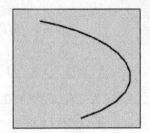

图 2-59 绘制圆弧

技 巧

如果要绘制半圆弧段，则需要在拉出弧长后，向左或向右移动光标，待出现【半圆】提示时再单击即可，如图 2-60 与图 2-61 所示。

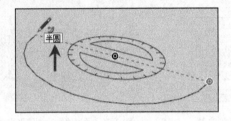

图 2-60 显示【半圆】提示

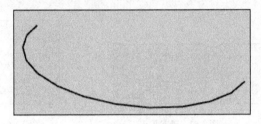

图 2-61 绘制半圆

2. 根据起点、终点和凸起部分绘制圆弧

01 单击【绘图】工具栏上的【根据起点、终点和凸起部分绘制圆弧】按钮，在绘图区中单击，确定圆弧起点，如图 2-62 所示。

02 输入【长度】数值，如图 2-63 所示，按下 Enter 键确认。

图 2-62 确定圆弧起点

图 2-63 输入【长度】数值

03 移动光标，输入【弧高】数值，如图 2-64 所示。

04 按下 Enter 键，绘制圆弧，如图 2-65 所示。

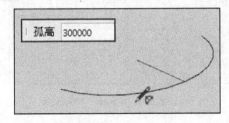

图 2-64 输入【弧高】数值

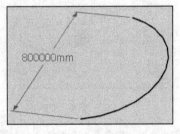

图 2-65 绘制圆弧

技巧

除了直接输入【弧高】数值决定圆弧的弧度外，如果以【数字 R】格式进行输入，则可以半径数值确定弧度，如图 2-66 与图 2-67 所示。

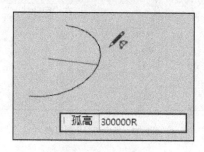

图 2-66　输入数值

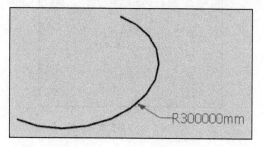

图 2-67　以半径数值绘制圆弧

3. 绘制相切圆弧

如果要绘制与已知图形相切的圆弧，首先需要保证圆弧的起点位于某个图形的端点外。在【绘图】工具栏上单击【相切圆弧】按钮，将光标置于已有圆弧的端点之上，单击鼠标左键，指定圆弧的起点，如图 2-68 所示。移动鼠标，将光标置于线段之上，显示【顶点切线】提示文字，如图 2-69 所示。

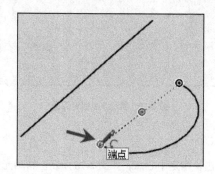

图 2-68　指定圆弧起点

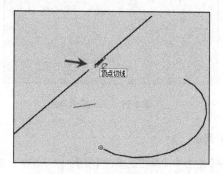

图 2-69　显示【顶点切线】提示文字

移动光标，指定弧高，如图 2-70 所示。在合适的位置单击鼠标左键，绘制相切圆弧，如图 2-71 所示。

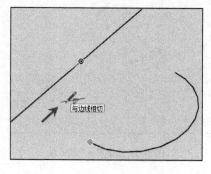

图 2-70　指定弧高

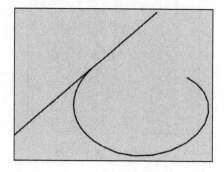

图 2-71　绘制相切圆弧

4. 3 点绘制弧

单击【绘图】工具栏上的【3 点画弧】按钮，在绘图区中单击，指定圆弧起点，如图 2-72 所示。移动光标，指定第二个圆弧点，如图 2-73 所示。

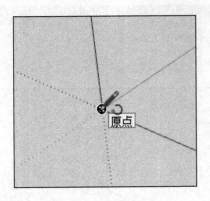

图 2-72　指定圆弧起点

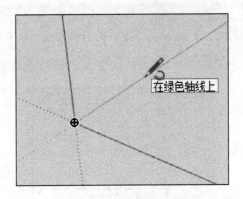

图 2-73　指定第二个圆弧点

移动光标，指定圆弧端点，如图 2-74 所示。在合适的位置上单击鼠标左键，即可通过 3 点绘制圆弧，如图 2-75 所示。

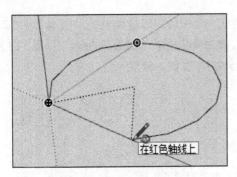

图 2-74　指定圆弧端点

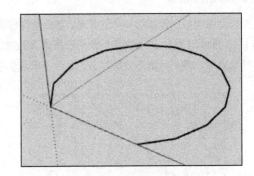

图 2-75　通过 3 点绘制圆弧

5. 扇形

在【绘图】工具栏上单击【扇形】按钮，在绘图区中单击，指定中心点，如图 2-76 所示。移动光标，指定第一个圆弧点，如图 2-77 所示。

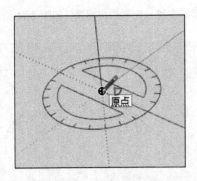

图 2-76　指定中心点

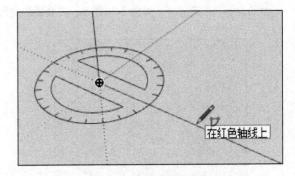

图 2-77　指定第一个圆弧点

移动光标，指定第二个圆弧点，如图 2-78 所示。绘制扇形，如图 2-79 所示。

技巧

执行【窗口】|【模型信息】命令（见图 2-80），打开【模型信息】对话框。选择【单位】选项卡，在【角度单位】选项组中设置捕捉角度，如图 2-81 所示。

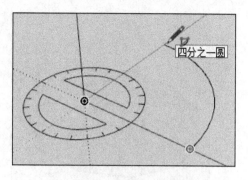

图 2-78　指定第二个圆弧点

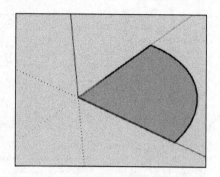

图 2-79　绘制扇形

图 2-80　执行【模型信息】命令

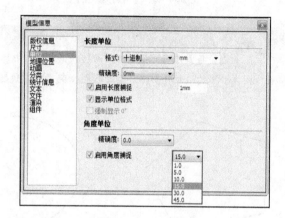

图 2-81　设置捕捉角度

2.1.5　【多边形】工具

使用【多边形】工具，可以绘制边数在 3~100 间的任意多边形。单击【绘图】工具栏上的按钮 ⬡，或者执行【绘图】|【多边形】菜单命令，均可启用该工具。接下来以绘制正 12 边形为例，讲解该工具的使用方法。

01　启用【多边形】工具 ⬡，待光标变成 时在绘图区中单击，确定多边形中心点，如图 2-82 所示。

02　移动光标，确定多边形的切向，再输入【12S】并按 Enter 键，确定多边形的【边数】为 12，如图 2-83 所示。

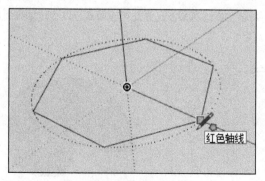

图 2-82　确定多边形中心点

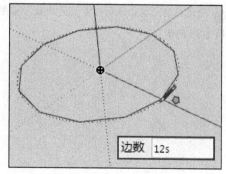

图 2-83　输入多边形【边数】数值

03　输入多边形【内切圆半径】数值，如图 2-84 所示，并按 Enter 键确定。

04　创建精确大小的正 12 边形平面，如图 2-85 所示。

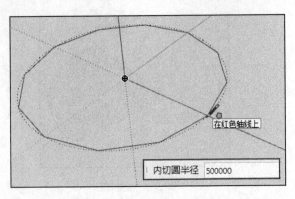

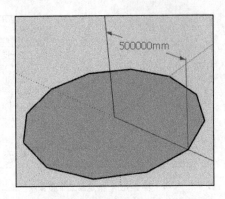

图 2-84　输入【内切圆半径】数值　　　　　图 2-85　创建精确的正 12 边形平面

> **注　意**
>
> 多边形与圆之间可以进行相互转换，当多边形的边数较多时，整个图形就十分圆滑了，接近于圆形的效果。同样当圆的边数较少时，其形状也会变成对应边数的多边形，如图 2-86~图 2-88 所示。

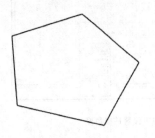

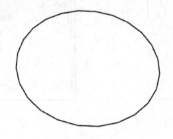

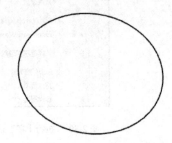

图 2-86　正 5 边形　　　　　图 2-87　正 24 边形　　　　　图 2-88　圆形

2.1.6　【手绘线】工具

【手绘线】工具用于绘制凌乱的、不规则的曲线平面。单击【绘图】工具栏上的按钮 ，或者执行【绘图】|【直线】|【手绘线】菜单命令，均可启用该工具。

01　启用【手绘线】工具 ，待光标变成时 在绘图区中单击，确定绘制起点（此时应保持左键为按下状态），如图 2-89 所示。

02　任意移动光标，绘制所需要的曲线，如图 2-90 所示。最终移动至起点处闭合曲线，以创建不规则的面，如图 2-91 所示。

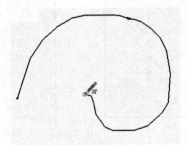

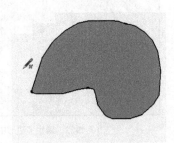

图 2-89　确定绘制起点　　　　　图 2-90　绘制曲线　　　　　图 2-91　创建不规定的面

在执行【手绘线】命令的过程中，按住 Shift 键，可以绘制较为圆滑的曲线，如图 2-92 所示，同时曲线显示为淡灰色。松开 Shift 键，所绘制的曲线显示较为生硬的转角，如图 2-93 所示，同时曲线加粗显示。

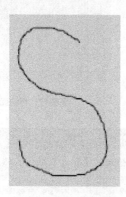

图 2-92　绘制圆滑曲线

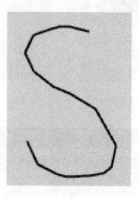

图 2-93　曲线的转角较为生硬

2.2　SketchUp【编辑】工具栏

SketchUp【编辑】工具栏如图 2-94 所示，包含了【移动】、【推/拉】、【旋转】、【路径跟随】、【缩放】以及【偏移】共 6 种工具。其中，【移动】、【旋转】、【缩放】和【偏移】4 个工具用于对象位置、形态的变换与复制，而【推/拉】、【跟随路径】两个工具则用于将二维图形转变成三维实体。

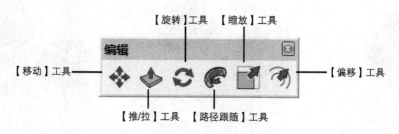

图 2-94　SketchUp【编辑】工具栏

2.2.1　【移动】工具

【移动】工具不但可以进行对象的移动，同时还兼具复制功能。单击【编辑】工具栏上的按钮，或者执行【工具】|【移动】菜单命令，均可启用该工具。

【移动】工具默认的快捷键为 M。

1. 移动对象

01　打开配套资源【第 02 章 | 2.2.1 移动原始.skp】模型，如图 2-95 所示，为一个树木组件。

02　选择模型再启用【移动】工具，待光标变成 时在模型上单击，确定移动起始点，然后拖动光标，即可在任意方向移动选择对象，如图 2-96 所示。

03　将光标置于移动目标点，再次单击鼠标左键，即完成对象的移动，如图 2-97 所示。

图 2-95　树木组件　　　　　　　　图 2-96　在 X 轴上移动　　　　　　　图 2-97　移动完成效果

技巧

如果要进行精确距离的移动，可以在确定移动方向后，直接输入精确的【距离】数值，然后再按 Enter 键确定。

2. 移动复制对象

使用【移动】工具也可以进行对象的复制，具体的操作操作如下所述。

01　选择目标对象，启用【移动】工具，如图 2-98 所示。

02　按住键盘上的 Ctrl 键，待光标将变成 ✛⁺ 时再确定移动起始点，此时拖动光标即可进行移动复制，如图 2-99 与图 2-100 所示。

图 2-98　选择目标对象　　　　　　图 2-99　移动复制　　　　　　图 2-100　移动复制的效果

03　如果要精确控制移动复制的距离，可以在确定移动方向后输入指定的【距离】数值，然后按 Enter 键确定，如图 2-101 与图 2-102 所示。

图 2-101　输入【距离】数值　　　　　　　　图 2-102　精确移动复制的效果

如果需要以指定的距离复制多个对象，可以先输入【距离】数值并按 Enter 键确定，然后以【个数 X】的形式输入复制数量并按 Enter 键确定即可，如图 2-103～图 2-105 所示。

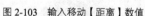

图 2-103　输入移动【距离】数值

图 2-104　输入复制数量

图 2-105　等距复制多个对象

三维模型的面同样可以使用【移动】工具进行移动复制，如图 2-106～图 2-108 所示。

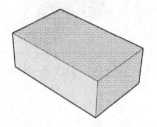

图 2-106　选择模型面

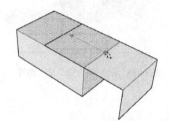

图 2-107　移动复制

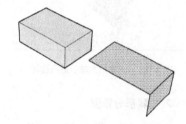

图 2-108　移动复制三维模型的面

2.2.2 【旋转】工具

　　【旋转】工具用于旋转对象，同样也可以完成旋转复制。单击【编辑】工具栏上的按钮 ↻，或者执行【工具】|【旋转】菜单命令，均可启用该工具。

　　【旋转】工具默认的快捷键为 Q。

1. 旋转对象

01 打开配套资源【第 02 章\2.2.2 旋转原始.skp】模型，如图 2-109 所示。

02 选择模型并启用【旋转】工具，待光标变成 ⟳ 时拖动光标确定旋转面，然后在模型面确定旋转轴心点与轴心线，如图 2-110 所示。

03 拖动光标即可进行任意角度的旋转，此时可以观察数值输入框中的数值，也可以直接输入旋转度数，确定角度后再次单击鼠标左键，即可完成旋转，如图 2-111 所示。

　　启用【旋转】工具后，按住鼠标左键不放，向不同方向拖动将产生不同的旋转平面，从而使目标对象产生不同的旋转效果。其中，当旋转平面显示为蓝色时，对象将以 Z 轴为轴心进行旋转，如图 2-110 中所示；当显示为红色或绿色时，将分别以 Y 轴或 Z 轴为轴心进行旋转，如图 2-112 与图 2-113 所示；如果以其他位置作为轴心进行旋转，则以灰色显示，如图 2-114 所示。

图 2-109　打开模型

图 2-110　确定旋转面

图 2-111　旋转完成效果

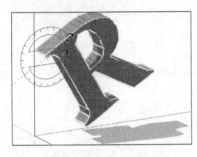

图 2-112　以 Y 轴为轴心进行旋转

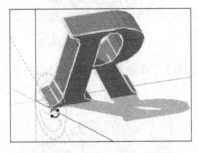

图 2-113　以 X 轴为轴心进行旋转

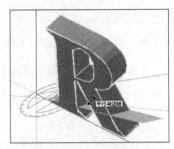

图 2-114　以其他位置为轴心进行旋转

2. 旋转部分模型

除了可对整个模型对象进行旋转外，还可对表面已经分割好的模型进行部分旋转。

01　选择模型对象要旋转的部分表面，然后选择好旋转面，并将轴心点与轴心线确定在分割线端点，如图 2-115 所示。

02　拖动光标确定旋转方向，直接输入旋转【角度】数值，按下 Enter 键确定，完成一次旋转，如图 2-116 所示。

03　选择最上方的面，重新确定轴心点与轴心线，再次输入旋转【角度】并按下 Enter 键，完成旋转，如图 2-117 所示。

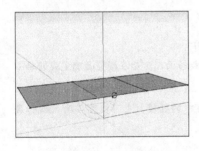

图 2-115　选择旋转面

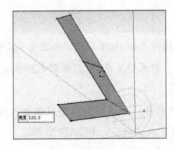

图 2-116　输入旋转【角度】数值

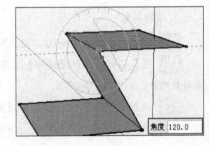

图 2-117　旋转部分模型

3. 旋转复制对象

01　选择目标对象，启用【旋转】工具，确定旋转面、轴心点与轴心线。

02　按住 Ctrl 键，待光标将变成 后输入旋转【角度】数值，如图 2-118 所示。

03　按下 Enter 键确定旋转数值，再以【数量 X】的格式输入要旋转复制的对象数量，按下 Enter 键即可完成旋转复制，如图 2-119 与图 2-120 所示。

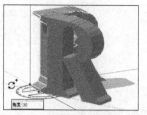
图 2-118　输入旋转【角度】数值

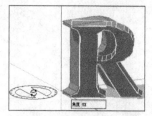
图 2-119　输入旋转复制数量

图 2-120　以【数量 X】旋转复制对象

技巧

　　除了以上的复制方法外，还可以首先复制出多个旋转对象之间首尾的模型，然后以【/数量】的形式输入要旋转复制的对象数量并按下 Enter 键，此时就会以平均角度进行旋转复制，如图 2-121～图 2-123 所示。

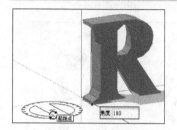
图 2-121　输入旋转【角度】数值

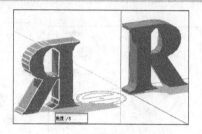
图 2-122　输入旋转复制数量

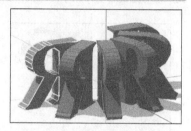
图 2-123　以平均角度旋转复制对象

2.2.3　【缩放】工具

　　【缩放】工具用于对象的缩小或放大，既可以进行 X、Y、Z 三个轴向等比的缩放，也可以进行任意两个轴向的非等比缩放。单击【编辑】工具栏上的按钮，或者执行【工具】|【缩放】菜单命令，均可启用该工具。

技巧

　　【缩放】工具默认的快捷键为 S。

1. 等比缩放

　　01　打开配套资源【第 02 章 | 2.2.3 缩放原始.skp】模型，选择右侧的足球模型，启用【缩放】工具，模型周围出现用于缩放的栅格。

　　02　待光标变成时，选择任意一个位于顶点的栅格点，即出现【统一调整比例在对角点附近】提示，此时按住鼠标左键并进行拖动，即可进行模型的等比缩放，如图 2-124 ～ 图 2-126 所示。

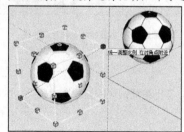
图 2-124　选择缩放栅格顶点

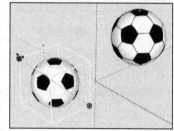
图 2-125　进行等比缩放

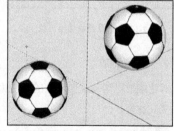
图 2-126　等比缩放的效果

技巧

　　选择缩放栅格顶点后，按住鼠标左键，向上拖动为放大模型，向下拖动则为缩小模型。此外，在进行二维平面模型的等比缩放时，同样需要选择四周的栅格顶点，方可进行等比缩放，如图 2-127～图 2-129 所示。

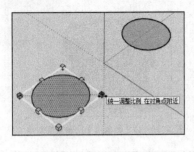
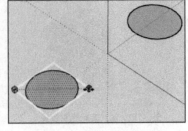
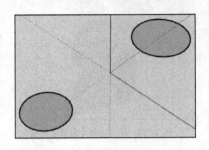

图 2-127 选择缩放栅格顶点   图 2-128 进行二维模型等比缩放   图 2-129 二维模型等比缩放的效果

03 除了直接通过鼠标左键进行缩放外，在选择好缩放栅格顶点后，输入缩放【比例】数值，按下 Enter 键，即可完成精确比例等比缩放，如图 2-130~图 2-132 所示。

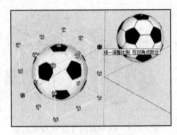
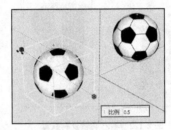
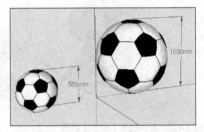

图 2-130 选择缩放栅格顶点   图 2-131 输入缩放【比例】数值   图 2-132 精确比例等比缩放的效果

技巧

在进行精确比例的等比缩放时，数值小于 1 则为缩小，大于 1 则为放大。如果输入负值，则对象不但会按比例进行调整，其位置也会发生翻转，如图 2-133~图 2-135 所示。因此，如果输入-1，将得到翻转的效果。

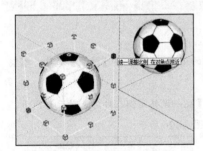
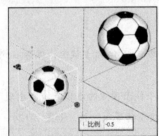
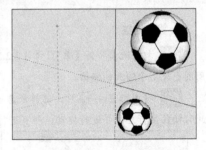

图 2-133 选择缩放栅格顶点   图 2-134 输入负值缩放比例   图 2-135 负值缩放比例完成效果

2. 非等比缩放

等比缩放可均匀改变对象的尺寸大小，其整体造型不会发生改变，而非等比缩放则可以在改变对象尺寸的同时改变其造型。

01 选择用于缩放的足球模型，启用【缩放】工具，选择位于栅格线中间的栅格点，即可出现【沿蓝轴缩放比例 在对角点附近】提示或类似提示，如图 2-136 所示。

02 确定栅格点后单击，然后拖动鼠标即可进行缩放；确定缩放大小后单击，即可完成缩放，如图 2-137 与图 2-138 所示。

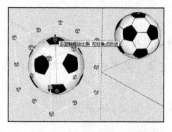

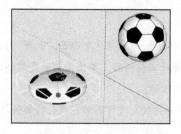

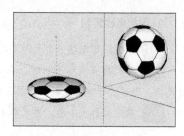

图 2-136　选择缩放栅格线中点　　　　图 2-137　进行非等比缩放　　　　图 2-138　非等比缩放的效果

技巧

除了【沿蓝轴缩放比例　在对角点附近】的提示外，选择其他栅格点还可能出现【沿红、蓝轴缩放比例　在对角点附近】或【沿红、绿轴缩放比例　在对角点附近】的提示，出现这些提示时都可以进行非等比缩放，如图 2-139 与图 2-140 所示。此外，选择某个位于面中心的栅格点，还可进行 X、Y、Z 任意单个轴向上的非等比缩放。图 2-141 所示为 Y 轴上的非等比缩放。

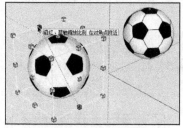

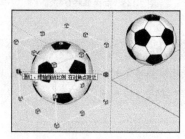

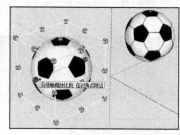

图 2-139　沿绿、蓝轴非等比缩放　　　图 2-140　沿红、绿轴非等比缩放　　　图 2-141　Y 轴上的非等比缩放

在执行缩放操作的过程中，将光标置于任意的栅格点之上，按住 Shift 键不放，拖曳鼠标，则等比缩放图形，如图 2-142 所示。将光标置于栅格点之上，按住 Ctrl 键不放，则以中心点为基点缩放图形，如图 2-143 所示。

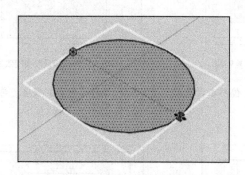

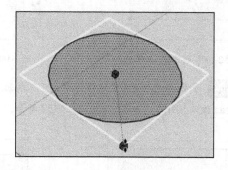

图 2-142　按住 Shift 键缩放图形　　　　　　　图 2-143　以中心点为基点缩放图形

2.2.4　【偏移】工具

【偏移】工具可以同时将对象进行偏移与复制。单击【编辑】工具栏上的按钮 ，或者执行【工具】|【偏移】菜单命令，均可启用该工具。在实际的工作中，【偏移】工具可以对任意形状的面进行偏移复制，但对于线的偏移复制则有一定的要求。

技巧

【偏移】工具默认的快捷键为 F。

1. 面的偏移复制

01 在视图中创建一个长和宽均为 1500mm 的正方形平面，如图 2-144 所示，然后启用【偏移】工具。

02 待光标变成 ↖ 形状时，在要进行偏移的面上单击，以确定偏移的参考点，然后按住鼠标左键向内拖动光标，即可进行偏移复制，如图 2-145 所示。

03 确定偏移大小后，再次单击鼠标左键，即可同时完成面的偏移与复制，如图 2-146 所示。

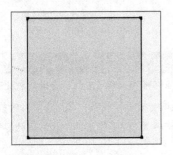

图 2-144　创建正方形平面

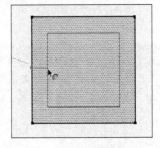

图 2-145　向内偏移复制面

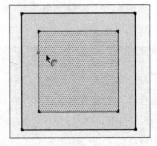

图 2-146　向内偏移复制面的效果

注　意

【偏移】工具不仅可以向内进行收缩偏移复制，还可以向外进行放大偏移复制。在面上单击确定偏移参考点后，向外推动光标即可，如图 2-147～图 2-149 所示。

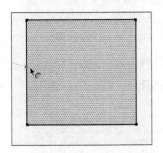

图 2-147　确定偏移参考点

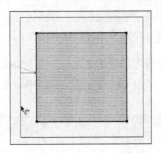

图 2-148　向外偏移复制面

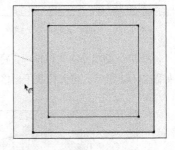

图 2-149　向外偏移复制面的效果

04 如果要进行精确的偏移复制，可以在面上单击确定偏移参考点后，直接输入偏移【距离】数值，再按下 Enter 键确认即可，如图 2-150～图 2-152 所示。

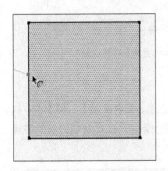

图 2-150　确定偏移参考点

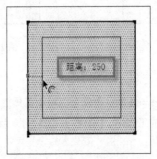

图 2-151　输入偏移【距离】数值

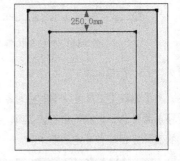

图 2-152　面的精确偏移复制

【偏移】工具还可对任意造型的面进行偏移复制，如图 2-153～图 2-155 所示。

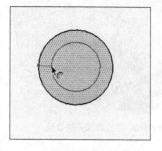

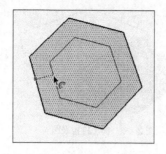

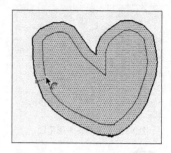

图 2-153　圆形面的偏移复制　　　　图 2-154　多边形面的编移复制　　　　图 2-155　曲线平面的偏移复制

2. 线的偏移复制

【偏移】工具无法对单独的线段以及交叉的线段进行偏移复制，如图 2-156 与图 2-157 所示。

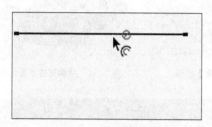

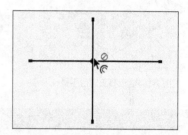

图 2-156　无法偏移复制单独线段　　　　　　　　图 2-157　无法偏移复制交叉线段

对于多条线段组成的转折线、弧线以及线段与弧形组成的线型，均可以进行偏移复制，如图 2-158~图 2-160 所示。其具体操作方法与面偏移复制操作类似，这里就不再赘述了。

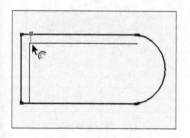

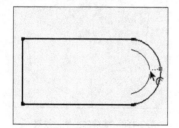

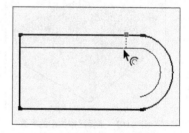

图 2-158　偏移复制转折线　　　　图 2-159　偏移复制弧线　　　　图 2-160　偏移复制混合线型

2.2.5　【推/拉】工具

【推/拉】工具是二维平面生成三维实体模型最为常用的工具。单击【编辑】工具栏上的按钮 ，或者执行【工具】|【推/拉】菜单命令，均可启用该工具。

 技 巧

> 【推/拉】工具默认的快捷键为 P。

1. 推拉单面

`01` 在场景中创建一个长和宽均为 2000mm 的正方形平面，如图 2-161 所示，然后启用【推/拉】工具。

`02` 待光标变成 时，将其置于将要拉伸的表面并单击确定；然后向上拖动光标推拉出三维实体，推拉出合适的高度后再次单击，完成推拉，如图 2-162 与图 2-163 所示。

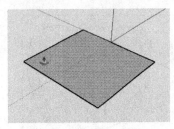

图 2-161　创建正方形平面

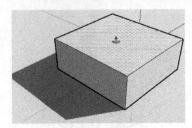

图 2-162　向上推拉表面

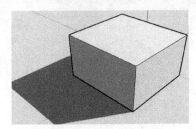

图 2-163　推拉单面完成效果

03 如果要进行精确的推拉，则可以在推拉完成前输入【距离】数值，并按下 Enter 键确认，如图 2-164~图 2-166 所示。

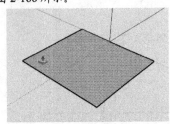

图 2-164　选择正方形平面

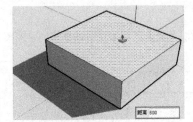

图 2-165　输入【距离】数值

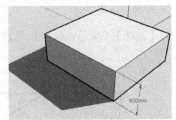

图 2-166　精确推拉单面完成效果

技 巧

在推拉完成后，再次启用【推/拉】工具，可以直接进行推拉，如图 2-167 与图 2-168 所示。如果此时按住 Ctrl 键，推拉则会以复制的形式进行，如图 2-169 所示。

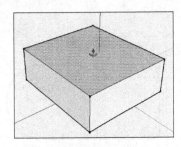

图 2-167　选择已推拉出的平面

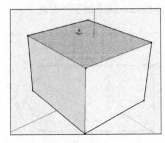

图 2-168　继续向上推拉效果

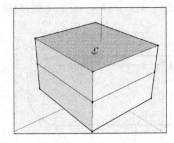

图 2-169　推拉复制效果

2. 推拉实体面

【推/拉】工具不仅可以将平面转换成三维实体，还可以将三维实体的分割面进行推拉，以形成凸出或凹陷的造型。

01 启用【推/拉】工具，待光标变成 时，将其置于将要推拉的模型表面并单击确定，如图 2-170 所示。

02 向上推动光标，即可进行任意高度的推拉，再次单击即可完成拉伸，如图 2-171 与图 2-172 所示。

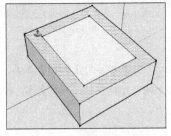

图 2-170　选择分割模型面

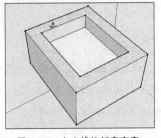

图 2-171　向上推拉任意高度

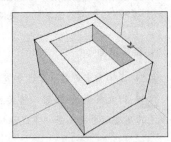

图 2-172　推拉实体分割面完成效果

单击确定推拉面之后，向下拖动光标，即可将得到凹陷效果，如图 2-173 所示。

03 如果要进行指定距离的推拉，只需要在单击确定推拉面之后输入相关数值即可，如图 2-174 与图 2-175 所示。

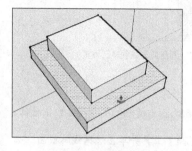

图 2-173 向下推拉凹陷效果

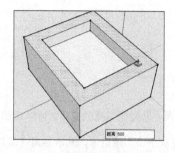

图 2-174 输入【距离】数值

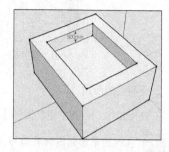

图 2-175 精确推拉实体分割面完成效果

技 巧

如果有多个面的推拉深度相同，则在完成其中某一个面的推拉之后，在其他面上使用【推/拉】工具直接双击左键，即可快速完成相同的推拉效果，如图 2-176~图 2-178 所示。

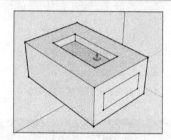

图 2-176 向下推拉面

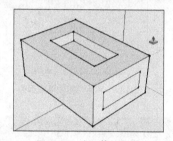

图 2-177 向下推拉完成

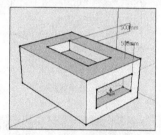

图 2-178 快速完成相同推拉

2.2.6 【路径跟随】工具

【路径跟随】工具可以利用两个二维线型或平面创建三维实体。单击【编辑】工具栏上的按钮 ，或者执行【工具】|【路径跟随】菜单命令，均可启用该工具。

1. 面与线的应用

01 打开配套资源【第 02 章 | 路径跟随.skp】文件，场景中有一个平面图形和二维线型，如图 2-179 所示。

02 启用【路径跟随】工具，待光标变成 时，单击选择其中的二维平面，如图 2-180 所示。

图 2-179 打开跟随路径文件

图 2-180 选择二维平面

03 移动光标至线型附近，此时在线型上会出一个红色的捕捉点，二维平面也会根据该点至线型下方端点的路径创建三维实体，如图 2-181 所示。

04 向上推动光标直至线型的端点，确定实体效果后单击鼠标左键，即可完成三维实体的创建，如图 2-182 所示。

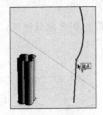

图 2-181 捕捉路径

图 2-182 利用面与线创建三维实体

2. 面与面的应用

在 SketchUp 中利用【路径跟随】工具，通过面与面的应用，可以绘制出室内具有线脚的天花板等常用构件。

01 在视图中绘制线脚截面与天花板平面二维图形，然后启用【路径跟随】工具并单击选择线脚截面，如图 2-183 所示。

02 待光标变成 时将其移动至天花板平面，然后跟随其捕捉一周，如图 2-184 所示。

03 单击确定捕捉完成，即可创建具有线脚的天花板三维实体，如图 2-185 所示。

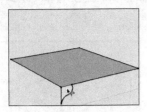

图 2-183 选择线脚截面

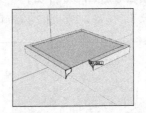

图 2-184 捕捉天花板平面周边

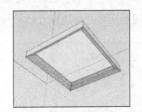

图 2-185 利用面与面创建三维实体

技巧

SketchUp 并不能直接创建球体、棱锥、圆锥等几何形体，通常在面与面上应用【路径跟随】工具进行创建，其中球体的创建步骤如图 2-186~图 2-188 所示。

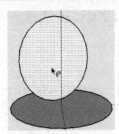

图 2-186 选择圆形平面

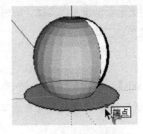

图 2-187 捕捉底部圆形

图 2-188 创建球体的效果

3. 实体上的应用

利用【路径跟随】工具，还可以在实体模型上直接制作出边角细节。

01 首先在实体表面上直接绘制好边角轮廓，如图 2-189 所示，然后启用【路径跟随】工具并单击选择。

02 待光标变成 时，单击选择边角轮廓，将其光标置于实体轮廓线上，此时就可以参考出现的虚线确定跟随效果，如图 2-190 所示。

03 确定好跟随效果后单击鼠标左键，完成实体边角的创建如图 2-191 所示。

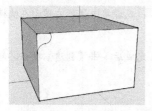

图 2-189　选择边角轮廓

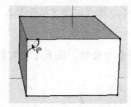

图 2-190　捕捉实体轮廓线

图 2-191　创建实体边角

技 巧

　　利用【路径跟随】工具直接在实体模型上创建边角效果时，如果捕捉完整的一周，将创建出如图 2-192 所示的效果。此外，还可以任意捕捉实体轮廓线进行边角效果的创建，如图 2-193 与图 2-194 所示。

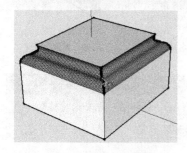

图 2-192　捕捉一周的效果

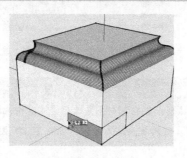

图 2-193　捕捉轮廓线

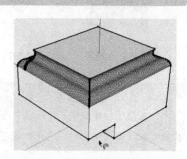

图 2-194　任意捕捉的效果

2.3　SketchUp【主要】工具栏

　　SketchUp【主要】工具栏如图 2-195 所示，其中包含了【选择】、【制作组件】、【材质】以及【擦除】共 4 种工具，其中【选择】工具在第 1 章已经进行了详细介绍，本节主要介绍另外 3 种工具的使用方法与技巧。

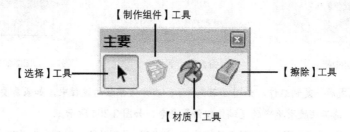

图 2-195　SketchUp【主要】工具栏

2.3.1　【制作组件】工具

　　【制作组件】工具用于管理场景中的模型，当在场景中制作好了某个模型套件（如由执手、门页、门框组成的门模型），通过将其制作成组件，不但可以精简模型个数，方便模型的选择，而且如果复制了多个，在修改其中的一个时，其他模型也会发生相同的改变，从而提高了工作效率。

　　此外，模型组件可以单独导出，这样不但可以方便地与他人分享，自己也可以随时再导入使用。

1. 创建与分解组件

　　`01`　打开配套资源【第 02 章|2.3.1 组件原始.skp】模型，场景中有一个由执手、门页、门框组成的门模型，如图 2-196 所示。

02　按 Ctrl+A 组合键选择所有模型构件，单击制作【组件】工具按钮 ，或者单击鼠标右键，在快捷菜单中选择【创建组件】命令，如图 2-197 所示。

03　弹出如图 2-198 所示的【创建组件】对话框。设置【定义】等参数，完成后单击【创建】按钮，即可创建如图 2-199 所示的门组件。

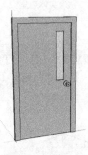   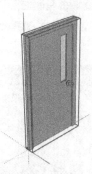

图 2-196　门模型　　　　图 2-197　选择【创建组件】命令　　　图 2-198　输入名称　　　　图 2-199　创建门组件

技 巧

　　勾选【创建组件】对话框中的【总是朝向相机】复选框，随着相机的移动，植物组件也会保持转动，使其始终以正面面向相机，避免出现不真实的单面渲染效果，如图 2-200~图 2-202 所示。

图 2-200　原始效果　　　　　　图 2-201　设置参数　　　　　　图 2-202　调整效果

04　组件创建完成后，复制组件，如图 2-203 所示。在方案推敲的过程中，如果需要进行统一修改，在组件上方单击鼠标右键，选择快捷菜单中的【编辑组件】命令，如图 2-204 所示。

05　选择门页模型，进行如图 2-205 所示的缩放。可以发现，复制的模型同时发生了改变，如图 2-206 所示。

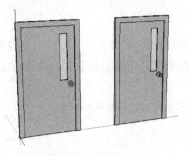 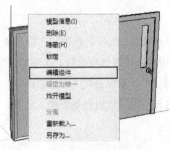 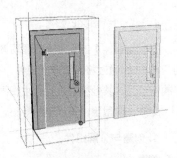

图 2-203　复制组件　　　　图 2-204　选择【编辑组件】命令　　　图 2-205　缩放门页

如果要单独对某个组件进行调整，可以单击鼠标右键，选择快捷菜单中的【设定为唯一】命令，此时再编辑模型，将不影响其他复制组件，如图 2-207～图 2-209 所示。

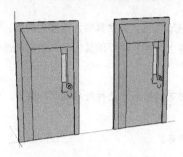

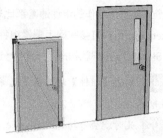

图 2-206　【编辑组件】完成效果　　　　图 2-207　选择【设定为唯一】命令　　　　图 2-208　缩放模型效果

06 选择制作好的组件，在其上方单击鼠标右键，选择快捷菜单中的【炸开模型】命令，即可打散制作好的组件。

2. 导出与导入组件

组件制作完成后，首先应该将其导出为单独的模型，以方便调用。

01 选择制作好的组件，在其上方单击鼠标右键，在快捷菜单中选择【另存为】命令，如图 2-210 所示。

02 在弹出的【另存为】对话框中输入【文件名】，单击【保存】按钮保存，如图 2-211 所示。

图 2-209　【设定为唯一】完成效果　　　　图 2-210　选择【另存为】命令　　　　图 2-211　保存组件

03 制作的组件保存完成后，执行【窗口】|【默认面板】|【组件】菜单命令，系统弹出【组件】对话框。选择保存的组件，即可将其直接插入场景，如图 2-212～图 2-214 所示。

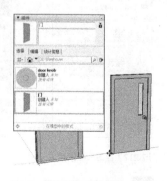

图 2-212　选择【组件】命令　　　　图 2-213　选择保存的组件　　　　图 2-214　插入组件

技 巧

只有将制作好的组件保存在 SketchUp 安装路径中名为【Components（组件）】的文件夹内，才可以通过【组件】对话框进行直接调用。

3. 组件库

个人或团队制作的组件通常都比较有限，Google 公司在收购 SketchUp 之后，结合其强大的搜索功能，可以使 SketchUp 用户直接在网上搜索组件，同时也可以将自己制作好的组件上传到互联网供其他用户使用，这样所有的 SketchUp 用户就构成了一个十分庞大的网络组件库。

01 单击【组件】对话框【选择】选项卡中的下拉按钮，在弹出的下拉列表中选择对应的组件类型，如图 2-215 所示。

02 此时就会自动进入 Google 3D 模型库进行搜索，如图 2-216 所示。

图 2-215 选择组件类型

图 2-216 搜索 Google 3D 模型库

03 除了搜索下拉列表中默认的组件类型外，用户还可以进行自定义搜索，如图 2-217 所示。

04 搜索完成后，单击搜索结果中的目标组件，进入图 2-218 所示的模型下载场景。单击【下载】按钮并确认，将其加入 Google SketchUp 组件库。

05 下载完成后即可将其直接插入场景，如图 2-219 所示。

图 2-217 自定义搜索结果

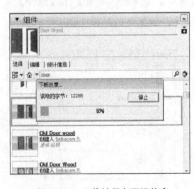

图 2-218 下载并保存至组件库

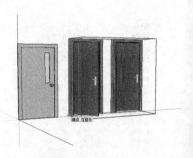

图 2-219 插入下载组件

06 如果要上传组件，则首先要将其选择，然后选择快捷菜单中的【共享组件】命令，如图 2-220 所示。

07 进入【3D Warehouse（3D 模型库）】窗口，如图 2-221 所示。单击【上载】按钮即可进行上传。上传后，其他用户即可通过互联网进行搜索与下载，如图 2-222 所示。

  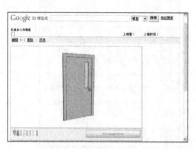

图 2-220　选择【共享组件】命令　　图 2-221　【3D Warehouse（3D 模型库）】窗口　　图 2-222　上传完成

注 意

使用【Google 3D 模型库】进行组件上传前，需注册 Google 用户并同意上传协议。

2.3.2 【材质】工具

　　材质是模型在渲染时产生真实质感的前提，配合灯光系统能使模型表面体现出颜色、纹理、明暗等效果，从而使虚拟的三维模型具备真实物体所具备的质感细节。

　　SketchUp 软件的特色在于设计方案的推敲与草绘效果的表现，在写实渲染方面能力并不出色，一般只需为模型添加颜色或纹理即可，然后通过风格设置得到各个草绘效果。因此，本节重点讲解 SketchUp 材质赋予方法、【材质编辑器】的功能以及【纹理图像】的编辑技巧。模拟材质真实质感的方法，将在本书的渲染实例章节进行详细的探讨。

1. 材质赋予方法

　　01 打开配套资源【第 02 章｜2.3.2.1 材质原始.skp】模型，如图 2-223 所示，这是一个没有任何材质效果的垃圾桶模型。

　　02 单击【材质】工具按钮，或者执行【工具】｜【材质】菜单命令，打开如图 2-224 所示的【材料】对话框。

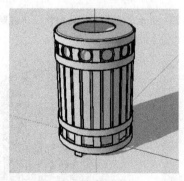 

图 2-223　材质原始模型　　　　　　　　　　图 2-224　【材料】对话框

　　03 SketchUp 分门别类地制作好了一些材料，直接单击文件夹或通过下拉列表均可进入并选择该类材料，如图 2-225 与图 2-226 所示。

　　04 为了避免错赋材质，首先选择要赋予材质的对象，即目标对象，如图 2-227 所示；然后进入名为【木质纹】的文件夹，选择其中的【带节子的木胶合板】材料，如图 2-228 所示。

图 2-225　显示【材料】类型的文件夹

图 2-226　显示【材料】类型的下拉列表

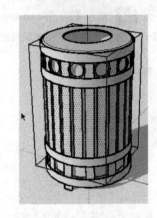

图 2-227　选择目标对象

技巧

【材质】工具默认的快捷键为 B。

---

05 此时光标将变成 形状，将其置于选择的目标对象表面并单击，即可赋予选择的材质，如图 2-229 与图 2-230 所示。

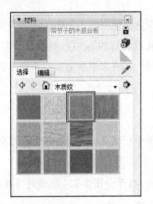

图 2-228　选择【带节子的木胶合板】材料

图 2-229　将光标置于选择对象表面

图 2-230　【木质纹】材质赋予完成效果

06 选择名为【金属】文件夹的【粗糙金属】材料，如图 2-231 所示。重复之前的操作，将其赋予场景中垃圾桶的其他部件，如图 2-232 与图 2-233 所示。

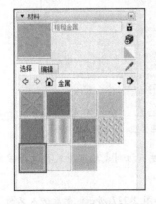

图 2-231　选择粗糙【金属】材料

图 2-232　赋予材质于其他部件

图 2-233　【金属】材质赋予完成效果

如果场景模型已指定了材质，可以单击【模型中】按钮进行查看，如图 2-234 与图 2-235 所示。此外，还可以单击【样本颜料】按钮，直接在模型表面吸取其所具有的材质，如图 2-236 所示。

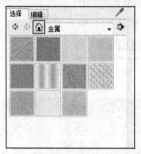
图 2-234 单击【模型中】按钮

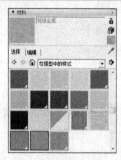
图 2-235 显示场景已有材质

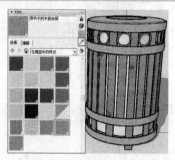
图 2-236 吸取模型已有材质

SketchUp 虽然提供了许多材料，但并不一定能满足各类设计的要求，此时可以通过选择已有材料，再进入【编辑】选项卡进行修改，也可以直接单击【创建材质】按钮制作新的材质。由于【编辑】选项卡与【创建材质】对话框，即材质编辑器的参数一致，因此接下来将直接讲解材质编辑器的功能与使用方法。

2. 材质编辑器的功能

单击【创建材质】按钮，即可弹出材质编辑器，其具体的功能图解如图 2-237 所示。

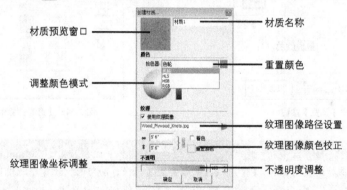
图 2-237 材质编辑器功能图解

❑ 材质名称。新建材质的第一件事就是为材质起一个易于识别的名称，材质的命名应该正规、简短，如【木纹】、【玻璃】等，也可以用拼音首字母进行命名，如 MW、BL 等。

如果场景中有多个类似的材质，则应该添加后缀予以区分，如【玻璃_半透明】、【玻璃_磨砂】等。此外，也可以根据材质模型的对象进行区分，如【木纹_地板】、【木纹_书桌】等。

❑ 材质预览窗口。通过材质预览窗口可以快速查看当前新建的材质效果，在预览窗口内可以对颜色、纹理以及透明度进行实时的预览，如图 2-238~图 2-240 所示。

图 2-238 颜色预览　　　　图 2-239 纹理预览　　　　图 2-240 透明度预览

□ 调整颜色模式。单击【拾色器】下拉按钮，可以选择默认颜色模式外的 HLS、HSB 及 RGB 三种模式，如图 2-241~图 2-243 所示。

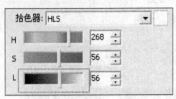

图 2-241　HLS 模式

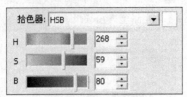

图 2-242　HSB 模式

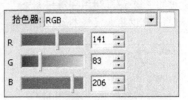

图 2-243　RGB 模式

注　意

这几种颜色模式在色彩的表现能力上并没有任何区别，读者可以根据自己的习惯进行选择。RGB 模式使用红色（R）、绿色（G）、蓝色（B）三原色进行颜色的调整，比较直观，应用较广。

□ 重置颜色。单击【重置颜色】色块，系统将恢复颜色的 RGB 值为 255、255、255。

□ 纹理图像路径设置。单击【纹理图像路径】右侧的【浏览】按钮，将打开【选择图像】对话框，可以进行纹理图像的加载，如图 2-244 与图 2-245 所示。

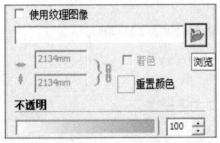

图 2-244　单击【浏览】按钮

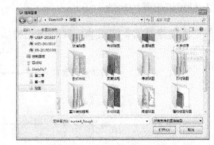

图 2-245　【选择图像】对话框

注　意

通过上述的操作添加纹理图像后，【使用纹理图像】复选框将自动勾选。此外，通过勾选【使用纹理图像】复选框，也可以直接进入【选择图像】对话框。如果要取消纹理图像的使用，取消勾选该复选框即可。

□ 纹理图像坐标调整。默认的纹理图像尺寸并不一定适合场景对象，如图 2-246 所示。此时可通过调整【纹理图像坐标】，以得到比较理想的显示效果，如图 2-247 所示。

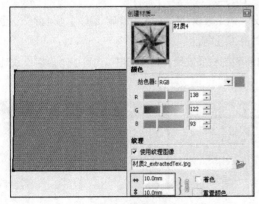

图 2-246　纹理图像原始尺寸效果

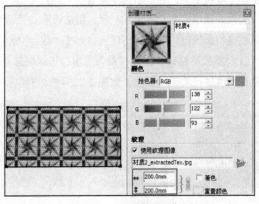

图 2-247　调整纹理图像坐标

默认设置下，锁定纹理图像的长宽比例。例如，将纹理图像的宽度调整为 2000mm，其长度会自动调整为 2000mm，如图 2-248 所示，以保持长宽比不变。如果需要单独调整纹理图像长度和宽度，可以单击其右侧的【解锁】按钮，分别输入长度和宽度，如图 2-249 与图 2-250 所示。

图 2-248　保持原始比例

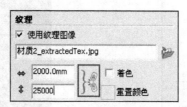

图 2-249　解锁并输入新的宽度

图 2-250　锁定比例

> **注意**
>
> SketchUp 的材质编辑器只能改变纹理图像的尺寸与比例，如果需要调整纹理图像的位置、角度等，则通过【纹理】菜单命令完成，读者可参阅本节【材质纹理图像编辑】小节。

❑ 纹理图像颜色校正。除了可以调整纹理图像的尺寸与比例，勾选【着色】复选框，还可以校正纹理图像的颜色，如图 2-251 与图 2-252 所示。单击其下的【重置颜色】色块，颜色即可还原，如图 2-253 所示。

图 2-251　勾选【着色】复选框

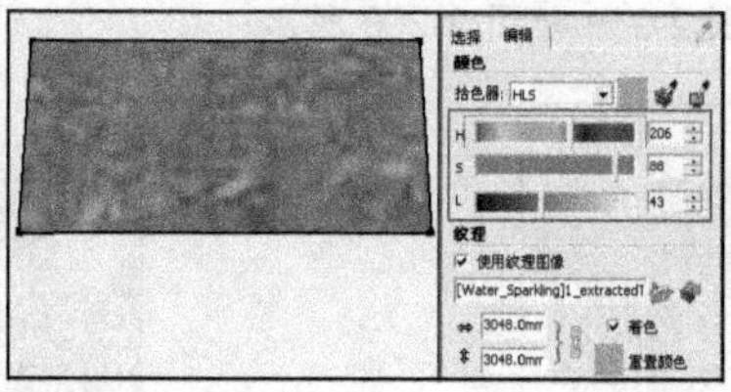

图 2-252　校正颜色

图 2-253　还原颜色

❑ 不透明度调整。【不透明度】数值越高，材质越不透明，如图 2-254 与图 2-255 所示。在调整时可以通过滑块进行，有利于透明效果的实时观察。

3. 纹理图像的调整

在赋予纹理图像的模型表面单击鼠标右键，选择【纹理】子菜单中的命令，可以编辑纹理图像。例如，选择【位置】命令，可以进行诸如【旋转】【翻转】等调整，如图 2-256 所示。

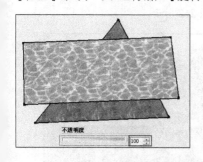

图 2-254　【不透明度】为 100 时的材质效果

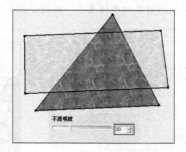

图 2-255　【不透明度】为 30 时的材质效果

图 2-256　【纹理】子菜单

（1）纹理图像位置　通过【纹理】子菜单中的【位置】命令，可以对纹理图像进行【移动】【旋转】【扭曲】【拉伸】等操作。

01　打开本书配套资源【第 02 章 | 2.3.2.3.1 贴图编辑原始.skp】模型，选择赋予纹理图像的屋顶模型表面；单击鼠标右键，选择【位置】命令，显示出用于调整纹理图像的半透明平面与四色别针，如图 2-257 与图 2-258

所示。

图 2-257　选择【位置】命令

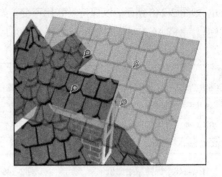

图 2-258　显示半透明平面与四色别针

技 巧

半透明平面内显示了整个纹理图像的分布，可以配合纹理图像【移动】工具，轻松地将目标纹理图像区域移动至模型表面。

02 四色别针中的【红色别针】为纹理图像【移动】工具，选择【位置】命令后默认启用该功能，此时可以拖动鼠标进行任意方向的移动，如图 2-259 与图 2-260 所示。

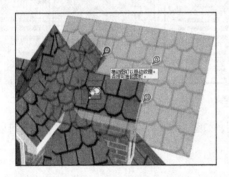

图 2-259　向右移动纹理图像

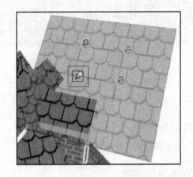

图 2-260　向上移动纹理图像

03 四色别针中的【蓝色别针】为纹理图像【缩放/移动】工具，按住该按钮上下移动，可以增加纹理图像的竖向重复次数，左右移动则改变纹理图像的平铺角度，如图 2-261 与图 2-262 所示。

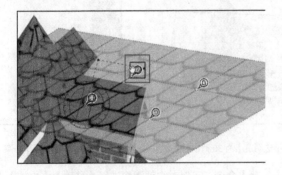

图 2-261　向右移动纹理图像

图 2-262　向左移动纹理图像

04 四色别针中的【黄色别针】为纹理图像【扭曲】工具，按住该按钮向任意方向拖动，将对纹理图像进行对应方向的扭曲，如图 2-263 与图 2-264 所示。

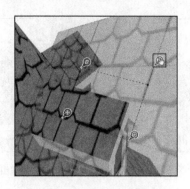

图 2-263　向右上方扭曲纹理图像

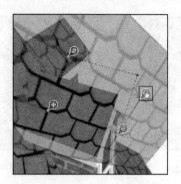

图 2-264　向右下方扭曲纹理图像

[05] 四色别针中的【绿色别针】为纹理图像【缩放/旋转】工具，按住该按钮在水平方向移动，将对纹理图像进行等比缩放，如图 2-265 所示。上下移动则将对纹理图像进行旋转，如图 2-266 所示。

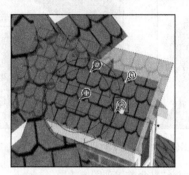

图 2-265　水平缩放纹理图像

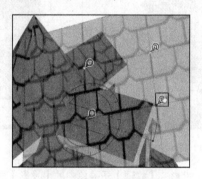

图 2-266　上下旋转纹理图像

[06] 调整完成后单击鼠标右键，将弹出如图 2-267 所示的快捷菜单。选择【完成】命令结束编辑，选择【重设】命令则取消当前的调整，恢复至编辑前的状态。

[07] 在快捷菜单中选择【镜像】命令，弹出【镜像】子菜单，如图 2-268 所示。选择相应的命令，将镜像编辑纹理图像。

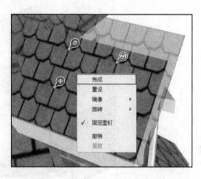

图 2-267　快捷菜单

图 2-268　【镜像】子菜单

技巧

如果已经通过【完成】命令结束编辑，此时若要返回编辑前的效果，可以选择【纹理】子菜单中的【重设位置】命令。

[08] 通过【镜像】子菜单，可以快速对当前纹理图像进行【左/右】或【上/下】镜像操作，如图 2-269 ~ 图 2-271 所示。

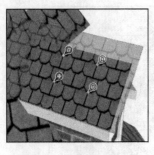
图 2-269　原始纹理图像效果

图 2-270　【左/右】镜像纹理图像效果

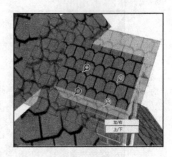
图 2-271　【上/下】镜像纹理图像效果

09 通过【旋转】子菜单，可以快速对当前纹理图像进行 90°、180°、270°三种角度的旋转，如图 2-272~图 2-274 所示。

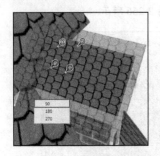
图 2-272　旋转 90°后的纹理图像效果

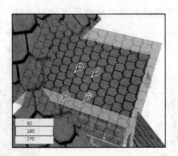
图 2-273　旋转 180°后的纹理图像效果

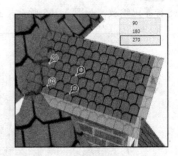
图 2-274　旋转 270°后的纹理图像效果

（2）投影　【纹理】子菜单中的【投影】命令用于在曲面上制作贴合的纹理图像效果。

01 打开本书配套资源【第 02 章 | 2.3.2.3.2 贴图投影.skp】模型，如图 2-275 所示。此时如果直接在其表面赋予纹理图像，将得到凌乱的拼贴效果，如图 2-276 所示。

02 为了在曲面上得到贴合的纹理图像效果，首先在其正前方创建一个宽度相等的长方形平面，如图 2-277 所示。

图 2-275　打开贴图投影模型

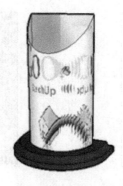
图 2-276　直接赋予纹理图像的效果

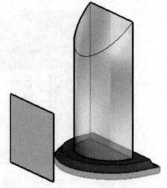
图 2-277　创建长方形平面

03 选择【视图】|【表面类型】|【X 光透视模式】菜单命令，如图 2-278 所示。

04 执行上述操作，使场景模型产生透明效果，以便于观察纹理图像，如图 2-279 所示。

05 然后将材质纹理图像赋予平面模型，并调整好拼贴效果，如图 2-280 所示。

06 选择平面模型并单击鼠标右键，选择【纹理】子菜单中的【投影】命令，如图 2-281 所示。

图 2-278　选择【X光透视模式】命令

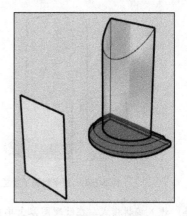

图 2-279　场景模型显示为透明效果

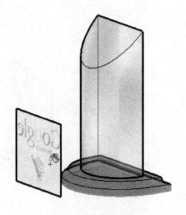

图 2-280　赋予材质于平面

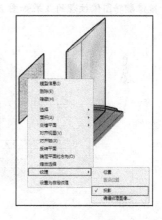

图 2-281　选择【投影】命令

07 单击【材料】对话框中的【样本颜料】按钮 ✏️，如图 2-282 所示，同时按住 Alt 键。

08 吸取赋予在平面模型上的材质，如图 2-283 所示。

图 2-282　单击【样本颜料】按钮

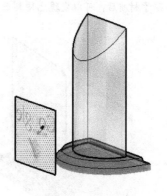

图 2-283　吸取材质

09 松开 Alt 键，当光标变成 🪣 时将材质赋予曲面，此时在曲面上出现贴合的纹理图像效果，如图 2-284 所示。

10 纹理图像如果出现方向错误，可以选择平面并单击鼠标右键，选择快捷菜单中的【位置】命令，如图 2-285 所示。

图 2-284　赋予材质于曲面

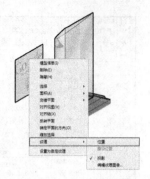

图 2-285　选择【位置】命令

11　进入编辑模式，在纹理图像上单击右键，弹出快捷菜单，选择【镜像】命令，设置镜像方式为【左/右】，如图 2-286 所示。

12　镜像翻转图像纹理的效果如图 2-287 所示。

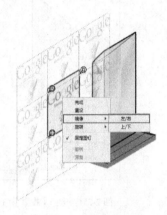

图 2-286　设置镜像方式

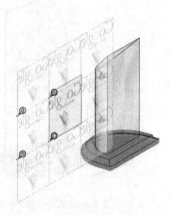

图 2-287　镜像翻转图像纹理的效果

13　再次将平面上的材质赋予曲面，如图 2-288 所示。

14　赋予材质后，可以发现已得到正确的纹理图像效果，如图 2-289 所示。

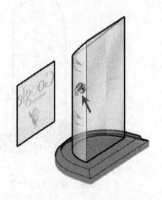

图 2-288　将材质赋予曲面

图 2-289　正确的纹理图像效果

2.3.3　【擦除】工具

单击 SketchUp【主要】工具栏上的【擦除】工具按钮 ，待光标变成 时将其置于目标线段上方单击，即可直接将其删除，如图 2-290 与图 2-291 所示。但该工具不能直接进行面的删除，如图 2-292 所示。

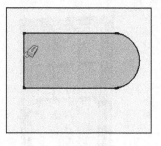

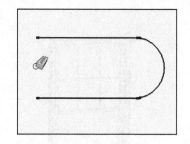

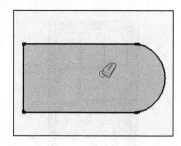

图 2-290　单击线段　　　　　　　图 2-291　删除完成　　　　　　图 2-292　不能直接删除面

 技 巧

　　【擦除】工具默认的快捷键为 E。

2.4　SketchUp【建筑施工】工具栏

　　SketchUp 建模可以达到十分高的精确度，这主要得益于功能强大的辅助定位【建筑施工】工具。【建筑施工】工具栏包含【卷尺】、【尺寸】、【量角器】、【文字】、【轴】及【三维文字】工具，如图 2-293 所示。其中【卷尺】与【量角器】工具用于尺寸与角度的精确测量与辅助定位，其余工具则用于进行各种标识与文字创建。

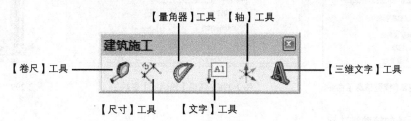

图 2-293　SketchUp【建筑施工】工具栏

2.4.1　【卷尺】工具

　　【卷尺】工具不仅可用于距离的精确测量，也可以用于制作精准的辅助线。单击【建筑施工】工具栏上的按钮 ，或者执行【工具】|【卷尺】菜单命令，均可启用该工具。

 技 巧

　　【卷尺】工具默认的快捷键为 T。

1. 测量距离工具使用方法

　　01　打开配套资源【第 02 章 | 2.4.1 测量.skp】模型，如图 2-294 所示。该场景为一个窗户模型。

　　02　启用【卷尺】工具，当光标变成 时单击，确定测量起点，拖动光标至测量端点并再次单击，即可在端点处看到长度数值，如图 2-295 与图 2-296 所示。

技 巧

　　图 2-296 中显示的测量数值为大约值，这是因为 SketchUp 根据单位精度进行了四舍五入。选择【窗口】|【模型信息】命令，如图 2-297 所示。打开【模型信息】对话框，选择【单位】选项卡，调整【精确度】参数，如图 2-298 所示。再次测量，即可得到精确的数值，如图 2-299 所示。

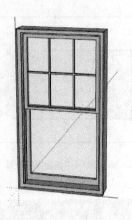

图 2-294　打开测量模型

图 2-295　确定测量起点

图 2-296　测量结果

图 2-297　选择【模型信息】命令

图 2-298　调整【精确度】参数

图 2-299　得到精确的数值

2. 测量距离的辅助线功能

使用【卷尺】工具可以制作出延长辅助线与偏移辅助线。

01 启用【卷尺】工具，单击确定延长辅助线起点，如图 2-300 所示。

图 2-300　确定延长辅助线起点

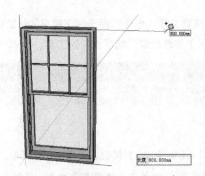

图 2-301　输入延长【长度】数值

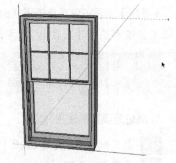

图 2-302　创建延长辅助线

02 拖动光标，确定延长辅助线方向，输入延长【长度】数值并按 Enter 键确定，即可创建延长辅助线，如图 2-301 与图 2-302 所示。

03 创建偏移辅助线。启用【卷尺】工具，在偏移参考线两侧单点以外的任意位置单击，选择偏移辅助线起点，如图 2-303 所示。

04 拖动光标，确定偏移辅助线方向，输入偏移【长度】数值并按 Enter 键确定，即可创建偏移辅助线，如图 2-304 与图 2-305 所示。

图 2-303　选择偏移辅助线起点

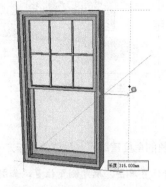

图 2-304　输入偏移【长度】数值

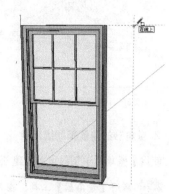

图 2-305　创建偏移辅助线

05 辅助线之间的交点、辅助线与线、平面以及实体的交点均可用于捕捉。选择【隐藏】与【取消隐藏】命令，可以隐藏或显示辅助线，如图 2-306 与图 2-307 所示。也可以选择如图 2-308 所示的【删除参考线】命令进行删除。

图 2-306　选择【隐藏】命令

图 2-307　选择【取消隐藏】子菜单

图 2-308　选择【删除参考线】命令

2.4.2　【量角器】工具

【量角器】工具具有角度测量与创建角度辅助线的功能。单击【建筑施工】工具栏上的按钮 ，或者执行【工具】|【量角器】菜单命令，均可启用该工具。

1.【量角器】工具使用方法

01 启用【量角器】工具，待光标变成 后单击，确定目标测量角的顶点，如图 2-309 所示。

02 拖动光标，捕捉目标测量角任意一条边线，如图 2-310 所示，并单击确定；然后捕捉到另一条边线单击确定，即可在数值输入框内观察到测量【角度】，如图 2-311 所示。

> **注　意**
>
> 通过相应精度的调整，测量出的角度值也可以显示出非常精确的数值，具体调整方法可以参考上一节的内容。

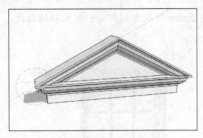
图 2-309　确定测量角的顶点

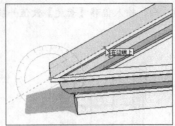
图 2-310　捕捉边线

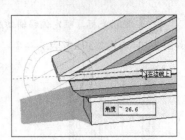
图 2-311　测量【角度】效果

2. 量角器的角度辅助线功能

使用【量角器】工具可以创建任意值的角度辅助线，具体的操作方法如下：

01 启用【量角器】工具，在目标位置单击，确定测量位置，如图 2-312 所示。

02 拖动光标，创建角度起始线，如图 2-313 所示。在实际的工作中可以创建任意角度的斜线，以进行相对测量。

03 在数值输入框中输入【角度】数值，并按 Enter 键确定，即将以起始线为参考，创建相对角度的辅助线，如图 2-314 所示。

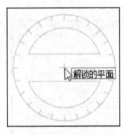
图 2-312　确定测量位置

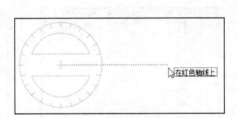
图 2-313　创建角度起始线

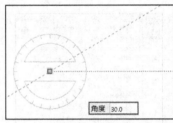
图 2-314　创建相对角度的辅助线

2.4.3　【尺寸】工具

SketchUp 具有十分强大的标注功能，能够创建满足施工要求的尺寸标注，这也是 SketchUp 区别于其他三维软件的一个明显优势。单击【建筑施工】工具栏上的按钮，或者执行【工具】|【尺寸】菜单命令，均可启用该工具。

1. 长度标注

01 启用【尺寸】工具，然后选定标注起点，如图 2-315 所示。

02 拖动光标至标注端点，单击确定，如图 2-316 所示。

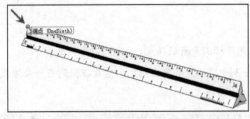
图 2-315　选定标注起点

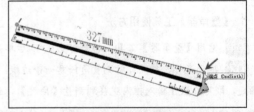
图 2-316　选定标注端点

03 向上推动光标放置标注，如图 2-317 所示。

04 选择标注，单击右键，在弹出的快捷菜单中选择【编辑文字】选项，如图 2-318 所示。

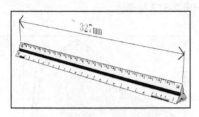

图 2-317　放置标注

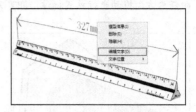

图 2-318　选择【编辑文字】选项

05 进入在位编辑模式，删除尺寸数字前的符号~，如图 2-319 所示。

06 在空白区域单击左键，结束操作，完成长度标注，如图 2-320 所示。

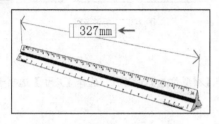

图 2-319　删除符号

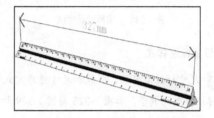

图 2-320　标注长度

注 意

在 SketchUp 中，可以在多个位置放置标注，实现三维标注的效果，如图 2-321~图 2-323 所示。此外，调整【模型信息】对话框中的【精确度】，可以标注出十分精确的数值。

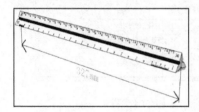

图 2-321　向下放置标注

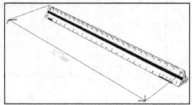

图 2-322　向左旋转标注

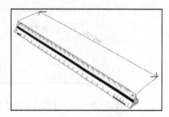

图 2-323　向右放置标注

2. 半径标注

01 启用【尺寸】工具，在目标弧线上单击，确定标注对象，如图 2-324 所示。

02 向任意方向拖动光标放置标注，即可完成半径标注，如图 2-325 所示。

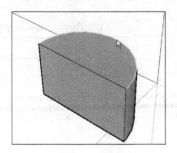

图 2-324　选择弧线

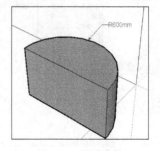

图 2-325　标注半径

3. 直径标注

01 启用【尺寸】工具，在目标圆形边线上单击，确定标注对象，如图 2-326 所示。

02 向任意方向拖动光标放置标注，即可完成直径标注，如图 2-327 所示。

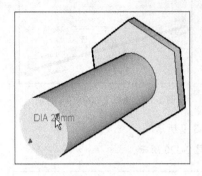

图 2-326　选择圆形边线

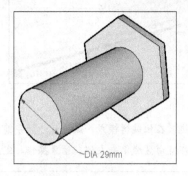

图 2-327　标注直径

4. 设置标注样式

01 尺寸标注由文本、引线和尺寸对齐方式等构成，打开【模型信息】对话框，选择【尺寸】选项卡，可以进行标注样式的调整，如图 2-328 与图 2-329 所示。

图 2-328　执行【模型信息】命令

图 2-329　选择【尺寸】选项卡

02 单击【文本】选项组中的【字体】按钮，可以打开如图图 2-330 所示的【字体】对话框。通过该对话框可以设置标注文字的【字体】、【字体样式】、【高度】，创建不同的标注文字效果，如图 2-331 所示。

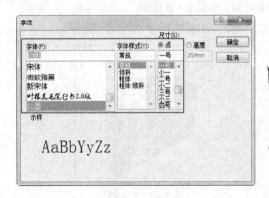

图 2-330　【字体】对话框

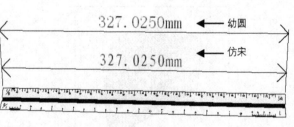

图 2-331　不同【字体】的标注效果

03 选择【引线】选项组中的【端点】下拉按钮，可以选择【无】、【斜线】、【点】、【闭合箭头】、

【开放箭头】五种标注【端点】样式,如图 2-332 所示。

04 默认设置下为【闭合箭头】,另外三种端点效果如图 2-333~图 2-335 所示。

图 2-332 选择标注【端点】样式

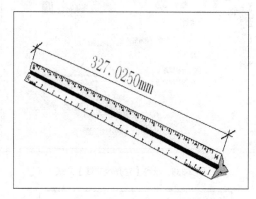

图 2-333 【斜线】端点效果

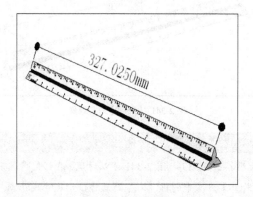

图 2-334 【点】端点效果

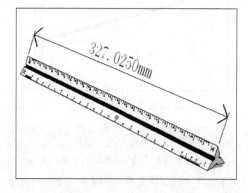

图 2-335 【开放箭头】端点效果

05 在【尺寸】选项组中可以选择文本与尺寸线的位置关系,如图 2-336 所示。其中的【对齐屏幕】标注效果如图 2-337 所示,此时标注文字始终平行于屏幕。

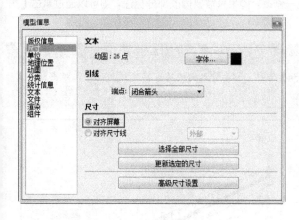

图 2-336 选择【对齐屏幕】单选按钮

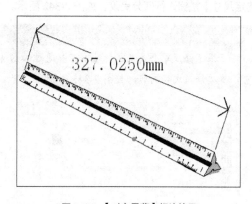

图 2-337 【对齐屏幕】标注效果

06 选择【对齐尺寸线】单选按钮,则可以通过其下拉列表选择【上方】、【居中】、【外部】三种方式,如图 2-338 所示。其效果分别如图 2-339~图 2-341 所示。

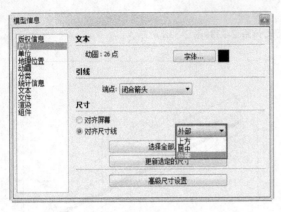

图 2-338　三种【对齐尺寸线】方式

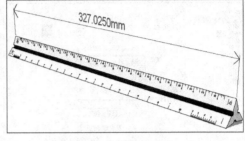

图 2-339　【上方】对齐效果

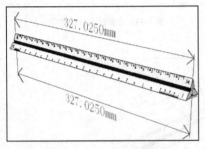

图 2-340　【居中】对齐效果

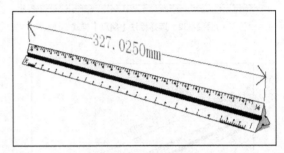

图 2-341　【外部】对齐效果

> **注 意**
>
> 　　【上方】与【外部】两种方式有类似的地方，但对比观察图 2-339 与图 2-341 可以发现，在任何情况下，【上方】方式中的标注文字始终位于尺寸线的上方，而【外部】方式中的标注文字则始终位于尺寸线外侧。

5. 修改标注

　　SketchUp 2018 改进了标注样式的修改方式，如果需要修改场景中所有标注，可以在设置好标注样式后，可单击【尺寸】选项组中的【选择全部尺寸】按钮进行统一修改。如果只需要修改部分标注，则可以通过单击【更新选定尺寸】按钮进行部分更改，如图 2-342 所示。

> **技 巧**
>
> 　　如果是修改单个或几个标注，可以通过如图 2-343 与图 2-344 所示的快捷菜单完成。此外，双击标注文字可以直接修改文字内容，如图 2-345 所示。

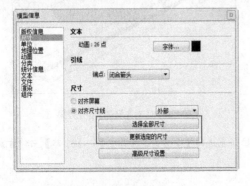

图 2-342　选择与更新按钮

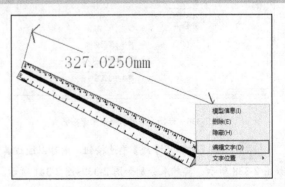

图 2-343　选择【编辑文字】选项

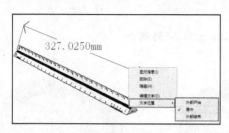

图 2-344 【文字位置】子菜单

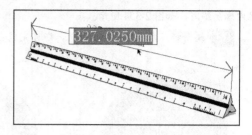

图 2-345 双击修改文字内容

2.4.4 【文字】工具

单击【建筑施工】工具栏上的按钮，或者执行【工具】|【文字标注】菜单命令，可以启用【文字】工具，从而对图形面积、线段长度、定点坐标进行文字标注。

此外，通过【文字标注】的【用户标注】功能还可以对材料类型、特殊做法以及细部构造进行详细的文字说明。

1. 系统标注

SketchUp 系统提供的【文字】工具可以直接对面积、长度、定点坐标进行文字标注，具体操作方法如下：

01 启用【文字】工具，待光标变成时将光标移动至待标注表面，如图 2-346 所示。

02 双击，则将在当前位置直接显示【文字】标注的内容，如图 2-347 所示。此外，还可以首先单击确定【文字】标注的端点位置，然后拖动光标到任意位置放置【文字】标注，再次单击确定即可，如图 2-348 所示。

图 2-346 选择【文字】标注表面

图 2-347 双击标注效果

图 2-348 单击拉出标注效果

03 线段长度与点的坐标标注方法基本相同，如图 2-349～图 2-352 所示。

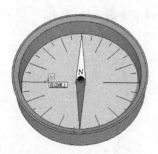

图 2-349 选择【文字】标注线段

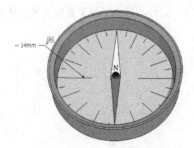

图 2-350 线段【文字】标注效果

图 2-351 选择标注点

2. 用户标注

用户在使用【文字】时标注，可以轻松地编写文字内容。具体操作方法如下：

01 启用【文字】工具，待光标变成时将光标移动至待标注平面，如图 2-353 所示。

02 单击确定【文字】标注端点位置，然后拖动光标在任意位置放置【文字】标注，此时即可自行进行标注内容的编写，如图 2-354 所示。

[03] 编写标注内容后，单击确认，即可完成自定义标注，如图 2-355 所示。

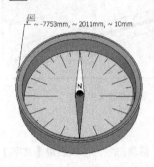

图 2-352　圆形定点【文字】标注效果

图 2-353　选择【文字】标注平面

图 2-354　标注材质

3. 修改文字标注

修改文字标注十分简单，可以双击文字标注进行文字内容的修改，如图 2-356 与图 2-357 所示。也可以单击鼠标右键，通过快捷菜单进行修改，如图 2-358 所示。

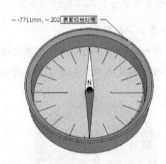

图 2-355　自定义【文字】标注

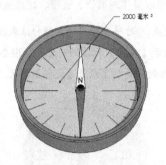

图 2-356　当前标注

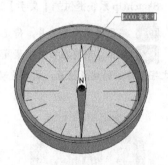

图 2-357　双击修改【文字】标注内容

2.4.5　【轴】工具

SketchUp 与其他三维软件一样，都是通过轴进行位置定位，如图 2-359 所示。为了方便模型创建，SketchUp 还可以自定义轴。单击【建筑施工】工具栏上的按钮 ✳，或者执行【工具】|【坐标轴】菜单命令，即可启用【轴】工具。

[01] 启用【轴】工具，待光标变成 ⌐ 时，移动光标至目标位置并单击确定，如图 2-360 所示。

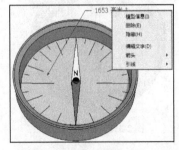

图 2-358　快捷菜单

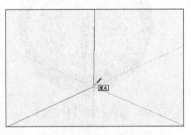

图 2-359　默认轴

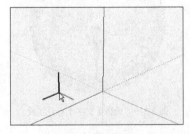

图 2-360　确定目标位置

技巧

在实际的工作中，可以将轴放置于模型的某个顶点，这样有利于轴向的调整。

02 确定目标位置后，可以左右拖动光标，自定义 X、Y 轴的轴向，调整到目标方向后，单击确定即可，如图 2-361 所示。

03 确定 X、Y 轴的轴向后，可以上下拖动光标自定义 Z 轴方向，如图 2-362 所示。调整完成后再次单击，即可完成轴的自定义，如图 2-363 所示。

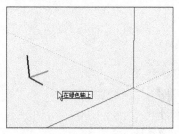

图 2-361　自定义 X、Y 轴的轴向

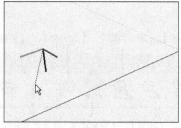

图 2-362　自定义 Z 轴方向

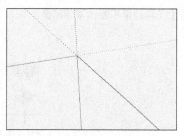

图 2-363　自定义轴

2.4.6 【三维文字】工具

通过【三维文字】工具，可以快速创建三维或平面的文字效果。单击【建筑施工】工具栏上的按钮 ，或者执行【工具】|【三维文字】菜单命令，即可启用该工具。

01 启用【三维文字】工具，系统弹出【放置三维文字】对话框，如图 2-364 所示。

02 单击对话框中的文本输入框即可输入文字；通过其下方的选项，可以自定义【字体】、【对齐】、【高度】以及【形状】等参数，如图 2-365 所示。

03 设置好参数后，单击【放置】按钮，再移动光标到目标点单击，即可创建三维文字，如图 2-366 所示。

图 2-364　【放置三维文本】对话框

图 2-365　设置参数

图 2-366　创建三维文字

> **注　意**
>
> 创建好的三维文字默认即为组件，如图 2-367 所示。如果不选择【填充】复选框，将无法延伸出文字厚度，所创建的文字将为线形，如图 2-368 所示；如果仅选择【填充】复选框，则创建的文字为平面，如图 2-369 所示。

图 2-367　三维文字组件　　　　图 2-368　不选择【填充】的效果对比　　　　图 2-369　仅选择【填充】的效果对比

2.5 SketchUp【相机】工具栏

SketchUp【相机】工具栏如图 2-370 所示。有 4 个工具已在前面进行了介绍，本节只介绍【定位相机】、【绕轴旋转】以及【漫游】3 个工具。其中，【定位相机】与【绕轴旋转】工具用于相机位置与观察方向的确定，【漫游】工具则用于制作漫游动画。

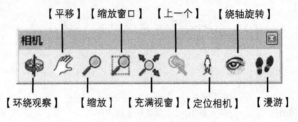

图 2-370　SketchUp【相机】工具栏

2.5.1　【定位相机】与【绕轴旋转】工具

01　单击【定位相机】工具 按钮，或者执行【相机】|【定位相机】菜单命令，此时光标将变成 形状，将光标移动至相机目标放置点单击即可。此外，通过数值输入框可设置【视点高度】，通常保持默认的 1676.4mm 即可，如图 2-371 与图 2-372 所示。

图 2-371　移动光标至目标放置点

图 2-372　输入相机【视点高度】数值

02　设置好【视点高度】后按下 Enter 键，系统将自动开启【绕轴旋转】工具，此时光标将变成 形状，拖动光标即可进行视角的转换，如图 2-373 与图 2-374 所示。

图 2-373　自动切换至【绕轴旋转】

图 2-374　旋转视角效果

2.5.2 相机设置实例

01 打开配套资源【第 02 章 | 2.5.2 相机原始.skp】文件，如图 2-375 所示。接下来设置向右观察电视柜的相机视角。

02 启用【定位相机】工具，待光标变成 ᚗ 时，在左侧单击确定观察点，如图 2-376 所示；然后按住鼠标左键向右上拖动，确定相机观察方向，如图 2-377 所示。

图 2-375　原始相机视角

图 2-376　确定观察点

03 松开鼠标左键，系统将自动转换到默认的【视线高度】，通常此时的效果都不太理想，如图 2-378 所示。

图 2-377　确定相机观察方向

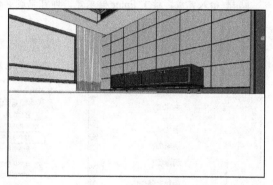

图 2-378　默认【视线高度】效果

04 此时可以在【视线高度】输入框内输入 1700mm，如图 2-379；然后按 Enter 键抬高相机，同时使用【绕轴旋转】工具调整好视角，效果如图 2-380 所示。

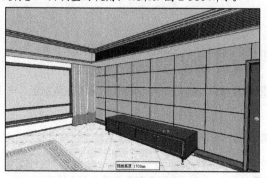

图 2-379　输入【视线高度】数值

图 2-380　调整完成效果

05 相机调整完成后，为了便于以后的其他操作，选择【视图】|【动画】|【添加场景】命令，如图 2-381 所示。创建一个单独的场景并进行保存，如图 2-382 所示。

06 将当前设置好的相机视角添加到新的场景后，可以在其名称上单击鼠标右键，通过弹出的快捷菜单进行移动、删除、添加等操作，如图 2-383 所示。

图 2-381 选择【添加场景】命令

图 2-382 创建场景

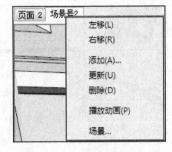

图 2-383 【场景】快捷菜单

07 如果要进行场景的重命名，则首先需要选择快捷菜单中的【场景】菜单命令，如图 2-384 所示，打开【场景】设置面板。

08 在【场景】设置面板中选择要重命名的场景，在其下方的名称框中输入名称，如图 2-385 所示。

09 输入完成，按下 Enter 键确定，即可完成重命名场景，如图 2-386 所示。

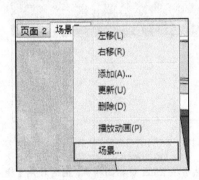

图 2-384 选择【场景】菜单命令

图 2-385 场景重命名

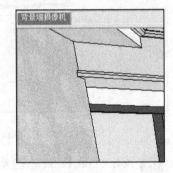

图 2-386 重命名完成

2.5.3 【漫游】工具

通过【漫游】工具，可以模拟出跟随观察者移动，从而在相机视图内产生连续变化的漫游动画效果。单击【相机】工具栏上的【漫游】按钮👣，或者执行【相机】|【漫游】菜单命令，即可启用该工具。

启用【漫游】工具后光标将变成👣形状，此时通过鼠标及键盘上的 Ctrl 与 Shift 键，即可完成前进、向上、向下、加速、转向等漫游动作。

01 启用【漫游】工具，光标将变成👣形状，如图 2-387 所示。在视图内按住鼠标左键向前推动光标，即可产生前进的效果，如图 2-388 所示。

02 按住 Shift 键，上、下移动光标，则可以升高或降低相机视点，如图 2-389 与图 2-390 所示。

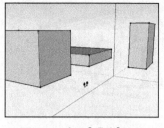

图 2-387 启用【漫游】工具

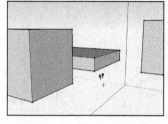

图 2-388 前进漫游效果

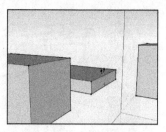

图 2-389 向上调整漫游高度

03 如果按住 Ctrl 键推动光标，则会产生加速漫游的效果，如图 2-391 所示。

04 按住鼠标左键左右移动光标，则可以产生转向漫游的效果，如图 2-392 所示。

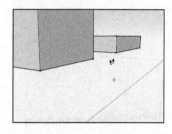

图 2-390 向下调整漫游高度

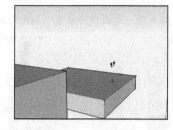

图 2-391 加速漫游效果

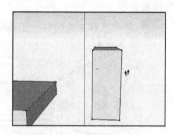

图 2-392 转向漫游效果

2.5.4 设置漫游动画实例

打开配套资源【第 02 章 | 2.5.4 漫游原始.skp】文件，然后按照如图 2-393 所示的漫游路线设置动画效果。

01 漫游起始画面如图 2-394 所示。为了避免操作失误，造成相机视角无法返回，首先添加一个场景 1，如图 2-395 所示。

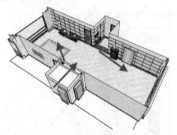

图 2-393 漫游路线

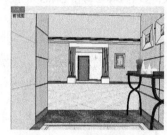

图 2-394 漫游起始画面

图 2-395 添加场景 1

02 启用【漫游】工具，待光标变成 形状后，按住鼠标左键向前推动，如图 2-396 所示。

03 前进到如图 2-397 所示的画面时，向左移动光标产生转向，转到如图 2-398 所示的画面时，松开鼠标左键并添加一个场景 2，以保存当前设置好的漫游效果。

04 再次按住鼠标左键向前推动一段较小的距离，然后向右移动光标，使画面向右转向，如图 2-399 所示。

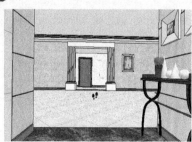

图 2-396 向前漫游

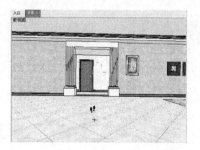

图 2-397 漫游转向位置

图 2-398　添加场景 2

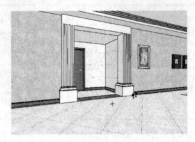

图 2-399　向右转向

05 转动至如图 2-400 所示的画面时再次松开鼠标左键，然后添加场景 3，从而在场景 2 内保存之前设置好的转动效果。

06 按住鼠标左键向前一直推动到窗户前，完成漫游设置，如图 2-401 所示。

图 2-400　添加场景 3

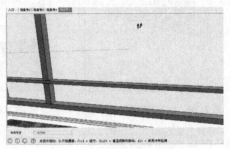

图 2-401　完成漫游设置

07 漫游设置完成后，右击【场景】名称在弹出的快捷菜单选择【播放动画】命令，也可以执行【视图】|【动画】|【播放】菜单命令进行播放，如图 2-402 与图 2-403 所示。

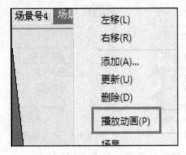

图 2-402　通过快捷菜单播放

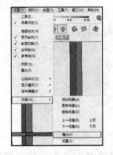

图 2-403　通过菜单命令播放

08 在默认的参数设置下，动画播放效果通常速度过快，此时可以执行【视图】|【动画】|【设置】菜单命令（见图 2-404），也可以利用【模型信息】对话框中的【动画】选项卡进行参数调整，如图 2-405 所示。

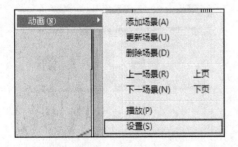

图 2-404　选择【设置】菜单命令

图 2-405　设置【动画】选项卡

2.5.5 输出漫游动画

通过修改【模型信息】对话框【动画】选项卡中的时间，调整好整个漫游动画的速度与节奏后，即可输出为 AVI 等常用视频格式，便于后期特效添加以及非 SketchUp 用户观看。

`01` 选择【文件】|【导出】|【动画】|【视频】菜单命令，如图 2-406 所示。打开【输出动画】对话框。

`02` 在【输出动画】对话框中设置【文件名】与【保存类型】，单击【选项】按钮，打开【动画导出选项】对话框。设置动画的【分辨率】、【帧速率】等参数，如图 2-407 与图 2-408 所示。

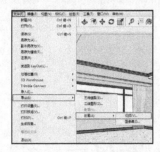

图 2-406 选择【视频】菜单命令

图 2-407 设置参数

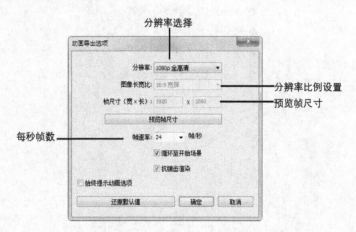

图 2-408 设置【动画导出选项】参数

`03` 设置好【动画导出选项】参数后，单击【输出动画】对话框中的【导出】按钮即开始输出，并显示如图 2-409 所示的【正在输出动画】对话框。

`04` 输出完成后，通过播放器即可观赏动画效果，如图 2-410 所示。

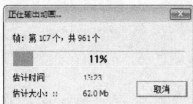

图 2-409 【正在输出动画】对话框

图 2-410 观赏动画效果

第 03 章

SketchUp 高级工具

本章重点：

◆ SketchUp【组】工具

◆ SketchUp【图层】工具

◆ SketchUp【截面】工具

◆ SketchUp【阴影】设置

◆ SketchUp【雾化】特效

◆ SketchUp【实体工具】

◆ SketchUp【沙箱】地形工具

本书第 2 章介绍了 SketchUp 常用工具的使用方法，本章将学习 SketchUp 的一些高级建模功能和场景管理工具，具体如下所述。

SketchUp 模型管理工具：包括【组】与【图层】工具，学习场景模型管理的技巧。

SketchUp 特色功能：包括【截面】工具、真实的【阴影】设置、【雾化】特效，如图 3-1~图 3-3 所示。

SketchUp 高级建模工具及插件：包括【实体工具】、【沙箱】地形工具，如图 3-4 与图 3-5 所示。

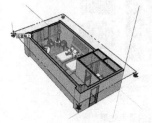
图 3-1 【截面】工具

图 3-2 真实的【阴影】设置

图 3-3 【雾化】特效

图 3-4 【实体工具】设置

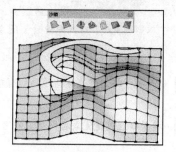
图 3-5 【沙箱】地形工具

3.1 SketchUp【组】工具

使用【组】工具，可以将相关的模型进行组合，这样既可减少场景中模型的数量，又便于相关模型的选择与调整。此外，模型在【组】之后，执行简单的命令仍可以进行单独的调整。

3.1.1 创建与分解群组

01 打开配套资源【第 03 章\3.1 群组.skp】模型，如图 3-6 所示。该场景包含椅子、餐桌及玻璃杯模型。

02 此时模型为独立的个体，绘制选框，只能选择到部分的模型，如图 3-7 所示。

图 3-6 打开场景模型

图 3-7 绘制选框

03 如果进行移动，则会破坏模型相对关系，如图 3-8 所示。

04 在【视图】工具栏上单击【俯视图】按钮,转换至俯视图。在【阴影】工具栏上单击【显示/隐藏阴影】按钮,关闭阴影,模型的显示效果如图3-9所示。

图3-8 移动模型

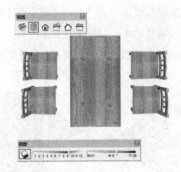

图3-9 模型的显示效果

技巧

为了不影响视线,可以先暂时关闭【阴影】效果。切换至俯视图,这是为了方便选择指定的模型,如椅子模型。

05 创建椅子群组。选择椅子的所有模型面,单击鼠标右键,选择快捷菜单中的【创建群组】命令,如图3-10所示。

06 椅子群组创建完成后,单击即可选择到椅子整体,如图3-11所示。

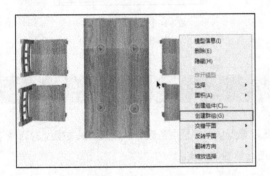

图3-10 选择【创建群组】命令

图3-11 创建椅子群组

07 此时可以执行【移动】、【缩放】命令,编辑模型,如图3-12和图3-13所示。

图3-12 移动模型

图3-13 缩放模型

08 如果想取消群组,选择该群组后单击鼠标右键,选择【炸开模型】命令来分解群组,如图 3-14 和图

3-15 所示。

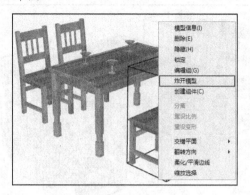

图 3-14　选择【炸开模型】命令

图 3-15　分解群组

3.1.2　嵌套组

如果场景模型较为复杂，还可以使用嵌套组，即将现有组进行组合，创建新的组，以进一步简化模型数量。

01 利用前面介绍的方法，分别创建各个椅子群组、餐桌群组、玻璃杯群组，如图 3-16 所示。

02 选择场景中所有群组，单击鼠标右键，选择快捷菜单中的【创建群组】命令，如图 3-17 所示。

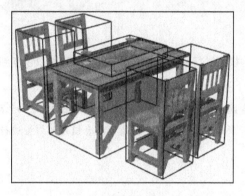

图 3-16　创建模型群组

图 3-17　选择【创建群组】命令

03 此时椅子、餐桌与玻璃杯就组成了一个整体，即嵌套组如图 3-18 所示。根据场景的需要可以快速调整摆放效果，如图 3-19 所示。

图 3-18　创建嵌套组

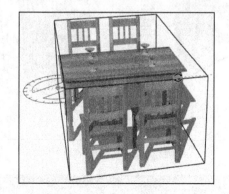

图 3-19　旋转嵌套组

04 嵌套组创建完成后，如果选择【炸开模型】命令，即可分解嵌套组，如图 3-20 所示，但只能还原到下一层的群组，如图 3-21 所示。

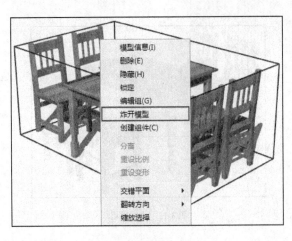

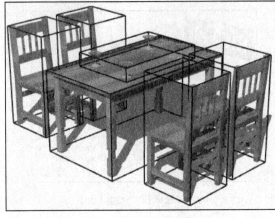

图 3-20　分解嵌套组　　　　　　　　　　　　图 3-21　嵌套组分解效果

技 巧

对群组可以进行多次嵌套，但如果需要对群组最底层模型进行编辑，则同样需要执行多步【炸开模型】命令才能进行。

3.1.3　编辑组

通过【编辑组】命令，可以暂时打开组，从而对组内的模型进行单独调整，调整完成后又可以恢复到群组状态。

01　选择上一节创建的嵌套组（见图 3-18），单击鼠标右键，选择其中的【编辑组】命令，如图 3-22 所示。

02　暂时打开的嵌套组以虚线框进行显示，如图 3-23 所示。此时可以单独选择嵌套组内的模型进行调整，如图 3-24 所示。

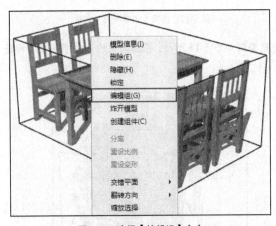

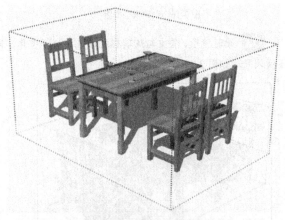

图 3-22　选择【编辑组】命令　　　　　　　　图 3-23　虚线显示打开的嵌套组

技 巧

在嵌套组上双击鼠标左键，可以快速执行【编辑组】命令。

03　调整完成后，在视图空白处单击，即可恢复嵌套组，如图 3-25 所示。

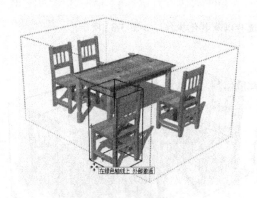

图 3-24　调整组内模型

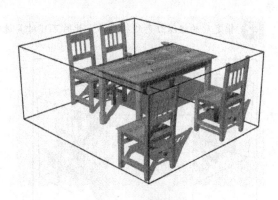

图 3-25　恢复嵌套组

04 在嵌套组打开后，选择其中的模型（或群组）（见图 3-26），然后按下 Ctrl+X 组合键，可以暂时将其剪切出嵌套组，如图 3-27 所示。

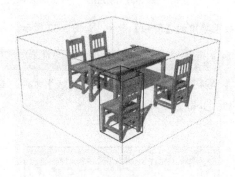

图 3-26　选择模型（或群组）

图 3-27　剪切出嵌套组

05 此时在空白处单击关闭组，按下 Ctrl+V 组合键，将剪切的模型（或群组）粘贴进场景，即可将其移出嵌套组，如图 3-28 所示。

06 如果要将模型（或群组）加入到某个已有组内，可以按下 Ctrl+X 组合键将其剪切，然后双击打开目标组，再按下 Ctrl+V 组合键将其粘贴，即可加入嵌套组，如图 3-29 所示。

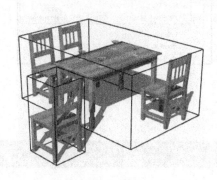

图 3-28　移出嵌套组

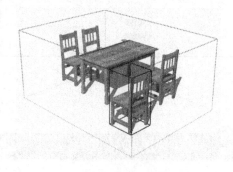

图 3-29　加入嵌套组

3.1.4　锁定组

可以将暂时不需要编辑的组锁定，以避免误操作。

01 选择需要锁定的组，单击鼠标右键，选择快捷菜单的【锁定】命令，即可锁定当前组，如图 3-30

所示。

02 锁定后的组以红色线框显示，此时不可对其进行选择以及其他操作，如图 3-31 所示。

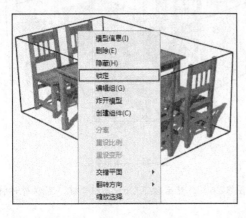

图 3-30 选择【锁定】命令   图 3-31 锁定组

03 如果要解锁组，可以在组上单击鼠标右键，选择快捷菜单中的【解锁】命令，如图 3-32 所示。

注 意

执行【编辑】|【锁定】命令，锁定选定的组。执行【编辑】|【取消锁定】|【选定项】命令，或者执行【编辑】|【取消锁定】|【全部】命令，即可取消锁定组，如图 3-33 所示。

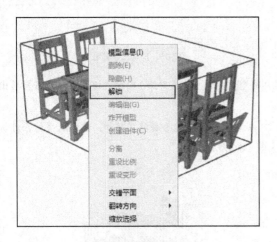

图 3-32 选择【解锁】命令   图 3-33 通过菜单锁定或解锁组

3.2 SketchUp【图层】工具

　　【图层】是一个强有力的模型管理工具，可以对场景模型进行有效的归类，以方便进行【隐藏】、【取消隐藏】等操作。执行【视图】|【工具栏】命令，弹出如图 3-34 所示【工具栏】对话框。打开【图层】工具栏，如图 3-35 所示。

　　执行【窗口】|【默认面板】|【图层】命令，可以打开如图 3-36 所示的【图层】面板。图层的管理均通过【图层】面板完成。

图 3-34 【工具栏】对话框

图 3-35 【图层】工具栏

图 3-36 【图层】面板

3.2.1 图层的显示与隐藏

01 打开配套资源【第 03 章\3.2 图层.skp】模型，如图 3-37 所示。该模型是一个由建筑、地形、远景树木以及近景灌木组成的场景。

02 打开【图层】面板，可以发现当前场景已经创建了【建筑】、【地形】、【远景树】及【灌木】图层，如图 3-38 所示。

图 3-37 打开场景模型

图 3-38 打开【图层】面板

技巧

单击【图层】面板右侧的【详细信息】按钮 ，选择【图层颜色】选项，可以使同一图层的所有对象均以所选择的图层颜色显示，从而快速区分各个图层的模型对象，如图 3-39 与图 3-40 所示。单击【图层】面板中的【颜色】色块，可以修改各图层的颜色，如图 3-41 与图 3-42 所示。

图 3-39 选择【图层颜色】选项

图 3-40 【图层颜色】显示效果

03 如果要关闭某个图层，使其不显示在视图中，只需取消该图层【可见】复选框勾选即可，如图 3-43 所示；再次勾选该复选框，则该图层又会重新显示，如图 3-44 所示。

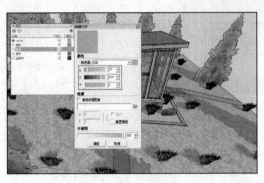

图 3-41　更改图层的显示颜色

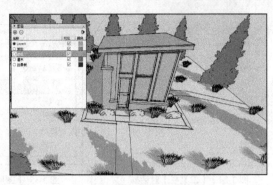

图 3-42　更改图层颜色的效果

图 3-43　隐藏【建筑】图层

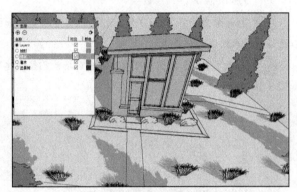

图 3-44　显示【建筑】图层

> **注意**
>
> 当前层不可进行隐藏，默认的当前图层为【Layer0（0图层）】。在图层名称前单击，即可将其置为当前层。如果将隐藏图层置为当前层，则隐藏图层将自动显示。

04 如果要同时隐藏或显示多个图层，可以按住 Ctrl 键进行多选，然后勾选【可见】复选框即可，如图 3-45 与图 3-46 所示。

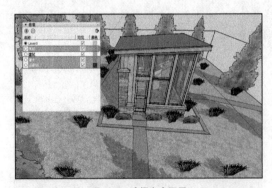

图 3-45　选择多个图层

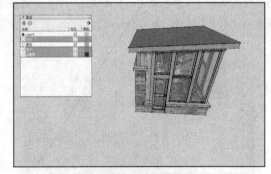

图 3-46　隐藏多个图层

> **技巧**
>
> 按住 Shift 键可以进行连续多选，单击【图层】面板右侧的【详细信息】按钮 ，可以全选所有图层，如图 3-47 与图 3-48 所示。

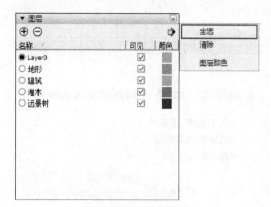

图 3-47 执行【全选】命令

图 3-48 全选所有图层

3.2.2 增加与删除图层

通过为如图 3-49 所示的场景新建【人物】图层，并添加【人物】组件，学习增加图层的方法与技巧，然后学习【删除】图层的方法。

01 打开【图层】面板，单击左上方的【添加图层】按钮⊕，即可新建【图层】。将新建图层命名为【人物】，并将其置为当前层，如图 3-50 所示。

图 3-49 打开场景

图 3-50 添加【人物】图层

02 插入【人物】组件，此时插入的组件即位于新建的【人物】图层内，如图 3-51 所示。可以通过该图层对其进行隐藏或显示，如图 3-52 所示。

图 3-51 插入【人物】组件

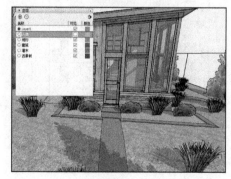

图 3-52 隐藏【人物】图层

03 当某个图层不再需要时，可以将其删除。选择要删除的图层，单击【图层】面板左上方的【删除图层】按钮⊖，如图 3-53 所示。

04 如果删除的图层没有包含图元，系统将直接将其删除；如果图层内包含图元，则将弹出【删除包含图元的图层】对话框，如图 3-54 所示。

图 3-53　单击【删除图层】按钮

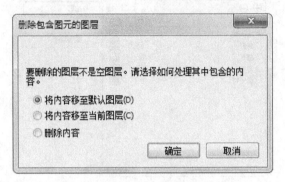
图 3-54　【删除包含图元的图层】对话框

05 如果选择【将内容移至默认图层】选项，该图层内的图元将自动转移至 Layer 0 内，Layer 0 变为默认图层，隐藏【Layer0】图层会将【人物】模型关闭，如图 3-55 与图 3-56 所示。如果选择【删除内容】选项，则将图层与图元同时进行删除。

图 3-55　【Layer0】为默认图层

图 3-56　隐藏【Layer0】的效果

06 如果要将删除图层内的图元转移至非 Layer0 层，可以先将另一图层设为当前层，然后在【删除包含图元的图层】面板内选择【将内容移至当前图层】选项，如图 3-57 与图 3-58 所示。

图 3-57　设置【灌木】图层为当前层

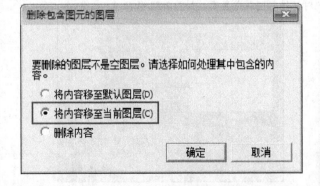
图 3-58　选择【将内容移至当前图层】选项

技 巧

　　如果场景内包含空白图层，可以单击【图层】面板右侧的【详细信息】按钮 🔲，选择【清除】选项，如图 3-59 所示。即可自动删除所有空白图层，如图 3-60 所示。

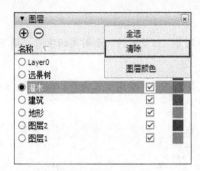

图 3-59　选择【清除】选项

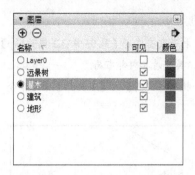

图 3-60　清理空白图层的效果

3.2.3 · 改变对象所处图层

通过【图元信息】面板可以快速改变对象所处的图层位置，其操作步骤如下：

01 执行【窗口】|【默认面板】|【图元信息】命令，如图 3-61 所示。

02 在弹出的【图元信息】面板中单击【图层】下拉按钮，更换图层，如图 3-62 所示。

图 3-61　选择【图元信息】命令

图 3-62　调整【建筑】图层为【地形】图层

3.3　SketchUp【截面】工具

为了准确表达建筑物内部的结构关系与交通组织关系，通常需要绘制平面布局图及立面断面图，如图 3-63 与图 3-64 所示。在 SketchUp 中，利用【截面】工具可以快速获得当前场景模型的平面布局与立面断面效果。

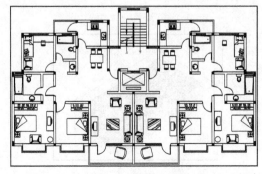

图 3-63　AutoCAD 中的平面布局图

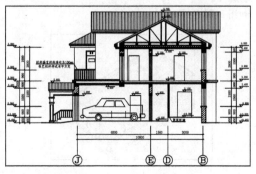

图 3-64　AutoCAD 中的立面断面图

3.3.1 创建剖切面

01 打开配套资源【第 03 章\3.3 截面.skp】模型，如图 3-65 所示。该场景为一个封闭的空间，接下来通过【截面】工具查看其内部布局。

02 执行【视图】|【工具栏】菜单命令，在弹出的【工具栏】选项卡中调出【截面】工具栏，如图 3-66 所示。

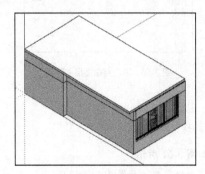

图 3-65 打开场景模型

图 3-66 调出【截面】工具栏

03 在【截面】工具栏中单击【剖切面】按钮 ⊖，弹出【放置剖切面】对话框。设置【名称】与【符号】参数，如图 3-67 所示。

04 单击【放置】按钮，在场景中拖动指针，即可放置剖切面，如图 3-68 所示。

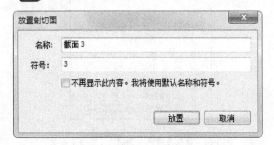

图 3-67 设置参数

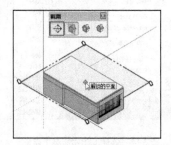

图 3-68 放置剖切面

注 意

剖切面放置完成后，将自动调整到与当前模型面积大小接近的形状，完成剖切面的创建，如图 3-69 所示。

05 启用【移动】工具，选择剖切面，将其向箭头方向移动，当剖切面与模型接触时即可动态显示剖切效果，如图 3-70 所示。

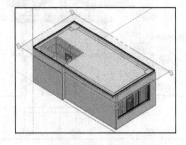

图 3-69 创建剖切面

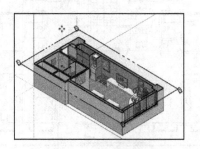

图 3-70 显示剖切效果

技 巧

确定好剖切位置后，除了可以在 SketchUp 中直接观看外，还可以切换至俯视图。执行【相机】|【平行投影】命令，如图 3-71 所示。执行【文件】|【导出】|【剖面】命令（见图 3-72），导出对应的 DWG 文件，如图 3-73 所示。通过加工即可制作出完整的平面布局图。

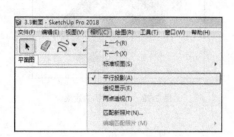

图 3-71　执行【平行投影】命令

图 3-72　执行【剖面】命令

06　除了可以移动剖切面外，使用【旋转】工具还可以旋转剖切面，以得到不同的剖切效果，如图 3-74 所示。

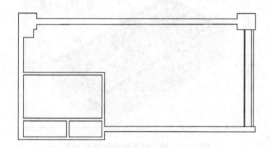

图 3-73　导出剖切面 DWG 文件

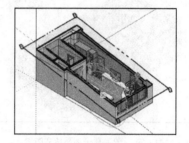

图 3-74　旋转剖切面

3.3.2　截面常用操作与功能

1. 打开和关闭剖切面

单击【截面】工具栏上的【关闭剖切面】按钮，如图 3-75 所示。此时，剖切面轮廓线显示灰色，同时取消显示剖切的效果，图形恢复显示正常样式，如图 3-76 所示。

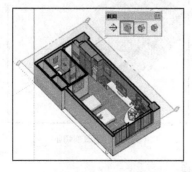

图 3-75　单击【关闭剖切面】按钮

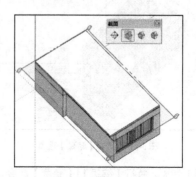

图 3-76　关闭剖切面效果

2. 显示剖切效果

关闭剖切面后，单击【截面】工具栏上的【显示剖切面】按钮 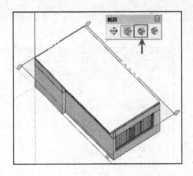，如图 3-77 所示。此时，剖切面的轮廓线显示为橙色，同时显示剖切的效果，如图 3-78 所示。

图 3-77 单击【显示剖切面】按钮

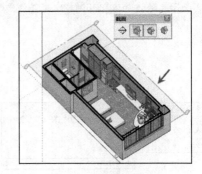

图 3-78 显示剖切的效果

3. 打开和关闭剖面填充

默认情况下，没有显示剖面填充图案，如图 3-79 所示。单击【截面】工具栏上的【显示剖面填充】按钮 ，将显示剖面的实体填充图案，如图 3-80 所示。

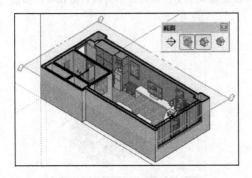

图 3-79 没有显示剖面填充图案

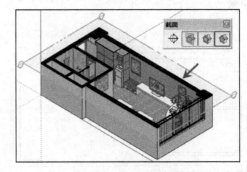

图 3-80 显示剖面的实体填充图案

4. 显示与隐藏剖切面

将光标置于剖切面上，单击右键，弹出快捷菜单，选择【隐藏】选项，如图 3-81 所示。此时，剖切面被隐藏，但剖切效果仍然可见，如图 3-82 所示。

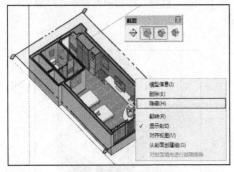

图 3-81 选择【隐藏】选项

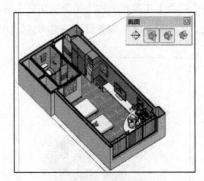

图 3-82 隐藏剖切面

选择剖切面，执行【编辑】|【隐藏】命令，也可以隐藏剖切面。

执行【编辑】|【取消隐藏】|【全部】命令，如图 3-83 所示，可以恢复显示被隐藏的剖切面。在被剖切的图

形上单击，显示剖切面，其轮廓线显示为虚线。在剖切面上单击右键，弹出快捷菜单，选择【撤销隐藏】选项，如图 3-84 所示，恢复显示剖切面。

图 3-83　执行【全部】命令

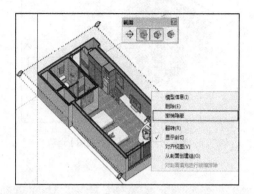

图 3-84　选择【撤销隐藏】选项

5. 翻转剖切面

在剖切面上单击鼠标右键，选择快捷菜单中的【翻转】选项，可以使剖切面反向，如图 3-85~图 3-87 所示。

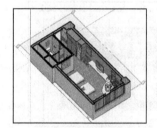

图 3-85　当前剖切效果

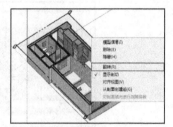

图 3-86　选择【翻转】选项

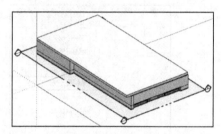

图 3-87　【翻转】剖切面效果

6. 剖切的激活与冻结

在剖切面上单击鼠标右键，取消快捷菜单中【显示剖切】选项的勾选，可以使剖切效果暂时失效，如图 3-88~图 3-90 所示。再次勾选，即可恢复剖切效果。

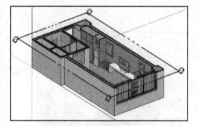

图 3-88　当前剖切效果

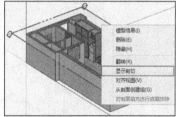

图 3-89　取消【显示剖切】勾选

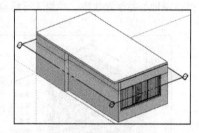

图 3-90　取消【显示剖切】效果

技巧

在【截面】工具栏上单击【显示剖切】按钮，或者在剖切面上直接双击鼠标右键，可以快速进行剖切的激活与冻结。

7. 对齐视图

在剖切面上单击鼠标右键，选择快捷菜单中的【对齐视图】选项，如图 3-91 所示。可以将视图自动对齐到剖切面的投影视图，如图 3-92 所示。

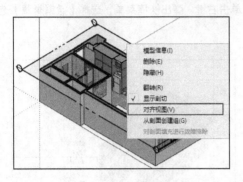

图 3-91 选择【对齐视图】选项

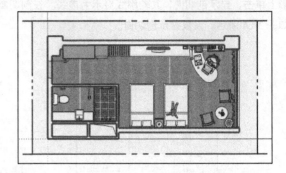

图 3-92 【对齐视图】显示效果

> **注 意**
> 默认设置下，SketchUp 为【平行投影】，执行【相机】|【透视显示】命令，如图 3-93 所示。可以产生透视视图的效果，如图 3-94 所示。

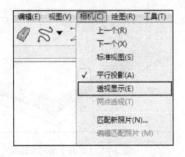

图 3-93 选择【透视显示】命令

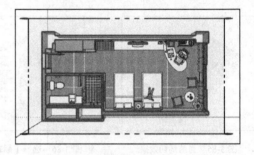

图 3-94 【透视显示】的效果

8. 从剖面创建组

在剖切面上单击鼠标右键，选择快捷菜单中的【从剖面创建组】选项，如图 3-95 所示。可以在剖切面位置产生单独的截面线效果，并能进行移动、拉伸等操作，如图 3-96 所示。

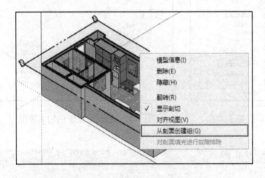

图 3-95 选择【从剖面创建组】选项

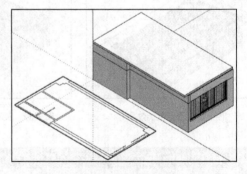

图 3-96 移动截面线实体

9. 创建多个剖切面

在 SketchUp 中允许创建多个剖切面。如图 3-97 所示，在侧面创建剖切面，可以观察到模型的立面断面效果。

需要注意的是，SketchUp 默认只支持其中一个剖切面产生作用，即最后创建的剖切面将产生剖切效果。此时可以通过选择激活不同的剖切面，如图 3-98 所示，即可产生不同的剖切效果。

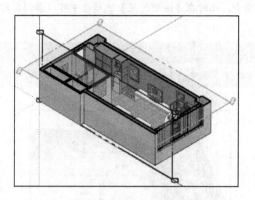

图 3-97　创建侧面剖切面

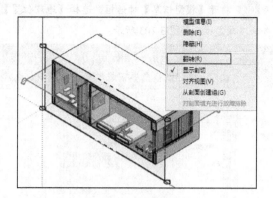

图 3-98　激活剖切面

3.4　SketchUp【阴影】设置

基于 Google 地球对 SketchUp 场景模型的精确坐标定位，SketchUp 可以模拟十分准确的阳光光影效果。在 Google 3D 模型库内，可以找到世界各国标志性的建筑模型，这些模型设置了十分精确的经纬坐标与时区，因此所表现的阳光光影效果十分准确，如图 3-99 和图 3-100 所示。

图 3-99　Google 3D 模型库中天坛模型

图 3-100　Google 3D 模型库中自由女神像模型

3.4.1　设置地理位置

设置准确的场景模型地理位置，是 SketchUp 产生准确阴影效果的前提。通过【模型信息】对话框可以进行模型精确的定位。

01 打开配套资源【第 03 章\3.4 阴影设置.skp】模型，如图 3-101 所示。

02 执行【窗口】|【模型信息】命令，如图 3-102 所示。

图 3-101　打开场景模型

图 3-102　执行【模型信息】命令

03 打开【模型信息】对话框，选择【地理位置】选项卡，此时在【地理位置】选项组中可以看到当前场景并未准确定位，如图 3-103 所示。

技 巧

通过 Google 3D 模型库下载的标志性建筑，通常已经进行了准确的【地理位置】定位，如图 3-104 所示。

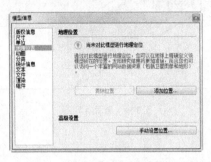

图 3-103 显示未进行地理定位信息

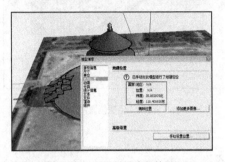

图 3-104 已进行地理定位的显示

04 单击【高级设置】选项组中的【手动设置位置】按钮，打开【手动设置地理位置】对话框，如图 3-105 所示。

05 在【纬度】、【经度】文本框内可以输入准确的经纬度坐标，这里输入湖南省长沙市经纬度坐标，如图 3-106 所示。

图 3-105 【手动设置地理位置】对话框

图 3-106 输入经纬度坐标

注 意

在【手动设置地理位置】对话框中，还可以设置【国家/地区】与【位置】，在有准确的经纬度数据的前提下，这两项参数可以留白。经纬度不但有数值之分，还要准确输入后缀方向，以表明所处半球以及经度。

06 在【地理位置】选项组中，显示设置的经纬度参数，如图 3-107 所示。

07 设置好模型的地理位置后，即可发现场景中模型阴影已经发生了变化，如图 3-108 所示。

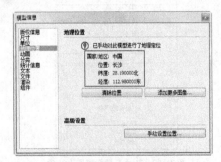

图 3-107 显示设置的经纬度参数

图 3-108 【地理位置】设置完成后的效果

3.4.2 设置【阴影】工具栏

通过【阴影】工具栏可以对时区、日期、时间等参数进行十分细致的调整，从而模拟出十分准确的阴影效果。执行【视图】|【工具栏】命令，打开【工具栏】对话框，选择【阴影】选项，如图 3-109 所示。

单击【关闭】按钮，关闭对话框，调出【阴影】工具栏，如图 3-110 所示。

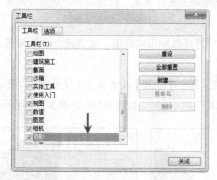

图 3-109　选择【阴影】选项

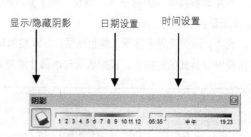

图 3-110　【阴影】工具栏

单击【窗口】|【默认面板】|【阴影】按钮，即可打开【阴影】设置面板，如图 3-111 所示。

【阴影】设置面板第一个参数为 UTC 调整，在我国统一使用北京时间（东八区）为本地时间，因此以 UTC 为参照标准，北京时间先于 UTC 八个小时，在 SketchUp 中则对应地调整其为 UTC+08:00，如图 3-112 所示。

设置好 UTC 时间后，拖动【阴影】设置面板中的【时间】滑块，即可产生对应的阴影效果，如图 3-113 与图 3-114 所示。而在同一【时间】参数的设定下，拖动【日期】滑块，也能产生不同的阴影效果，如图 3-115 与图 3-116 所示。

图 3-111　【阴影】设置面板

图 3-112　调整 UTC 时间

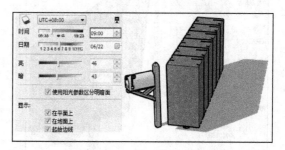

图 3-113　9 时的阴影效果

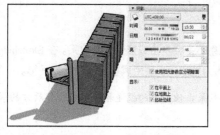

图 3-114　15 时 30 分的阴影效果

图 3-115　2 月 15 日的阴影效果

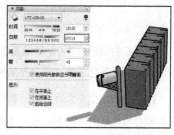

图 3-116　7 月 15 日的阴影效果

> **注 意**
>
> 只有在场景设置的 UTC 时间与地理位置相符合的前提下，调整【时间】滑块才可能产生正确的阴影效果。

在其他参数相同的前提下，调整【亮】参数的滑块，可以调整场景整体亮度，数值越小场景整体越暗，如图 3-117 所示。

在其他参数相同的前提下，调整【暗】参数的滑块，可以调整场景阴影的亮度，数值越小阴影越暗，如图 3-118 所示。

此外，通过设置【显示】参数选项，可以控制场景模型【在平面上】以及【在地面上】是否接收阴影。只有在选择对应参数的前提下，模型表面与地面才能接收到其他物体产生的投影，如图 3-119 与图 3-120 所示。

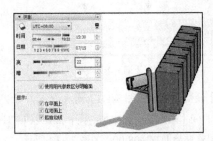  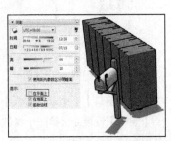

图 3-117 【亮】为 22 的场景亮度　　　图 3-118 【暗】为 20 时的对比度　　　图 3-119 取消在平面上阴影

> **注 意**
>
> 在 SketchUp 中，不可同时取消【在平面上】及【在地面上】对阴影的接收。此外，取消【起始边线】复选框勾选，即可关闭边线产生的阴影，如图 3-121 所示。

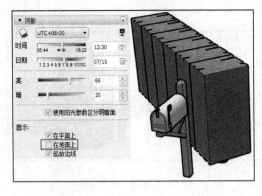 

图 3-120 取消【在地面上】阴影　　　　　　图 3-121 关闭边线产生的阴影

3.4.3 物体的投影与受影

在现实的物理世界中，除非是非常透明的物体，否则在灯光的照射下都会产生或接受阴影效果。在 SketchUp 中，有时为了美化图像，保持整洁感与鲜明的明暗对比效果，可以人为地取消一些附属模型的投影与受影。

01 将 3.4.2 节中的阴影设置模型调整为如图 3-122 所示的阴影效果，使其中的投递箱和邮箱在其后方的模型表面与地面均产生阴影，而后方的模型仅在地面产生阴影。

02 选择投递箱，单击鼠标右键，在弹出的快捷菜单中选择【模型信息】选项，如图 3-123 所示。

03 在弹出的【图元信息】面板中可以找到【接收阴影】与【投射阴影】选项，如图 3-124 所示。

图 3-122　原始阴影效果

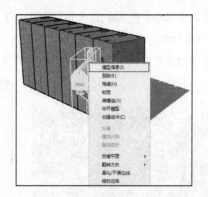

图 3-123　选择【模型信息】选项

04　如果取消投递箱模型【图元信息】面板中的【投射阴影】选项的选择状态，则投递箱模型即失去投影能力，如图 3-125 所示。

图 3-124　【接收阴影】与【投射阴影】选项

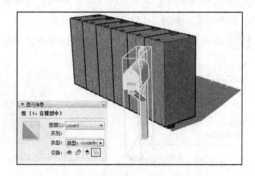

图 3-125　取消投递箱的【投射阴影】

05　选择邮箱，退出【接收阴影】选项的选择状态，邮箱表面即不会接受投递箱模型的投影，如图 3-126 所示。

06　如果同时退出邮箱模型【接收阴影】与【投射阴影】选项的选择状态。由于其不能接受阴影，邮箱所投射的阴影将透过其表面直接投射在地面上，其自身在地面上的投影也将消失，如图 3-127 所示。

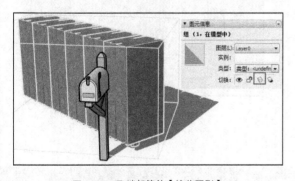

图 3-126　取消邮箱的【接收阴影】

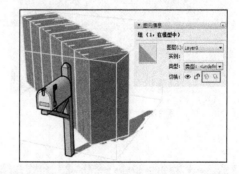

图 3-127　取消邮箱的【投射阴影】与【接收阴影】

3.5　SketchUp【雾化】特效

在 SketchUp 中，可以为场景添加【雾化】特效，以增强环境氛围。

01 打开配套资源【第 03 章\3.5 雾效.skp】模型，如图 3-128 所示。当前的场景内阳光明媚，接下来为其制作【雾化】特效。

02 执行【窗口】|【雾化】命令，打开【雾化】面板，如图 3-129 与图 3-130 所示。

图 3-128　打开场景模型　　　　图 3-129　执行【雾化】命令　　　　图 3-130　【雾化】面板

03 勾选【雾化】面板中的【显示雾化】复选框，然后往左调整【距离】下方右侧的滑块，使场景由远及近产生雾化效果，如图 3-131 与图 3-132 所示。

04 再向右调整【距离】下方左侧的滑块，调整近处的雾化细节，如图 3-133 与图 3-134 所示。

图 3-131　调整右侧滑块　　　　图 3-132　产生雾化效果　　　　图 3-133　调整左侧滑块

05 默认设置下雾化的颜色与背景颜色一致，取消【使用背景颜色】复选框的勾选，然后调整其右侧色块的颜色，即可随意改变雾化颜色，如图 3-135 所示。

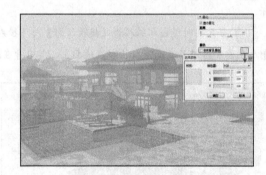

图 3-134　调整雾化细节　　　　　　　　　　图 3-135　调整雾化颜色

3.6　SketchUp【实体工具】

执行【视图】|【工具栏】命令，在弹出的【工具栏】对话框中选择【实体工具】选项，如图 3-136 所示，即可弹出【实体工具】工具栏，如图 3-137 所示。工具栏从左到右，依次为【实体外壳】【相交】【联合】【减去】【剪辑】【拆分】。

【实体工具】工具栏中常用的工具为进行布尔运算的【相交】【联合】以及【减去】工具。此外，还有【实体外壳】【剪辑】以及【拆分】3 个工具,接下来介绍每个工具的使用方法与技巧。

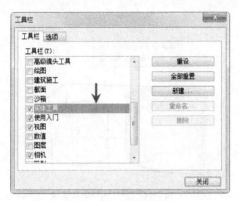

图 3-136 选择【实体工具】选项   图 3-137 【实体工具】工具栏

3.6.1 【实体外壳】工具

利用【实体外壳】工具可以快速将多个单独的实体模型合并成一个实体。

01 打开 SketchUp 后创建两个几何体模型,如图 3-138 所示。此时如果直接启用【实体工具】对几何体进行修改,将弹出【不是实体】的提示,无法直接对几何体进行实体编辑,如图 3-139 所示。

02 选择左侧几何体,单击右键,弹出快捷菜单,选择【创建群组】选项,如图 3-140 所示。

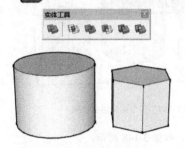

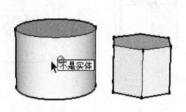

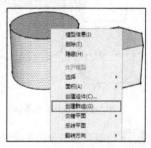

图 3-138 建立几何体模型   图 3-139 显示【不是实体】提示   图 3-140 选择【创建群组】选项

注意

区别于其他常用的图形软件,在 SketchUp 中的几何体并非实体,该软件中的模型只有在添加【创建群组】命令后才被认可为实体。

03 然后再次启用【实体工具】进行编辑,则可出现【实体组】的提示,如图 3-141 所示。

04 选择右侧几何体,单击右键,选择【创建群组】选项,如图 3-142 所示。

05 将右侧几何体转换为实体,如图 3-143 所示。

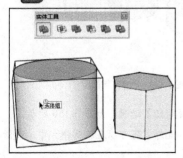

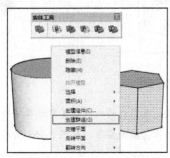

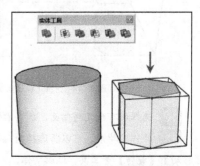

图 3-141 显示【实体组】提示   图 3-142 选择【创建群组】选项   图 3-143 将右侧几何体转换为实体

06 单击【实体外壳】按钮 ，在左侧实体表面单击确定后，再在右侧实体表面单击，即可将两者组成一个大的实体，如图 3-144 与图 3-145 所示。

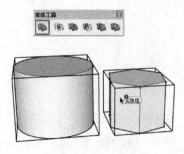

图 3-144 选择实体

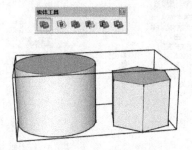

图 3-145 两个实体组合效果

07 如果场景中有比较多的实体需要进行合并，可以在将所有实体全选后再单击【实体外壳】工具按钮 ，这样可以快速进行合并，如图 3-146 与图 3-147 所示。

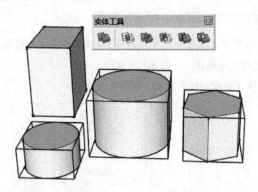

图 3-146 选择全部实体

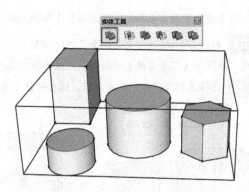

图 3-147 多个实体组合效果

08 选择实体组合，单击右键，弹出快捷菜单，选择【编辑组】选项，如图 3-148 所示。

09 进入编辑模式，单击选择几何体，此时发现，可以单独选择几何体的面，如图 3-149 所示。

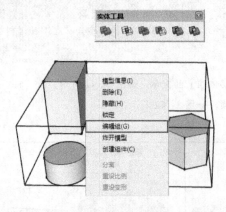

图 3-148 选择【编辑组】选项

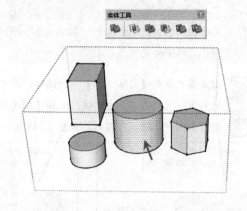

图 3-149 选择几何体面

10 选择所有的几何体面，单击右键，在弹出的快捷菜单中选择【创建群组】选项，如图 3-150 所示。

11 操作完毕后，可以将选择的几何体转换为实体，如图 3-151 所示。此外，还可以在编辑模式中，激活【移动】、【旋转】等工具，编辑实体。

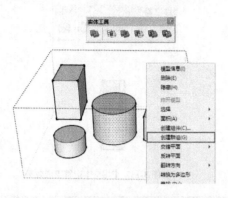

图 3-150　选择【创建群组】选项

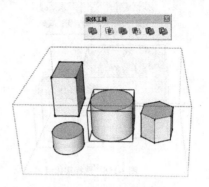

图 3-151　转换为实体

注 意

在编辑模式中，没有执行【创建群组】的几何体，各个面仍然为独立的状态，可以选择某个面进行编辑，如图 3-152 所示。选择面，激活【推/拉】工具，移动光标，调整面的位置，如图 3-153 所示，最终影响几何体的显示效果。但是已经执行【创建群组】操作的几何体被转换为实体后，就只能更改位置或角度，对外观不可以进行编辑。

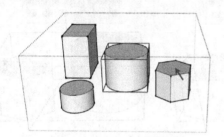

图 3-152　选择某个面

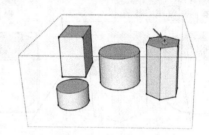

图 3-153　向上推拉选择的面

3.6.2　【相交】工具

布尔运算是大多数三维图形软件都具有的功能，其中【相交】运算可以将快速获取实体间相交的部分模型。

`01` 首先使实体之间产生相交区域，如图 3-154 所示。

图 3-154　使实体产生相交

图 3-155　选择实体组 1

`02` 然后启用【相交】运算工具，并单击选择其中一个实体组，如图 3-155 所示。

`03` 然后再在另一个实体上单击，选择实体组 2，如图 3-156 所示。

`04` 即可获得两个实体相交部分的模型，同时之前的实体模型将被删除，如图 3-157 所示。

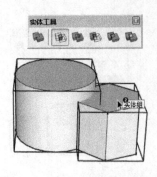

图 3-156　选择实体组 2   图 3-157　【相交】运算完成效果

3.6.3　【联合】工具

利用布尔运算中的【联合】工具，可以将多个实体进行合并，如图 3-158~图 3-160 所示。在 SketchUp2018 中，【联合】工具与之前介绍的【实体外壳】工具功能没有明显的区别。

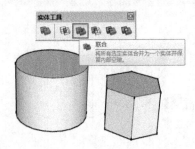

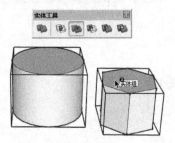

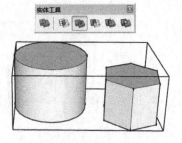

图 3-158　单击【联合】运算按钮   图 3-159　选择实体组   图 3-160　【联合】运算完成效果

3.6.4　【减去】工具

利用布尔运算中的【减去】工具，可以将某个实体与其他实体相交的部分进行切除。

01 首先使实体之间产生相交区域，然后单击【减去】按钮 ，如图 3-161 所示。

02 单击选择进行运算的第一个实体组，如图 3-162 所示。

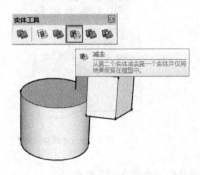

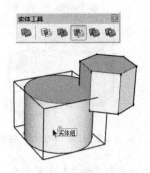

图 3-161　单击【减去】按钮   图 3-162　选择第一个实体组

03 单击选择进行运算的第二个实体组，如图 3-163 所示。

04 【减去】运算完成效果如图 3-164 所示。

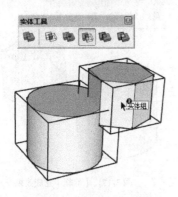

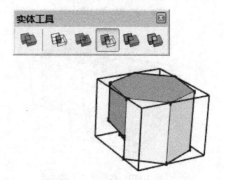

图 3-163　选择第二个实体组　　　　　　　　　　图 3-164　【减去】运算完成效果

05 【减去】运算完成之后将保留后选择的实体，而删除先选择的实体以及相关的部分。因此同一场景在进行【减去】运算时，实体的选择顺序可以改变最后的运算效果，如图 3-165~图 3-167 所示。

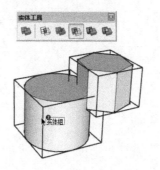

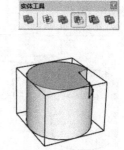

图 3-165　选择第一个实体组　　　图 3-166　选择第二个实体组　　　图 3-167　【减去】运算完成效果组

　　　　（变换选择顺序）　　　　　　　（变换选择顺序）　　　　　　　（变换选择顺序）

3.6.5　【剪辑】工具

在 SketchUp 中，【剪辑】工具的功能类似于布尔运算中的【减去】工具，但其在进行实体接触部分切除时，不会删除用于切除的实体，如图 3-168 ~图 3-171 所示。

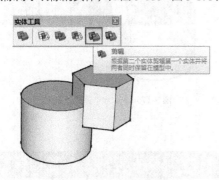

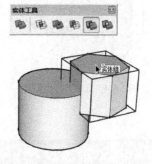

图 3-168　单击【剪辑】按钮　　　　　　　　　　图 3-169　选择第一个实体组

注　意

与【减去】工具的运用类似，在使用【剪辑】工具时，选择实体的次序不同，将产生不同的【剪辑】效果。

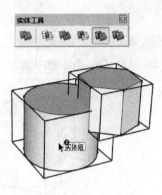

图 3-170 选择第二个实体组

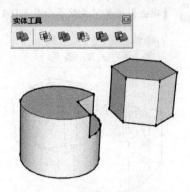

图 3-171 【剪辑】完成效果

3.6.6 【拆分】工具

在 SketchUp 中，【拆分】工具的功能类似于布尔运算中的【相交】工具，但其在获得实体间相接触部分的同时仅删除之前实体间相接触的部分，如图 3-172 ~ 图 3-175 所示。

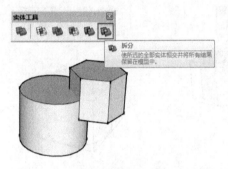

图 3-172 单击【拆分】按钮

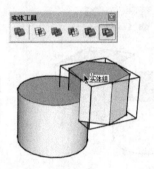

图 3-173 选择第一个实体组

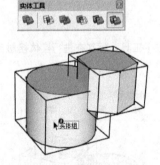

图 3-174 选择第二个实体组

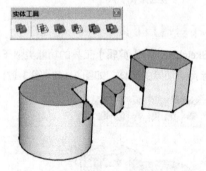

图 3-175 【拆分】完成效果

3.7 SketchUp【沙箱】地形工具

【沙箱】工具是 SketchUp 内置的一个地形工具，用于制作三维地形效果。执行【视图】|【工具栏】菜单命令，在弹出的【工具栏】对话框中选择【沙箱】选项，如图 3-176 所示，即可弹出【沙箱】工具栏。

【沙箱】工具栏如图 3-177 所示。其主要通过【根据等高线创建】与【根据网格创建】工具创建地形，然后通过【曲面起伏】【曲面平整】【曲面投射】【添加细部】以及【对调角线】工具进行细节的处理。

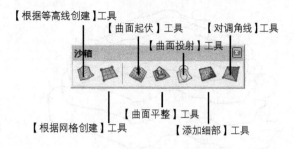

【根据等高线创建】工具

【曲面起伏】工具　　　【对调角线】工具

【曲面投射】工具

沙箱

【曲面平整】工具

【根据网格创建】工具　　　　　【添加细部】工具

图 3-176　选择【沙箱】选项　　　　　　　　图 3-177　【沙箱】工具栏

3.7.1　【根据等高线创建】工具

01 调出【绘图】工具栏，然后在场景中使用【手绘线】工具绘制出一个曲线平面，如图 3-178 所示。

02 选择平面，启用【推/拉】工具，按住 Ctrl 键向上推拉复制，如图 3-179 所示。

03 对推拉出的平面进行删除，仅保留边线效果作为等高线，如图 3-180 所示。

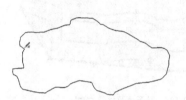

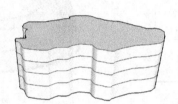

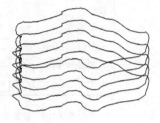

图 3-178　绘制曲线平面　　　　图 3-179　向上推拉复制平面　　　　图 3-180　创建等高线

04 启用【拉伸】工具，从下至上选择边线并逐次进行缩小，如图 3-181 所示。

05 在缩小时可以按住 Ctrl 键以进行中心拉伸，得到如图 3-182 所示的效果。

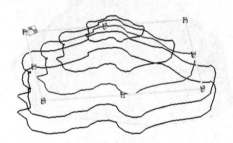

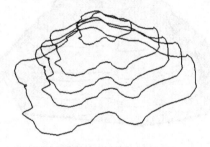

图 3-181　中心拉伸边线　　　　　　　　图 3-182　边线拉伸完成效果

06 逐步拉伸完成后选择所有边线，如图 3-183 所示。

07 单击【根据等高线创建】按钮 ，根据制作好的等高线，SketchUp 将生成对应的地形效果，如图 3-184 所示。

08 单击【材质】按钮 ，在【材料】对话框中选择【编辑】选项卡，设置 RGB 参数值，指定材料的颜色，如图 3-185 所示。

09 选择地形为涂刷对象，赋予地形材质的效果如图 3-186 所示。

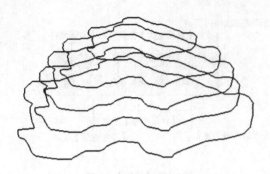

图 3-183　选择拉伸完成后的所有边线

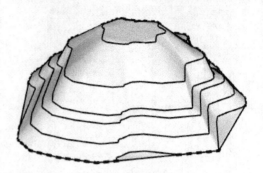

图 3-184　生成地形效果

图 3-185　设置 RGB 参数

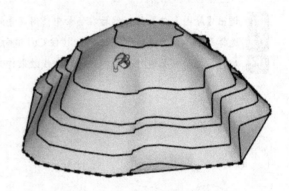

图 3-186　赋予地形材质的效果

10 按住 Ctrl 键，选择所有的边线 2，如图 3-187 所示。

11 按下 Delete 键，删除边线，【根据等高线创建】的地形如图 3-188 所示。

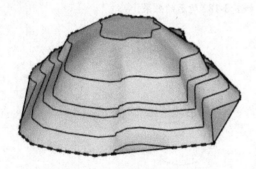

图 3-187　选择赋予材质后的所有边线

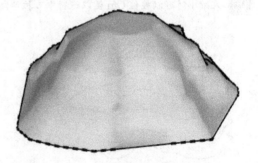

图 3-188　【根据等高线创建】的地形

　　利用【根据等高线创建】制作出的地形细节效果完全取决于等高线的精细程度，等高线越紧密，制作的地形也越细致。在 SketchUp 中，更为常用的地形为【根据网格创建】地形，接下来就了解其创建的方法与技巧。

3.7.2 【根据网格创建】工具

01 单击【沙箱】工具栏上的【根据网格创建】按钮 ▦，待光标变成 ✎ 时在【栅格间距】内输入单个网格的长度，然后按 Enter 键确定，如图 3-189 所示。

02 在绘图区目标位置单击，确定【根据网格创建】的绘制起点，然后拖动光标以绘制网络的总宽度并按 Enter 键确定，如图 3-190 所示。

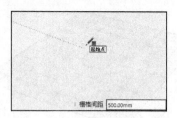

图 3-189　输入【栅格间距】参数

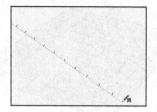

图 3-190　绘制网格总宽度

03　【根据网格创建】总宽度确定好后再横向拖动光标，绘制网络长度，如图 3-191 所示。

04　最后按 Enter 键确定，即可完成网格的绘制，如图 3-192 所示。

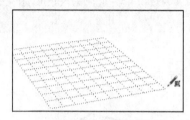

图 3-191　绘制网格长度

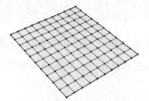

图 3-192　完成网格绘制

绘制好网格后，使用【沙箱】工具栏中的其他工具进行调整与修改，才能产生地形效果。首先了解【曲面起伏】工具的使用方法与技巧。

技 巧

在输入【栅格间距】并确定后，绘制网络时每个刻度之间的距离即为设定间距宽度。

3.7.3　【曲面起伏】工具

01　【根据网格创建】的网格默认为组，无法使用【沙箱】工具栏中的工具进行调整，如图 3-193 所示。

02　选择【根据网格创建】的网格，单击鼠标右键并选择【炸开模型】选项，使其变成面，如图 3-194 所示。

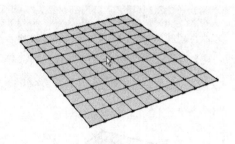

图 3-193　无法修改默认网格

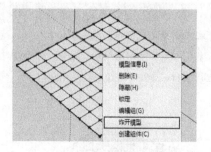

图 3-194　选择【炸开模型】选项

03　再次选择【炸开模型】创建的面，即可发现其已经成为一个由细分面组成的大型平面，如图 3-195 所示。

04　此时启用【曲面起伏】工具，即可发现其光标已经变成了 形状，并能自动捕捉网格上的交点，此时为曲面起伏输入【半径】值，如图 3-196 所示。

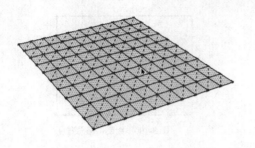

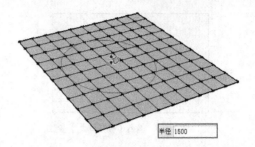

图 3-195　分解后的网格平面　　　　　　　　　图 3-196　输入【半径】值

技 巧

【曲面起伏】光标下方的红色圆圈为其影响的范围大小，在启用该工具后，即可输入数值，自定义其【半径】大小。

05　选择网格上任意一个交点，如图 3-197 所示

06　向上推拉光标，即可产生地形的起伏效果，如图 3-198 所示。

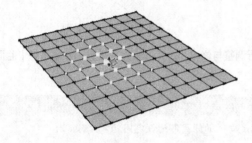

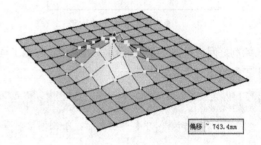

图 3-197　选择交点　　　　　　　　　　　　图 3-198　向上推拉光标

07　确定好地形起伏效果后，再次单击，即可完成该处地形效果的制作，如图 3-199 所示。

【曲面起伏】工具是制作【根据网格创建】地形起伏效果的主要工具，因此通过对【根据网格创建】的网格中的点、线、面进行不同的选择，可以制作出丰富的地形效果。

技 巧

在单击确定地形起伏效果前，直接输入【偏移】数值，可以得到精确的起伏高度，如图 3-200 所示。如果输入负值，则产生凹陷效果。此外，对于通过【根据等高线创建】工具创建的地形，同样需要先将其炸开方可以进行编辑，如图 3-201 与图 3-202 所示。

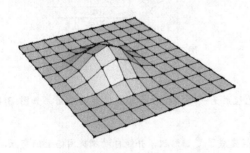

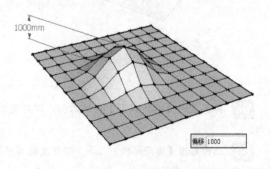

图 3-199　起伏效果制作完成　　　　　　　　图 3-200　制作精确起伏高度

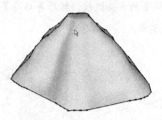

图 3-201　等高线地形

图 3-202　炸开后编辑地形

1. 点拉伸

在默认设置下，启用【曲面起伏】工具后，其将自动捕捉【根据网格创建】的交点与边线。此时如果选择任意一个交点进行拉伸，即可制作出具有明显顶点的地形起伏效果，如图 3-203 与图 3-204 所示。

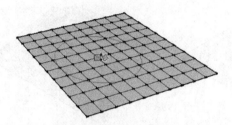

图 3-203　选择单个交点

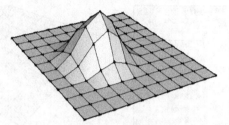

图 3-204　点拉伸完成效果

> **技巧**
>
> 选择的交点在拉伸后即为地形起伏的顶点。使用这种方法一次只能选择一个顶点，因此所制作出的地形起伏比较单调。

2. 线拉伸

01　启用【曲面起伏】工具后选择任意单个边线，拖动光标，即可制作比较平缓的地形起伏效果，如图 3-205 与图 3-206 所示。

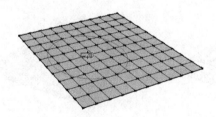

图 3-205　选择单个边线

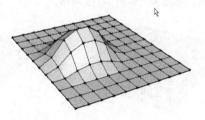

图 3-206　单个边线拉伸完成效果

02　如果在启用【曲面起伏】工具前选择【根据网格创建】面上的连续边线，然后再启用【曲面起伏】工具进行拉伸，则可得到具有山脊特征的地形起伏效果，如图 3-207~图 3-209 所示。

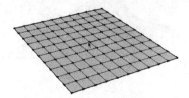

图 3-207　选择连续边线

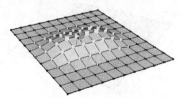

图 3-208　拉伸连续边线

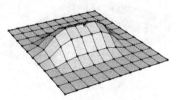

图 3-209　连续边线拉伸完成效果

03 如果在启用【曲面起伏】工具前选择【根据网格创建】面上间隔的多条边线，然后再启用【曲面起伏】工具进行拉伸，则可得到连绵起伏的地形效果，如图 3-210～图 3-212 所示。

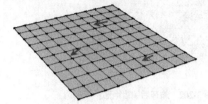
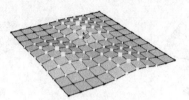
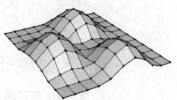

图 3-210　选间隔边线　　　　　图 3-211　拉伸间隔边线　　　　　图 3-212　间隔边线拉伸完成效果

04 此外，选择【视图】|【隐藏物体】菜单命令，可以将【根据网格创建】中隐藏的对角线进行虚显，选择对角线后启用【曲面起伏】工具进行拉伸，可以得到斜向的地形起伏效果，如图 3-213～图 3-215 所示。

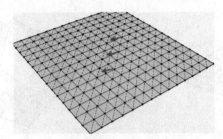
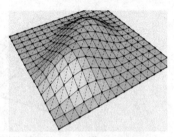

图 3-213　选择【隐藏物体】命令　　　图 3-214　选择对角线　　　　图 3-215　对角拉伸完成效果

> **技巧**
>
> 当使用【曲面起伏】工具制作【根据网格创建】地形起伏效果时，线拉伸是主要手段。在制作过程中，应该根据连续边线、间隔边线以及对角线的拉伸特点，灵活地进行结合运用。

3. 面拉伸

01 在启用【曲面起伏】工具前选择【根据网格创建】面上的任意一个面，即可制作具有顶部平面的地形起伏效果，如图 3-216～图 3-218 所示。

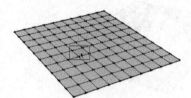
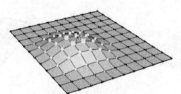
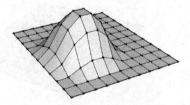

图 3-216　选择单个面　　　　　图 3-217　拉伸单个面　　　　　图 3-218　单个面拉伸完成效果

02 同样，进行面拉伸时可以选择多个面同时拉伸，以制作出连绵起伏的地形效果，如图 3-219～图 3-221 所示。

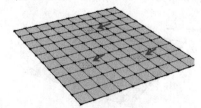
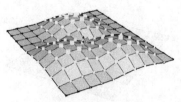
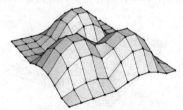

图 3-219　选择多个面　　　　　图 3-220　拉伸多个面　　　　　图 3-221　多个面拉伸完成效果

3.7.4 【曲面平整】工具

在实际的项目制作中，经常会遇到需要在起伏的地形上放置规则建筑物的情况，此时使用【曲面平整】工具可以快速制作出放置建筑物的平面。

01 打开本书配套资源【第 03 章\3.7.4 曲面平整.skp】模型，如图 3-222 所示。然后使用【曲面平整】工具，使场景中的房屋模型贴合地放置在山顶上。

02 选择房屋模型，然后启用【曲面平整】工具，如图 3-223 所示。

03 启用【曲面平整】工具后，选择的房屋模型底部，即会出现一个矩形，如图 3-224 所示。该矩形范围即为其对下方地形产生影响的范围。

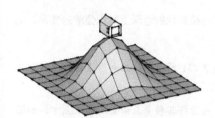 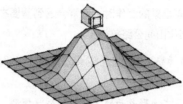 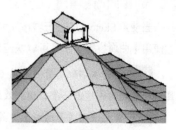

图 3-222　打开场景模型　　　　图 3-223　选择房屋模型并启用　　　　图 3-224　选择房屋模型底部
　　　　　　　　　　　　　　　　　　　　【曲面平整】工具

04 此时将光标移动至【根据网格创建】的地形上方时将变成 形状，而【根据网格创建】的地形也将显示细分面效果，如图 3-225 所示。

05 在【根据网格创建】的地形上单击进行确定，【根据网格创建】的地形即会生成如图 3-226 所示的平面。

06 然后再选择其上方的房屋模型，将其移动至生成的平面上即可，如图 3-227 所示。

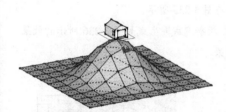 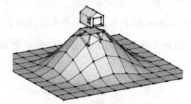 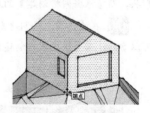

图 3-225　网格地形细分面　　　　图 3-226　生成平面　　　　图 3-227　移动房屋至平面

> **注 意**
>
> 在【根据网格创建】的地形上单击形成平面后，应该在空白处单击确定平面效果。如果此时将平面向上拉伸至与房屋模型底面贴合，地形将产生生硬的边缘现象，如图 3-228 所示。

07 如果在启用【曲面平整】工具后输入较大的【偏移】数值，再单击【根据网格创建】的地形，将会产生更大的平整影响范围，如图 3-229 与图 3-230 所示。但此时绝对的平整区域将仍保持与房屋底面等大，仅在周边产生更多的三角细分面，因此通常保持默认即可。

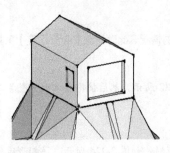
图 3-228 拉伸平面至模型底面

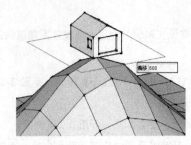
图 3-229 输入较大的【偏移】数值

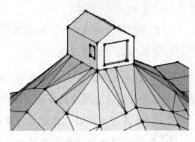
图 3-230 产生更大的平整影响范围

3.7.5 【曲面投射】工具

当使用 SketchUp 进行城市规划等场景的制作时，通常会遇到需要在连绵起伏的地形上制作公路的情况，此时使用【曲面投射】工具可以快速制作山间公路等效果。

01 打开本书配套资源【第 03 章\3.7.5 创建道路.skp】模型，如图 3-231 所示。然后利用【曲面投射】工具在地形表面制作出一条公路的效果。

02 首先使用【手绘线】工具，在地形表面的上方绘制公路模型，然后将其移动至曲面地形正上方，如图 3-232 与图 3-233 所示。

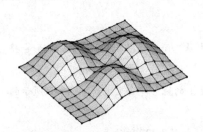
图 3-231 打开场景模型

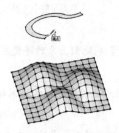
图 3-232 绘制公路模型

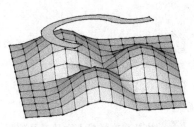
图 3-233 移动公路模型至地形正上方

03 选择公路模型后启用【曲面投射】工具，此时将光标置于【根据网格创建】的曲面地形上时将变成 🖐 形状，而【根据网格创建】的地形也将显示细分面效果，如图 3-234 与图 3-235 所示。

04 在【根据网格创建】的曲面地形上单击进行【曲面投射】，投射完成即生成如图 3-236 所示的效果。可以看到，在【根据网格创建】的曲面地形出现了公路的轮廓边线效果。

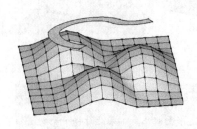
图 3-234 选择公路模型并启用
【曲面投射】工具

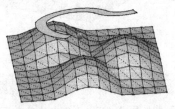
图 3-235 将光标置于曲面地形上

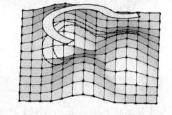
图 3-236 在曲面地形表面投射公路轮廓

3.7.6 【添加细部】工具

当使用【根据网格创建】进行地形效果的制作时，过少的细分面将使地形效果显得生硬，过多的细分面则会增大系统显示与计算负担。使用【添加细部】工具可以在需要表现细节的地方增大细分面，而其他区域将保持较少的细分面。

01 在 SketchUp 中以 500mm 的网格宽度创建一个【根据网格创建】的地形平面，如图 3-237 所示。

02 此时直接使用【曲面起伏】工具选择交点进行拉伸，可以发现起伏边缘比较生硬，如图 3-238 所示。

03 为了使边缘显得平滑，可以在使用【曲面起伏】工具前选择将要进行拉伸的网格面，然后再单击【添加细部】工具，对选择面进行细分，如图 3-239 与图 3-240 所示。

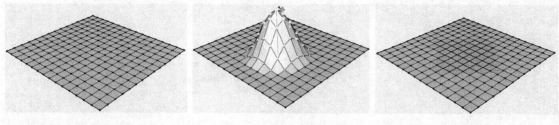

图 3-237　绘制网格地形平面	图 3-238　点拉伸地形效果	图 3-239　选择将要拉伸的网格面

04 细分完成后再使用【曲面起伏】工具进行拉伸，即可得到平滑的拉伸边缘，如图 3-241 与图 3-242 所示。

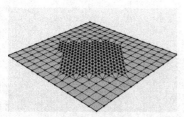 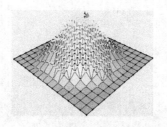 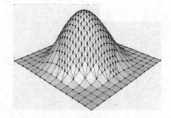

图 3-240　对网格面进行细分　　　图 3-241　拉伸细分后的网格面　　　图 3-242　拉伸细分完成效果

3.7.7 【对调角线】工具

在虚显【根据网格创建】地形的对角线后，启用【对调角线】工具，可以根据地势走向对应改变对角线方向，从而使地形变得平缓一些，如图 3-243 与图 3-244 所示。

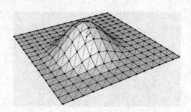 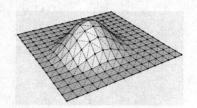

图 3-243　启用【对调角线】工具　　　　　　　图 3-244　【对调角线】完成效果

第 04 章

SketchUp 导入与导出

本章重点：

◆ SketchUp 导入功能

◆ SketchUp 导出功能

SketchUp 软件虽然是一个面向方案设计的软件，但通过其文件的导入与导出功能，可以很好地与 AutoCAD、3ds max、Photoshop 以及 Piranesi 常用图形图像软件进行紧密协作。

4-1 SketchUp 导入功能

4.1.1 导入 AutoCAD 文件

SketchUp 作为真正的方案推敲工具，支持方案设计的全过程。除了抽象的建筑形体推敲，在 SketchUP 中导入精确的 AutoCAD 图形，完全可以制作出高精度、高细节的三维模型，如图 4-1 与图 4-2 所示。

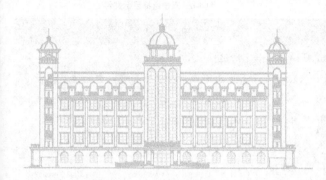

图 4-1　导入 AutoCAD 图形 　　　　　　　　　　图 4-2　在 SketchUp 中制作三维模型

SketchUp 支持 AutoCAD 中 DWG/DXF 两种格式文件的导入，具体的操作方法如下。

01 执行【文件】|【导入】菜单命令，如图 4-3 所示。打开【导入】对话框，选择文件类型为【AutoCAD 文件】，如图 4-4 所示。

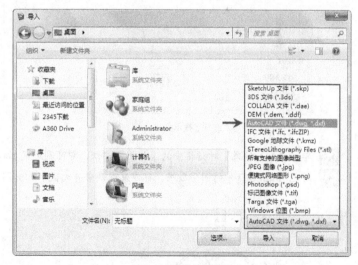

图 4-3　执行【导入】菜单命令 　　　　　　　　　图 4-4　选择文件类型

02 单击【导入】对话框中【选项】按钮，打开【AutoCAD DWG/DXF 导入选项】对话框。在【单位】下拉列表中选择【毫米】选项，如图 4-5 所示，设置图形单位。

03 在【AutoCAD DWG/DXF 导入选项】对话框中单击【确定】按钮，在【导入】对话框中选择目标文件，双击文件即可进行导入，如图 4-6 所示。

图 4-5 【导入 AutoCAD DWG/DXF 选项】对话框

图 4-6 双击选择目标文件

【AutoCAD DWG/DXF 导入选项】对话框中各选项的含义如下所述。

【合并共面平面】：导入 DWG/DXF 文件时如果在一些平面上出现三角形的划分线，勾选该复选框，SketchUp 将自动删除多余的划分线。

【平面方向一致】：勾选该复选框，SketchUp 将自动分析导入表面的朝向，并统一表面的法线方向。

【保持绘图原点】：勾选该复选框，保持导入文件的绘图原点不变。

【单位】：根据导入要求选择对应单位即可，通常为【毫米】。

04 打开【导入进度】提示框，显示文件的导入情况，如图 4-7 所示。

05 文件成功导入后，弹出【导入结果】对话框，显示导入与简化的实体与元件，如图 4-8 所示

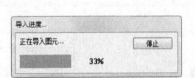

图 4-7 【导入进度】提示框

图 4-8 【导入结果】对话框

06 单击【导入结果】对话框中的【关闭】按钮，即可利用鼠标放置导入的文件，如图 4-9 所示。

07 对比 AutoCAD 中的图形效果，可以发现两者并无区别，如图 4-10 所示。

图 4-9 SketchUp 导入效果

图 4-10 AutoCAD 中的图形效果

如果工作中必须导入这些未被支持的图形元素，可以先在 AutoCAD 中将其分解变成线、圆弧等支持的图形元素。如果并不需要这些图形元素，则可以直接删除。

4.1.2 导入 3DS 文件

SketchUp 支持 3DS 格式的三维文件导入，具体的操作方法如下。

01 执行【文件】|【导入】菜单命令，在【导入】对话框中选择【3DS 文件】文件类型，如图 4-11 与图 4-12 所示。

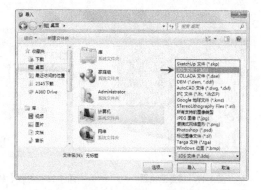

图 4-11　执行【导入】菜单命令　　　　　　　图 4-12　选择【3DS 文件】类型

02 单击【导入】对话框中的【选项】按钮，打开对应的【3DS 导入选项】对话框。设置参数如图 4-13 所示。

03 在【导入】对话框中双击目标文件，即可进行导入，如图 4-14 所示。

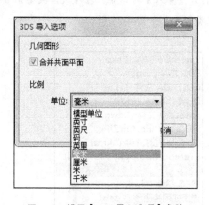

图 4-13　设置【3DS 导入选项】参数　　　　　　图 4-14　双击目标文件

04 打开【导入进度】提示框，显示导入文件的进度，如图 4-15 所示。

05 文件成功导入后的效果如图 4-16 所示。

技 巧

另外一个比较常见的问题就是在模型表面出现三角面的现象，如图 4-17 所示。对于结构本来较为简单的模型，勾选【3DS 导入选项】对话框中的【合并共面平面】复选框，可以有效解决该问题，如图 4-18 与图 4-19 所示。

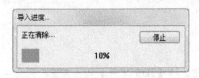

图 4-15 【导入进度】提示框

图 4-16 导入完成效果

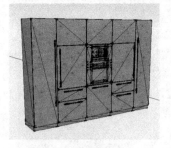

图 4-17 模型三角面

图 4-18 勾选【合并共面平面】复选框

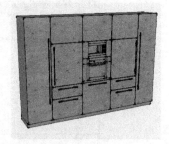

图 4-19 调整效果

4.1.3 导入二维图像

1. 二维图像导入方法

SketchUp 支持 JPG、PNG、TIF、TGA 等常用二维图像文件的导入，具体操作步骤如下。

01 执行【文件】|【导入】菜单命令，如图 4-20 所示。打开【导入】对话框，在【文件类型】下拉列表中可以选择多种二维图像格式，通常直接选择【所有支持的图像类型】，如图 4-21 所示。

图 4-20 执行【导入】菜单命令

图 4-21 选择图像类型

02 选择图像导入类型后，可以在【导入】对话框的下方选择图像的导入功能，如图 4-22 所示，这里选择默认的【图像】选项。

03 在【导入】对话框中双击目标图像文件，或者单击【导入】按钮，如图 4-23 所示，

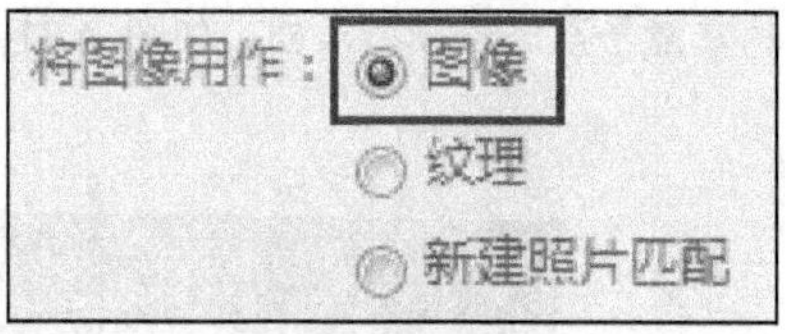

图 4-22　选择选项

图 4-23　双击目标图像文件

04 然后利用指针指定原点，将其放置于原点附近，如图 4-24 所示。

05 拖动指针，指定第二个点，如图 4-25 所示。

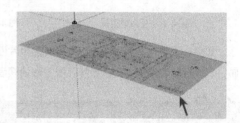

图 4-24　指定原点

图 4-25　指定第二点

06 二维图像的放置效果如图 4-26 所示。

07 导入进来的图像作为参考底图，可用于 SketchUp 辅助建模，如图 4-27 所示。

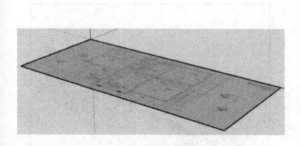

图 4-26　三维图像放置效果

图 4-27　辅助建模

2. 二维图像导入技巧

将二维图像成功导入 SketchUP 后，将自动生成一个与图像长宽比例一致的平面，如图 4-28 所示。而在确定该平面第一个放置点后，按住 Shift 键拖动，可以改变平面的比例，如图 4-29 所示。如果按住 Ctrl 键，则平面中心将与放置点自动对齐，如图 4-30 所示。

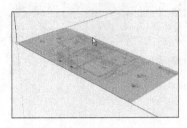
图 4-28　生成平面

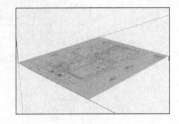
图 4-29　改变平面比例

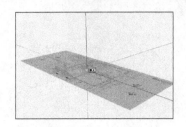
图 4-30　中心对齐放置点

此外，如果在【导入】对话框中选择【纹理】选项，则可以将其赋予至场景模型表面，如图 4-31~图 4-33 所示。

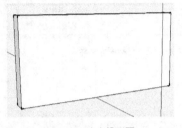
图 4-31　空白模型面

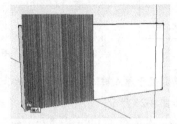
图 4-32　放置【纹理】图像

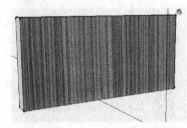
图 4-33　【纹理】赋予效果

如果在【导入】对话框中选择【新建照片匹配】选项，在导入图像后，SketchUp 将弹出如图 4-34 所示的界面，以进行配置调整，具体照片匹配方法请读者参考本书第 7 章的详细内容。

4.2 SketchUp 导出功能

4.2.1 导出 AutoCAD 文件

SketchUp 可以将场景内的三维模型（包括单面对象）以 DWG/DXF 两种格式导出为 AutoCAD 可用文件，本节以导出 DWG 格式文件为例，讲解具体的操作方法。

1. DWG 文件导出方法

01　打开配套资源【第 04 章 | 4.2.1 导出 dwg.skp】模型，如图 4-35 所示。该场景为一个中型的城市规划模型。

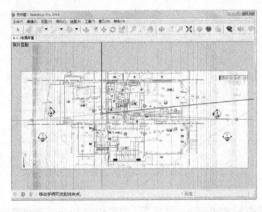
图 4-34　照片匹配界面

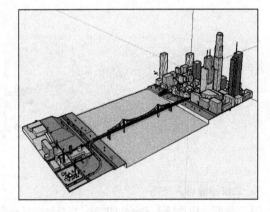
图 4-35　打开场景模型

02　执行【文件】|【导出】|【二维图形】菜单命令，如图 4-36 所示。打开【输出二维图形】对话框。

03　在【保存类型】下拉列表中选择文件类型为【AutoCAD DWG 文件】，如图 4-37 所示。

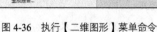

图 4-36 执行【二维图形】菜单命令　　　　　图 4-37 选择 AutoCAD【DWG 文件】

04 单击【输出二维图形】对话框中的【选项】按钮，打开【DWG/DXF 消隐选项】对话框。根据导出要求设置参数，单击【确定】按钮，如图 4-38 所示。

05 在【输出二维图形】对话框中单击【导出】按钮，即可导出 DWG 文件。成功导出 DWG 文件后，SketchUp 将弹出如图 4-39 所示的提示框。

图 4-38 设置导出参数　　　　　图 4-39 【AutoCAD 导出审核】提示框

06 在导出路径中找到导出的 DWG 文件，即可使用 AutoCAD 打开与查看，如图 4-40 所示。

2.【DWG/DXF 消隐选项】对话框的参数功能

在导出 AutoCAD 文件时，用户可以根据需要设置相应的【DWG/DXF 消隐选项】对话框参数，如图 4-41 所示。其中各选项的含义如下所述。

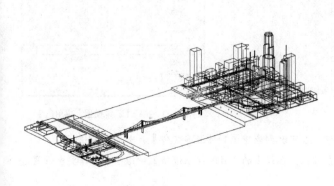

图 4-40 导出 DWG 文件效果　　　　　图 4-41 【DWG/DXF 消隐选项】对话框参数设置

【AutoCAD 版本】：用于设置导出 CAD 图像的软件版本。

【图纸比例与大小】：用于设置绘图区域比例与尺寸大小，包含以下选项。

➢ 实际尺寸：勾选后将按照真实尺寸大小导出图形。

➢ 在图纸中/在模型中的样式：分别表示导出时的拉伸比例。在【透视图】模式下这两项不能定义，即使在【平行投影】模式下，也只有在表面法线垂直视图时才能定义。

➢ 宽度/高度：用于定义导出图形的宽度和高度。

【轮廓线】：用于设置模型中轮廓线选项。

➢ 无：选择后，将会导出正常的线条，而非在屏幕中显示的特殊效果。一般情况下，SketchUp 的轮廓线导出后都是较粗的线条。

➢ 有宽度的折线：选择后，导出的轮廓线将以多段线在 CAD 中显示。

➢ 宽线图元：选择后，导出的剖面线为粗线实体，只有对 AutoCAD 2000 以上版本有效。

➢ 在图层上分离：用于导出专门的轮廓线图层，以便进行设置和修改。

➢ 宽度：用于设置线段的宽度。

【剖切线】：与【轮廓线】选项类似。

【延长线】：用于设置模型中延长线的选项。

➢ 显示延长线：勾选后，导出的图像中将显示延长线。因为延长线对 CAD 的捕捉参考系统有影响，一般情况下不勾选此项。

➢ 长度：用于设置延长线的长度。

4.2.2 导出常用三维文件

SketchUp 除了可以导出 DWG 文件格式外，还可以导出 3DS、OBJ、WRL、XSI 等常用三维格式文件。由于 SketchUp 经常使用 3ds max 进行后期渲染处理，因此这里以导出 3DS 文件为例，讲解 SketchUp 导出三维格式文件的方法。

1. 3DS 文件导出方法

01 打开配套资源【第 04 章\4.2.2 导出 3DS.skp】模型，如图 4-42 所示。该场景为一个高层楼体模型。

02 执行【文件】|【导出】|【三维模型】菜单命令，如图 4-43 所示。打开【输出模型】对话框。

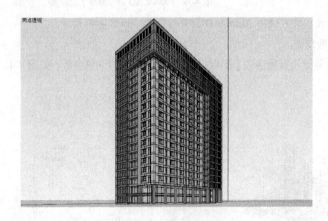

图 4-42　打开场景模型

图 4-43　执行【三维模型】菜单命令

03 在对话框中单击【保存类型】下拉按钮，在下拉列表中选择【3DS 文件】，如图 4-44 所示。

04 单击【输出模型】对话框中的【选项】按钮，在弹出的【3DS 导出选项】对话框中根据要求设置选项参数，如图 4-45 所示。

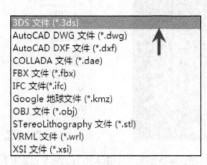

图 4-44 选择【3DS 文件】

图 4-45 设置选项参数

05 在【输出模型】对话框中单击【导出】按钮即可进行导出。在【导出进度】显示框中显示导出文件的进度，如图 4-46 所示。

06 成功导出 3DS 文件后，SketchUp 将弹出如图 4-47 所示的【3DS 导出结果】对话框，罗列导出的详细信息。

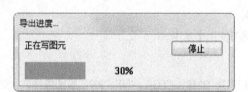

图 4-46 显示导出文件进度

图 4-47 【3DS 导出结果】对话框

07 在导出路径中找到导出的 3DS 文件，即可使用 3ds max 进行打开，如图 4-48 所示。

08 导出的 3DS 文件不但有完整的模型文件，还创建了对应的【相机】，调整构图比例进行默认渲染，渲染效果如图 4-49 所示，可以看到模型相当完好。

2.【3DS 导出选项】对话框中的选项功能

在如图 4-50 所示的【3DS 导出选项】对话框中可以设置相应的选项参数，以得到所需的 3DS 模型。该对话框中各选项的含义如下所述。

【几何图形】：用于设置导出模式，包含以下 4 个选项。

➢ 导出：其下拉列表中包括以下选项。

■ 完整层次结构：用于将 SketchUp 模型文件按照组与组件的层级关系导出。导出时只有最高层次的物体会转化为物体。也就是说，任何嵌套的组或组件只能转换为一个物体。

■ 按图层：用于将 SketchUp 模型文件按同一图层上的物体导出。

■ 按材质：用于将 SketchUp 模型按材质贴图导出。

■ 单个对象：用于将 SketchUp 中模型导出为已命名文件。在大型场景模型中应用较多，例如，导出一个城市规划效果图中的某单体建筑物。

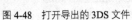

图 4-48　打开导出的 3DS 文件　　　图 4-49　3DS 文件默认渲染效果　　图 4-50　【3DS 导出选项】对话框

➤　**仅导出当前选择的内容：**勾选该复选框，将只导出当前选择的实体模型。

➤　**导出两边的平面：**勾选该复选框，将激活下方的【材料】和【几何图形】选项。

➤　**导出独立的边线：**用于创建非常细长的矩形来模拟边线。因为独立边线是大部分 3D 程序所没有的功能，所以无法经由 3DS 格式直接转换。

【材料】用于激活 3DS 材质定义中的双面标记，将 SketchUp 模型中所有面都导出两次，一次导出正面，一次导出背面。不论选择哪个选项，都会使导出面的数量增加，导致渲染速度下降。

➤　**导出纹理映射：**用于导出模型中的贴图材质。

➤　**保留纹理坐标：**用于在导出 3DS 文件后不改变贴图坐标。

➤　**固定顶点：**用于保持对齐贴图坐标与平面视图。

【相机】勾选该复选框，将保存、创建当前视图为镜头。

【比例】用于指定导出模型使用的比例单位，一般情况下使用【米】。

4.2.3　导出二维图像文件

SketchUp 可以导出的二维图像文件格式很多，如常用的 JPG、BMP 、TGA、TIF、PNG 等图像格式，这里以最常见的 JPG 格式为例，介绍 SketchUp 导出二维图像的导出方法。

1. JPG 图像文件导出方法

01　打开配套资源【第 04 章|4.2.3 现代别墅】模型，如图 4-51 所示。其为一个别墅场景。

02　执行【文件】|【导出】|【二维图形】菜单命令，如图 4-52 所示，打开【输出二维图形】对话框。在【输出二维图形】对话框中选择【JPEG 图像】，如图 4-53 所示。

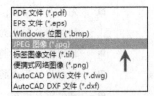

图 4-51　打开场景模型　　　　图 4-52　执行【二维图形】菜单命令　　　图 4-53　选择【JPEG 图像】

03　单击【选项】按钮，弹出【导出 JPG 选项】对话框，如图 4-54 所示。

04 根据导出要求设置【导出 JPG 选项】对话框中【图像大小】的参数。在【输出二维图形】对话框中单击【导出】按钮，即可将 SketchUp 当前视图效果导出为 JPG 文件，如图 4-55 所示。

2.【导出 JPG 选项】对话框中的选项功能

如果对导出二维图像的尺寸、清晰度等有较高的要求，可以通过【导出 JPG 选项】对话框进行设置，如图 4-56 所示。

图 4-54 【导出 JPG 选项】对话框

图 4-55 导出的 JPG 文件

图 4-56 设置参数

【图像大小】：默认状况下【使用视图大小】复选框为勾选，此时导出的二维图像的尺寸大小等同于当前视图窗口的大小。取消勾选，则可以自定义图像尺寸。

【渲染】：勾选【消除锯齿】后，SketchUp 将对图像进行平滑处理，从而减少图像中的线条锯齿，同时需要更多的导出时间。

【JPEG 压缩】：通过滑块可以控制导出的 JPEG 文件质量，越向右质量越高，导出时间越多，图像效果越理想。

4.2.4 导出二维截面文件

通过【剖面】命令，可以将 SketchUp 中剖切的图形导出为 AutoCAD 可用的 DWG/DXF 格式文件，从而在 AutoCAD 中加工成施工图。

1. AutoCAD 文件导出方法

01 打开配套资源【第 04 章/4.2.4 导出二维截面.skp】模型，如图 4-57 所示。该场景为一个已经应用了【截面】工具的场景，在视图中已经能看到其内部布局。

02 执行【文件】|【导出】|【剖面】菜单命令，如图 4-58 所示。

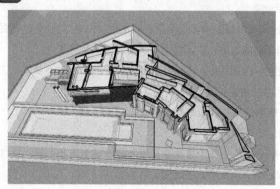

图 4-57 打开场景模型

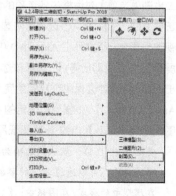

图 4-58 执行【剖面】菜单命令

03 打开【输出二维剖面】对话框，选择【保存类型】为【AutoCAD DWG 文件】，如图 4-59 所示。

04 单击【输出二维剖面】对话框中的【选项】按钮，打开【二维剖面选项】对话框，如图 4-60 所示。根据导出要求设置相关参数，单击【确定】按钮。

图 4-59 选择导出文件类型　　　　　　　　　　图 4-60 【二维剖面选项】对话框

[05] 单击【输出二维剖面】对话框中的【导出】按钮，即可导出 AutoCAD DWG 文件。成功导出 AutoCAD DWG" 文件后，SketchUp 将弹出如图 4-61 所示的提示。

[06] 在导出路径中找到导出的 AutoCAD DWG 文件，即可使用 AutoCAD 进行打开与查看，如图 4-62 所示。

2.【二维剖面选项】对话框中的选项功能

在场景中添加一个剖面，并执行【文件】|【导出】|【剖面】命令，在弹出的【输出二维剖面】对话框中单击【选项】按钮，即可在弹出的【二维剖面选项】对话框中对输出文件进行相关的设置，如图 4-63 所示。

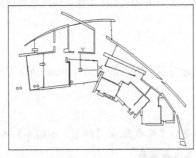

图 4-61 导出成功指示　　　图 4-62 导出的 AutoCAD DWG 文件效果　　　图 4-63 设置参数

【二维剖面选项】对话框中各选项的含义如下所述。

【正截面(正交)】：默认该选项为勾选，此时无论视图中模型有多么倾斜，导出的 DWG 文件均以截面切片的正交视图为参考。该文件在 AutoCAD 中可用于加工出施工图，以及其他精确可测的其他图纸。

【屏幕投影(所见即所得)】：选择该选项后，导出的 DWG 文件将以屏幕上看到的剖面视图为参考。该种情况下导出的 DWG 文件会保留透视的角度，因此其尺寸将失去价值。

【AutoCAD 版本】：根据当前使用的 AutoCAD 版本选择对应版本号。

【图纸比例与大小】：用于设置图纸尺寸，包含以下选项。

➢ 实际比例(1:1)：默认该选项为勾选，导出的 DWG 文件中的尺寸大小与当前模型尺寸一致。取消该选项的勾选，可以通过其下的参数进行比例的缩放以及自定义设置。

➢ 在模型中的样式/在图纸中：【在模型中的样式】与【在图纸中】的比例是图形在导出时的缩放比例。可以指定图形的缩放比例，使之符合建筑惯例。

➢ 宽度/高度：用于设置输出图纸的尺寸大小。

【剖切线】：用于设置导出的剖切线，包含以下选项。

➢ 导出：该选项用于选择是否将剖切线同时输出在 DWG 文件内，默认选择为【无】，此时将不导出剖切线。

➢ 有宽度的折线：选择该选项，剖切线将导出为多段线实体，取消其后的【自动】复选框勾选，可自定
义线段宽度。

➢ 宽线图元：选择该选项，剖切线将导出为粗实线实体，此外该选项只有在高于 R14 以上的 AutoCAD 版
本中才有效。

➢ 在图层上分离：选择该选项后，剖切线与其剖切到的图形将分别置于不同的图层。

【始终提示剖面选项】：默认该选项为不勾选，因此每次导出 DWG 文件时需要打开该对话框进行设置。如
果勾选该选项，则 SketchUp 将以上次导出设置进行 DWG 文件的输出。

第 05 章

SketchUp 基本建模练习

本章重点：

- ◆ 制作酒柜模型
- ◆ 制作木桥模型
- ◆ 制作欧式凉亭模型
- ◆ 制作喷水池模型
- ◆ 制作廊架模型

在系统学习了 SketchUp 的常用工具及高级功能后，从本章开始，将按照从简单到复杂、从室内到室外的顺序，实战演练前面所学知识，以提高 SketchUp 的应用能力和水平。

本章将通过酒柜、木桥、欧式凉亭、喷水池和廊架模型创建练习，逐步掌握并精通 SketchUp 建模的方法与技巧。

5.1 制作酒柜模型

本节将制作如图 5-1 所示的酒柜模型，主要学习【矩形】、【直线】、【推/拉】、【偏移】及【卷尺】工具的使用方法，并进一步了解与掌握【材质】工具的使用方法。

5.1.1 制作酒柜轮廓

01 打开 SketchUp 后，执行【窗口】|【模型信息】命令，打开【模型信息】对话框。选择【单位】选项卡，设置【长度单位】选项组，如图 5-2 所示。

图 5-1　酒柜模型

图 5-2　设置【长度单位】选项组

02 启用【矩形】创建工具，通过跟踪 Z 轴创建起点，输入【3230,2400】，创建一个立面矩形，如图 5-3 所示。

03 启用【推/拉】工具，将创建的立面矩形推拉出 300.0mm 的厚度，创建酒柜的轮廓，如图 5-4 所示。

04 拉下来通过细化矩形创建酒柜模型的框架。启用【卷尺】工具，选择矩形左侧的边线，如图 5-5 所示。

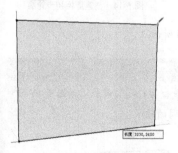

图 5-3　创建立面矩形

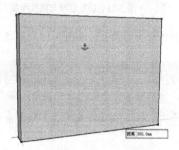

图 5-4　创建酒柜的轮廓

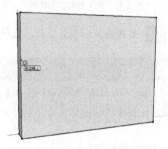

图 5-5　选择右侧边线

05 向右创建【长度】为 900mm 的一条辅助线，再选择矩形左侧的边线重复类似的操作，向右创建同样距离的一条辅助线，如图 5-6 与图 5-7 所示。

06 启用【直线】创建工具，通过捕捉辅助线与边线的交点，将矩形正面分割为三部分，如图 5-8 与如图 5-9 所示。

07 启用【偏移】工具，选择左侧的细分面并向内偏移 60mm；然后直接双击另外两个面，获得同样的偏移效果，如图 5-10 与图 5-11 所示。

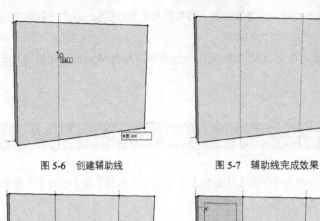

图 5-6　创建辅助线　　　　图 5-7　辅助线完成效果　　　　图 5-8　利用线分割模型面

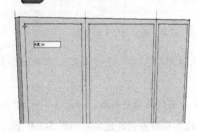
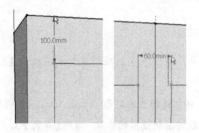
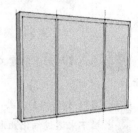

图 5-9　模型面分割完成　　　　图 5-10　向内偏移复制分割面　　　　图 5-11　双击分割面

08 酒柜的顶板通常要厚一些，因此选择顶部边线并向下移动 40mm，得到 100.0mm 的厚度；然后将酒柜内部隔板的厚度调为 60.0mm，如图 5-12 与图 5-13 所示。

09 通过以上操作后，酒柜的轮廓已经初具雏形，如图 5-14 所示，接下来进行细分。

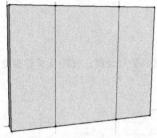
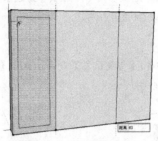
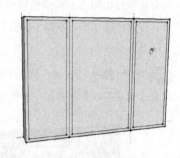

图 5-12　向下移动顶部边线　　　　图 5-13　调整顶板与隔板厚度　　　　图 5-14　创建酒柜初步轮廓

10 首先旋转到模型背面，选择并删除背部模型面，如图 5-15 与图 5-16 所示。

技巧

在 SketchUp 中进行【推/拉】时，如果推拉面与背部面相接触，将形成自动打通的效果，如图 5-17 所示。因此删除酒柜模型背面，不但可以省面，还可以避免【推/拉】时形成打通的效果。

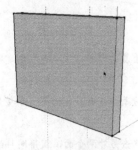
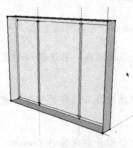
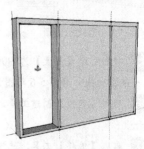

图 5-15　选择模型背面　　　　图 5-16　删除背部模型面　　　　图 5-17　【推/拉】打通效果

11 启用【推/拉】工具，选择左侧细分面并向内推拉 295mm，如图 5-18 所示。在另外两个细分面上双击鼠标，进行同样的处理，如图 5-19 所示。

12 由于酒柜下沿直接与地面接触，因此选择底部模型面并向下推拉，形成打通的效果，如图 5-20 与图 5-21 所示。

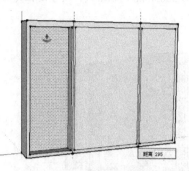
图 5-18　向内推拉细分面

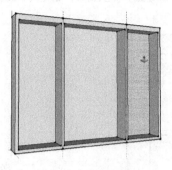
图 5-19　双击其他细分面

图 5-20　向下推拉底面

13 直接双击另外两个底面，将酒柜下沿完全打通，如图 5-22 所示。

14 打开【材料】对话框，选择【木质纹】材质类型中的【原色樱桃木】，如图 5-23 所示。将其赋予当前模型，如图 5-24 所示。

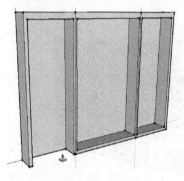
图 5-21　打通底面

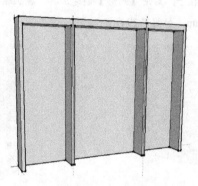
图 5-22　底面打通完成效果

图 5-23　选择【原色樱桃木】材质

15 在进一步细化模型前，为了避免影响当前模型，首先将其创建为群组，如图 5-25 所示。

注　意

全选模型，在【材料】对话框中选择【原色樱桃木】材质，光标显示为油漆桶的形式。在模型上单击，即可一次性为模型赋予材质。

图 5-24　赋予【原色樱桃木】材质于模型

图 5-25　创建群组

5.1.2　制作酒柜层板等细节

[01]　执行【视图】|【表面类型】|【X光透视模式】菜单命令，将当前模型透明化，以便于其他部件模型的对位，如图 5-26 所示。

[02]　启用【卷尺】工具，选择底部边线并向上偏移，创建两条距离为 300.0mm 的辅助线，用于酒柜其他模型的对位，如图 5-27 所示。

图 5-26　执行【X光透视模式】命令

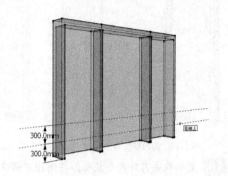

图 5-27　创建辅助线

[03]　接下来制作酒柜两侧的柜子。启用【矩形】创建工具，捕捉辅助线与边线的交点，创建一个平面，如图 5-28 所示。将其向内推拉 275mm，如图 5-29 所示。

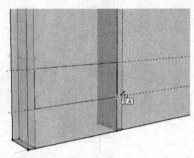

图 5-28　创建平面

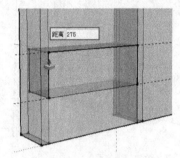

图 5-29　向内推拉平面

[04]　以新创建的矩形底部边线为参考，准确创建如图 5-30 所示的柜子细分辅助线；然后以此为参考，使用【线条】创建工具完成面的细分。

[05]　启用【推/拉】工具，依次选择宽度为 5.0mm 的两个细分面，向内推拉 20mm，创建柜子抽屉、缝隙以及顶板细节，如图 5-31 与图 5-32 所示。

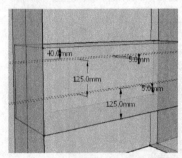

图 5-30　创建柜子细分辅助线

图 5-31　创建缝隙

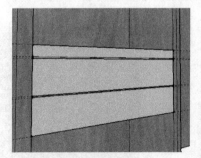

图 5-32　柜子模型完成效果

[06]　柜子模型创建完成后，为其赋予【原色樱桃木】材质并制作出拉手模型，如图 5-33 所示。

07 拉手制作完成后，将其与柜子整体创建为群组，然后将群组向后移动 20.0mm，进行准确的对位，如图 5-34 与图 5-35 所示。

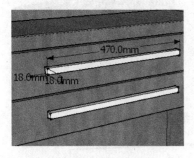

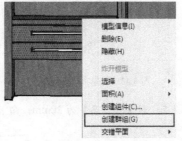

图 5-33　赋予材质并制作拉手　　　　　图 5-34　将整体创建为群组　　　　　图 5-35　对位柜子模型

08 接下来创建如图 5-36 所示的酒柜层板模型。通过辅助线与【移动】工具进行准确的对位与复制，如图 5-37 与图 5-38 所示。

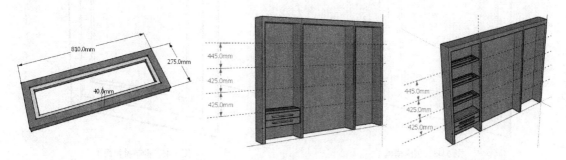

图 5-36　创建酒柜层板模型　　　　　图 5-37　创建层板对位辅助线　　　　　图 5-38　对位层板

09 酒柜左侧的柜子与层板创建好后，将其整体选择，通过【移动】工具复制至右侧，如图 5-39 与图 5-40 所示。

10 酒柜两侧的模型细节制作完成后，再通过【矩形】、【直线】及【推/拉】工具，创建酒柜中部柜子模型，如图 5-41 所示；然后将其进行对位，如图 5-42 所示。

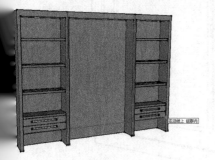

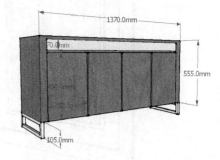

图 5-39　移动复制左侧模型　　　　　图 5-40　移动复制完成效果　　　　　图 5-41　创建酒柜中部柜子模型

5.1.3　制作酒柜其他细节

01 使用【圆】、【偏移】及【推/拉】工具创建如图 5-43 所示筒灯灯头模型。按照图 5-44 所示尺寸进行复制与对位。

02 激活【矩形】工具，在场景中创建一个矩形。利用【推/拉】工具，设置【距离】为 20mm，推拉矩形。

03 利用【偏移】工具，参考图 5-45 中的尺寸，向内偏移矩形边，创建模型。

图 5-42 对位酒柜中部柜子模型

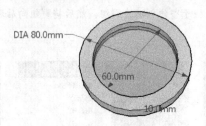

图 5-43 创建筒灯灯头模型

图 5-44 复制并对位筒灯灯头模型

04 继续利用【偏移】工具,选择面,设置【距离】为 20mm,向下推拉面 1,如图 5-46 所示。

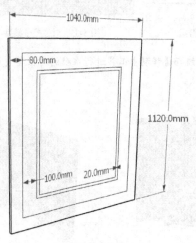

图 5-45 创建模型

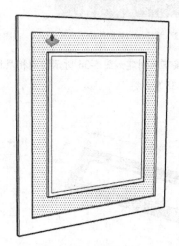

图 5-46 向下推拉面 1

05 重新选择面,更改【距离】为 15mm,向下推拉面 2,如图 5-47 所示。

06 选择面,如图 5-48 所示。

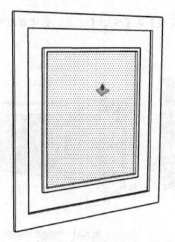

图 5-47 向下推拉面 2

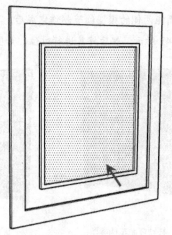

图 5-48 选择面

07 在【图元信息】面板中的【面】选项组中单击按钮 ◣,如图 5-49 所示。

08 打开【选择颜料】对话框,选择一种颜料,单击【编辑】按钮,如图 5-50 所示。

09 打开【编辑材质】对话框,在【纹理】选项组中单击【浏览材质图像文件】按钮 ▱,如图 5-51 所示。

图 5-49　单击按钮

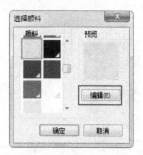

图 5-50　选择颜料

10 打开【选择图像】对话框，选择纹理图像，如图 5-52 所示。单击【打开】按钮，调用图像。

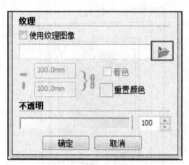

图 5-51　单击【浏览材质图像文件】按钮

图 5-52　选择纹理图像

11 在【纹理】选项组中设置纹理图像尺寸，如图 5-53 所示。

12 单击【确定】按钮，关闭对话框，观察赋予模型面纹理的效果，如图 5-54 所示。

图 5-53　设置纹理图像尺寸

图 5-54　赋予纹理的效果

13 选择纹理图像，单击右键，选择【纹理】|【位置】选项，如图 5-55 所示。

14 激活按钮，进入编辑图像位置的模式，如图 5-56 所示。

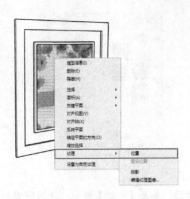

图 5-55 选择【位置】选项

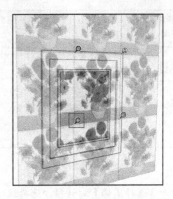

图 5-56 激活按钮

15 激活左下方的【移动】按钮，调整图像的位置，如图 5-57 所示。

16 在空白位置单击左键，退出编辑模式。移动图像位置的效果如图 5-58 所示。

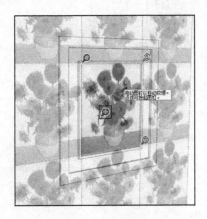

图 5-57 调整图像位置

图 5-58 移动图像位置的效果

17 重复上述操作，为画框赋予纹理，如图 5-59 所示。

18 为底板赋予纹理，如图 5-60 所示。

图 5-59 赋予画框纹理

图 5-60 赋予底板纹理

19 将油画放置到酒柜的中央位置，如图 5-61 所示。

20 最终创建的酒柜模型效果如图 5-62 所示。

图 5-61　放置油画

图 5-62　最终效果

5.2　制作木桥模型

本节将制作如图 5-63 所示的木桥模型，主要练习【直线】、【圆弧】、【圆】、【推/拉】、【路径跟随】等工具，其中【圆弧】、【圆】及【路径跟随】工具是学习的重点。

5.2.1　制作桥身骨架

01 启动 SketchUp，打开【模型信息】对话框。选择【单位】选项卡，设置【长度单位】选项组，如图 5-64 所示。

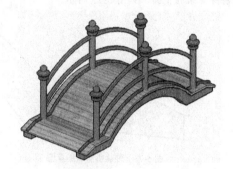

图 5-63　木桥模型

图 5-64　设置【长度单位】选项组

02 启用【直线】工具，确定起点后通过输入长度值，绘制三条连续的线段，如图 5-65 与图 5-66 所示。

为了精确创建圆弧，这里创建三条连续线段，而不是一条直线段。

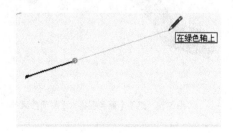

图 5-65　启用【直线】工具

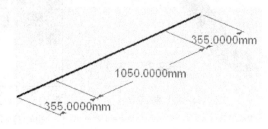

图 5-66　绘制连续线段

03 启用【圆弧】工具，分别捕捉中间线段两侧端点，如图 5-67 与图 5-68 所示。

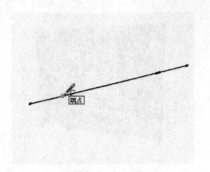

图 5-67　捕捉线段起点

图 5-68　捕捉线段终点

04 向上拖动光标，输入【距离】为 235mm，创建圆弧，并删除中间用于捕捉的线段，如图 5-69~图 5-71 所示。

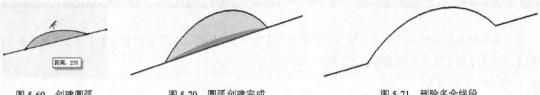

图 5-69　创建圆弧　　　图 5-70　圆弧创建完成　　　　　图 5-71　删除多余线段

05 启用【偏移】工具，将上步骤创建的线段向上偏移复制 85mm，如图 5-72 所示。

06 利用【卷尺】与【直线】工具封闭线段，创建木桥桥身骨架的平面，如图 5-73 所示。

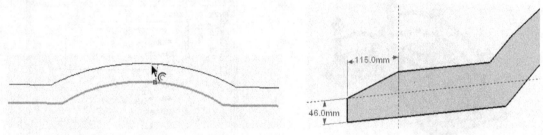

图 5-72　向上偏移复制线段　　　　　　图 5-73　创建桥身骨架平面

07 启用【推/拉】工具，将创建的桥身骨架平面向上推拉 85mm，如图 5-74 所示。为其选择【原色樱桃木】材质，如图 5-75 与图 5-76 所示，完成桥身骨架模型的创建。

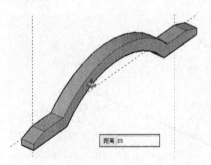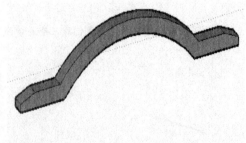

图 5-74　向上推拉平面　　　图 5-75　选择【原色　　　图 5-76　赋予【原色樱桃木】材质效果

樱桃木】材质

08 选择桥身骨架模型，将其创建为群组，如图 5-77 所示。将其向右移动复制一份，【距离】为 620mm，如图 5-78 所示。

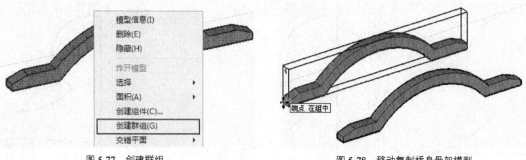

图 5-77 创建群组　　　　　　　图 5-78 移动复制桥身骨架模型

5.2.2 制作木桥栏杆

01 创建如图 5-79 所示的栏杆整体模型。首先创建其上部结构，如图 5-80 所示。

02 启用【直线】工具，创建如图 5-81 所示用于捕捉的四条连续线段；然后以长度为 48.0mm 的线段下端点为起点，向右绘制一条线段，如图 5-82 所示。

图 5-79 栏杆整体模型　　　　图 5-80 栏杆上部结构　　　　图 5-81 创建连续线段

03 启用【圆弧】工具，捕捉如图 5-83 所示两条线段的端点，输入【距离】为 20.8mm，创建上部圆弧。

04 重复类似的操作，创建其他圆弧，最后绘制线段形成封闭平面，如图 5-84~图 5-86 所示。

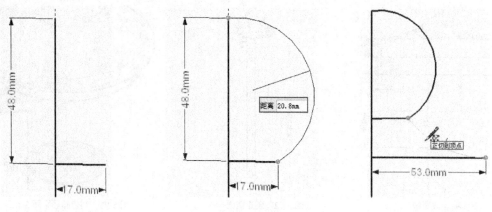

图 5-82 捕捉绘制线段　　　　图 5-83 创建上部圆弧　　　　图 5-84 创建中部圆弧

05 启用【圆】工具，捕捉平面两侧端点，创建圆形平面 1，如图 5-87 所示。

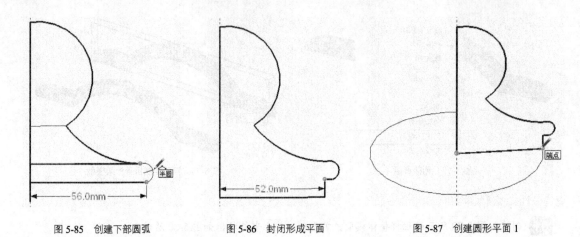

图 5-85　创建下部圆弧　　　　　图 5-86　封闭形成平面　　　　　图 5-87　创建圆形平面 1

06 启用【路径跟随】工具，选择【圆弧】及【直线】工具，创建圆形平面 2，如图 5-88 所示。

07 移动指针，捕捉创建的圆形平面周边，如图 5-89 所示。捕捉一圈后，创建如图 5-90 所示的栏杆上部结构。

图 5-88　创建圆形平面 2　　　　图 5-89　捕捉周边　　　　　图 5-90　创建栏杆上部结构

08 接下来制作栏杆下部结构。启用【直线】工具，创建截面，如图 5-91 与图 5-92 所示。

09 启用【圆】工具，捕捉截面两侧，创建圆形平面 3，如图 5-93 所示。

10 启用【路径跟随】工具，创建如图 5-94 和图 5-95 所示的栏杆下部结构。

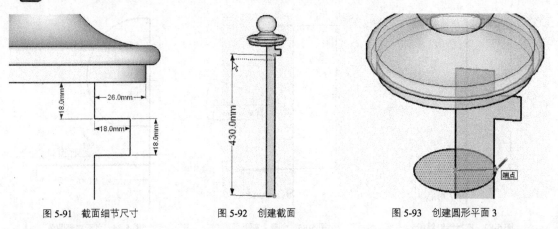

图 5-91　截面细节尺寸　　　　图 5-92　创建截面　　　　　图 5-93　创建圆形平面 3

11 栏杆整体模型创建完成后，打开【材料】对话框，为其选择并赋予【原色樱桃木】材质，如图 5-96 所示；然后创建群组，如图 5-97 所示。

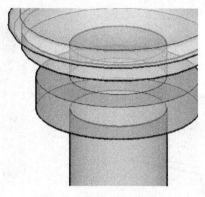

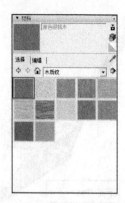

图 5-94　路径跟随　　　　图 5-95　创建栏杆下部结构　　　　图 5-96　选择并赋予【原色樱桃木】材质

12　将创建的栏杆整体模型移动到木桥桥身骨架的中央部分，然后复制出其他位置栏杆整体模型，如图 5-98 与图 5-99 所示。

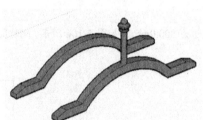

图 5-97　创建群组　　　　　图 5-98　移动栏杆整体模型　　　　图 5-99　复制其他位置的栏杆整体模型

5.2.3　制作桥面细节

01　制作桥面木板模型。首先利用【直线】与【圆弧】工具捕捉桥身骨架模型边线，创建出一条线段。

02　启用【偏移】工具，将创建好的线段向上偏移 20mm，如图 5-100 所示；然后启用【直线】工具，封闭形成平面，如图 5-101 所示。

03　启用【推/拉】工具，将封闭平面向右推拉 30mm，如图 5-102 所示；然后选择另一侧的面，向左推拉 735mm，如图 5-103 所示。

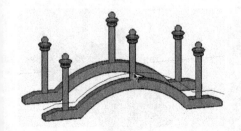

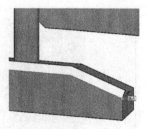

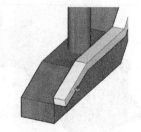

图 5-100　偏移线段　　　　图 5-101　封闭形成平面　　　　图 5-102　向右推拉封闭平面

04　桥面通常由多块木板拼接而成，这里使用贴图进行快速模拟。打开【编辑材质】对话框，设置桥面木板【纹理】参数，如图 5-104 所示。在其贴图通道内加载一张木板拼贴贴图。

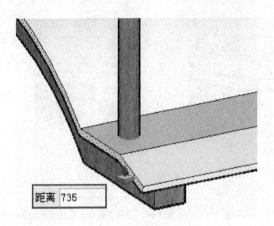

距离 735

图 5-103　向左推拉封闭平面

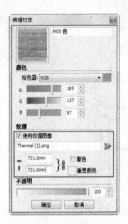

图 5-104　设置桥面木板【纹理】参数

技巧

向两侧【推/拉】创建模型，可以避免模型位置的调整。

05 将桥面木板【纹理】赋予桥面模型，效果如图 5-105 所示。可以发现，默认的贴图拼贴效果很不理想，需要进行调整。

06 在【纹理】选项组中调整贴图尺寸为 800.0mm，如图 5-106 所示。此时贴图大小合适，但方向不正确，调整效果不理想，如图 5-107 所示。

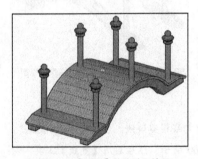

图 5-105　【纹理】默认赋予效果

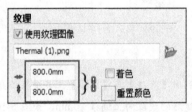

图 5-106　调整贴图尺寸

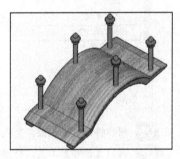

图 5-107　调整效果不理想

07 选择纹理，单击右键，在快捷菜单中选择【纹理】|【编辑纹理图像】选项，如图 5-108 所示。在打开的【图片查看器】窗口中将贴图旋转 90°，以得到正确的纹理走向，如图 5-109 与图 5-110 所示。

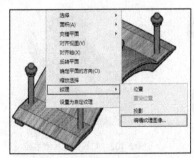

图 5-108　选择【编辑纹理图像】选项

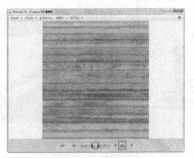

图 5-109　旋转贴图

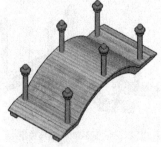

图 5-110　调整完成效果

08 重复之前类似的操作，创建出如图 5-111 所示的桥面压条模型。最后制作用于横向连接的护栏模型。

09 启用【圆弧】工具，通过捕捉栏杆创建一条连接弧线，如图 5-112 所示。

10 启用【偏移】工具，将创建好的连接弧线向上偏移 25mm，创建封闭平面如图 5-113 所示。启用【推/拉】工具，推拉出 25mm 的厚度，创建护栏模型，如图 5-114 所示。

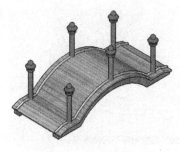

图 5-111 创建桥面压条模型

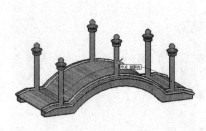

图 5-112 创建连接弧线

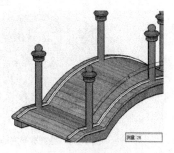

图 5-113 创建封闭平面

11 启用【移动】工具，移动复制出其他护栏模型，如图 5-115 所示。为其赋予木纹材质，创建如图 5-116 所示的木桥模型。

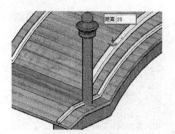

图 5-114 创建护栏模型

图 5-115 移动复制护栏模型

图 5-116 创建木桥模型

5.3 制作欧式凉亭模型

本节制作如图 5-117 所示的欧式凉亭模型，主要使用了【圆】、【圆弧】、【直线】、【推拉】、【旋转】及【路径跟随】等工具，其中【旋转】和【路径跟随】工具是本节学习的重点。

5.3.1 制作凉亭平台

01 启动 SketchUp，打开【模型信息】对话框。选择【单位】选项卡，设置【长度单位】选项组，如图 5-118 所示。

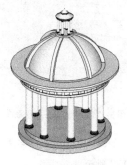

图 5-117 欧式凉亭模型

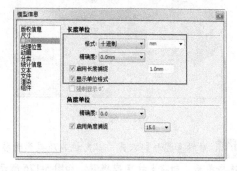

图 5-118 设置【长度单位】选项组

02 启用【圆】工具，绘制凉亭底部圆形平面，如图 5-119 所示。启用【推/拉】工具，推拉出 265mm 的凉亭底部厚度，如图 5-120 所示。

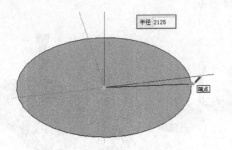

图 5-119　绘制凉亭底部圆形平面

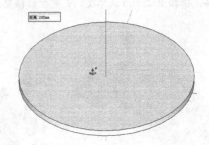

图 5-120　推拉出凉亭底部厚度

03 启用【偏移】工具，将顶部平面向内偏移 275mm，创建台阶宽度，如图 5-121 所示。

04 启用【推/拉】工具，创建台阶的高度，如图 5-122 所示。打开【编辑材质】对话框，为凉亭平台赋予【黄褐色碎石】材质，如图 5-123 所示。

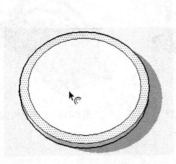

图 5-121　创建台阶宽度

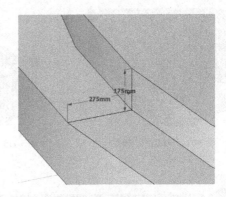

图 5-122　创建台阶高度

5.3.2 制作凉亭支柱与连接角线

01 制作凉亭圆形支柱模型。结合使用【直线】与【圆弧】工具，绘制支柱底座截面，如图 5-124 所示。

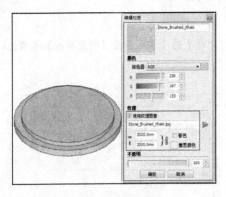

图 5-123　赋予材质

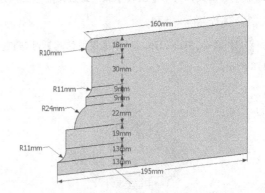

图 5-124　绘制支柱底座截面

02 启用【圆形】工具，以支柱底座截面为参考，绘制圆形平面，如图 5-125 所示。启用【路径跟随】工具，选择截面，创建支柱底座模型，如图 5-126 所示。完成效果如图 5-127 所示。

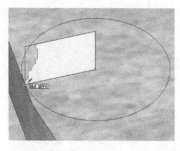

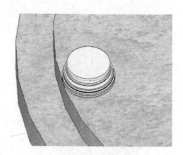

| 图 5-125 绘制圆形平面 | 图 5-126 创建支柱底座模型 | 图 5-127 支柱底座模型完成效果 |

03 启用【推/拉】工具，推拉出高度为 2000mm 的柱体，如图 5-128 所示。

04 启用【移动】工具，并按键盘上的 Ctrl 键，选择支柱底座模型并向上复制，如图 5-129 所示。执行快捷菜单栏中【翻转方向】|【组的蓝轴】命令，调整其朝向，完成支柱模型的制作，如图 5-130 所示。

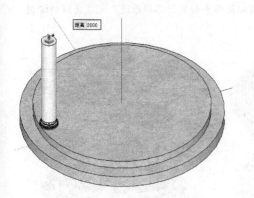
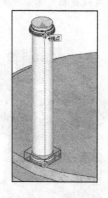

图 5-128 推拉出柱体　　　　　图 5-129 向上移动复制　　　　　图 5-130 制作支柱模型
支柱底座模型

05 将制作完成的支柱模型创建为群组，如图 5-131 所示。启用【旋转】工具，选择凉亭平台中心为旋转中心，如图 5-132 所示。

06 在【角度】输入框内输入 45.0°，旋转完成第一个支柱模型的创建，如图 5-133 所示。再输入 7x，同时旋转复制多个支柱模型，得到凉亭其他支柱模型，如图 5-134 所示。旋转复制完成效果如图 5-135 所示。

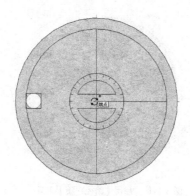
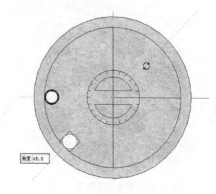

图 5-131 创建群组　　　　　图 5-132 选择旋转中心　　　　　图 5-133 旋转创建第一个支柱模型

07 接下来绘制凉亭顶部连接处的角线。结合使用【直线】和【圆弧】工具，绘制角线截面，如图 5-136 所示。

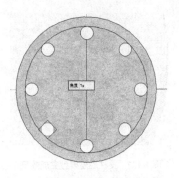

图 5-134　旋转复制，其他支柱模型

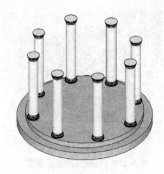

图 5-135　旋转复制完成效果

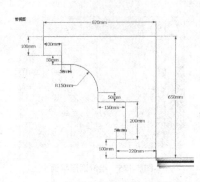

图 5-136　绘制角线截面

08 启用【直线】工具，捕捉凉亭平台中心，向上绘制一条直线。启用【圆】工具，以其为圆心绘制顶部圆形平面，如图 5-137 所示。

09 启用【路径跟随】工具，先选择角线截面，然后捕捉顶部圆形平面进行路径跟随，完成角线的绘制，如图 5-138 与图 5-139 所示。

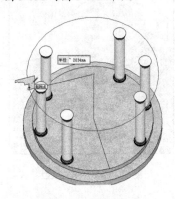

图 5-137　绘制顶部圆形平面

图 5-138　选择角线截面

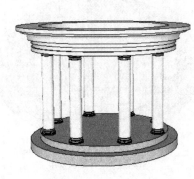

图 5-139　绘制角线

5.3.3　制作凉亭屋顶

01 结合使用【圆弧】、【直线】以及【圆】工具，绘制屋顶截面与圆形跟随路径，启用【路径跟随】工具，绘制弧形亭顶，如图 5-140～图 5-142 所示。

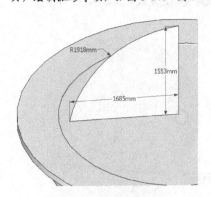

图 5-140　绘制屋顶截面

图 5-141　启用【路径跟随】工具

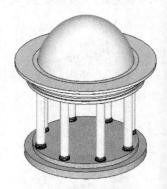

图 5-142　绘制弧形亭顶

02 弧形亭顶绘制完成后，结合使用【圆弧】与【直线】工具，绘制装饰弧形线条平面，如图 5-143 ～图 5-145 所示。

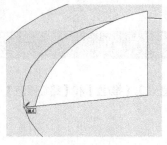

图 5-143　启用【圆弧】工具

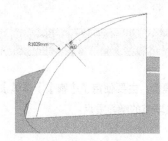

图 5-144　绘制圆弧

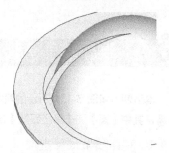

图 5-145　绘制装饰弧形线条平面

03 启用【推/拉】工具，推拉弧形线条平面，创建出 150mm 的厚度。启用【旋转】工具，旋转复制出其他弧形装饰线条，如图 5-146~图 5-148 所示。接下来创建角线内的装饰块。

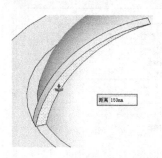

图 5-146　创建出 150mm 的厚度

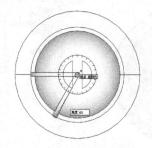

图 5-147　旋转复制弧形装饰线条

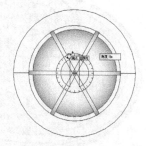

图 5-148　旋转复制多个弧形装饰线条

04 结合使用【矩形】与【推/拉】工具创建装饰块，启用【旋转】工具旋转复制出其他装饰块，如图 5-149~图 5-151 所示。

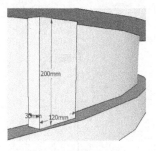

图 5-149　创建装饰块

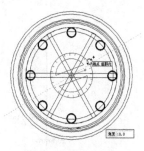

图 5-150　旋转复制装饰块

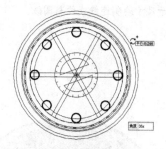

图 5-151　旋转复制多个装饰块

05 至此，欧式凉亭的主要模型绘制完成，效果如图 5-152 所示。

06 使用类似的方法绘制出凉亭顶部的装饰构件，如图 5-153 所示。欧式凉亭模型完成效果如图 5-154 所示。

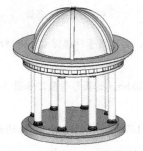

图 5-152　欧式凉亭主要模型绘制完成效果

图 5-153　凉亭顶部装饰构件

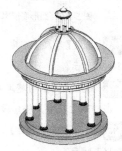

图 5-154　欧式凉亭模型完成效果

5.4 制作喷泉模型

本节制作如图 5-155 所示的喷水池模型，主要使用了【圆】、【圆弧】、【直线】、【推/拉】和【路径跟随】等工具，其中【圆】和【路径跟随】工具是本节的学习重点。

5.4.1 制作喷泉底部水池

01 启动 SketchUp，打开【模型信息】对话框。选择【单位】选项卡，设置【长度单位】选项组，如图 5-156 所示。

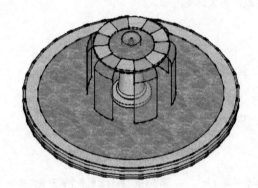

图 5-155 喷水池模型

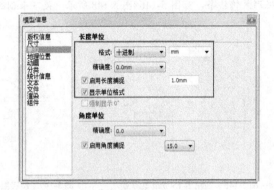

图 5-156 设置【长度单位】选项组

02 首先制作如图 5-157 所示的圆形底部水池模型。启用【直线】与【圆弧】工具，参考图 5-158 与图 5-159 所示尺寸绘制连续线段与圆弧。

图 5-157 圆形底部水池模型

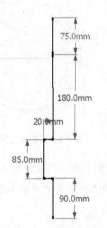

图 5-158 绘制连续线段

图 5-159 绘制圆弧

03 启用【卷尺】工具，参考图 5-159 中最左侧的线段，向右偏移 3500mm，创建用于捕捉圆心的辅助线，如图 5-160 所示。

04 启用【圆】创建工具，捕捉辅助线端点作为圆心，创建一个半径为 3500mm 的圆形平面，如图 5-161 所示。在创建过程中，将分段设置为 36，以得到较为圆滑的边缘。

05 启用【路径跟随】工具，选择创建好的圆形平面，捕捉圆周，如图 5-162 所示。创建底部水池轮廓，如图 5-163 所示。

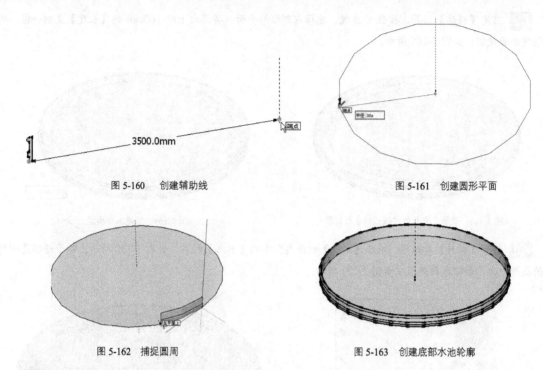

图 5-160　创建辅助线　　　　　　　　　　　　图 5-161　创建圆形平面

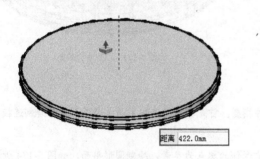

图 5-162　捕捉圆周

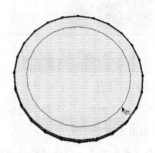

图 5-163　创建底部水池轮廓

06 启用【推/拉】工具，选择圆形平面并向上推拉 422.0mm，如图 5-164 所示。启用【偏移】工具，将其向内偏移 400mm，如图 5-165 所示。

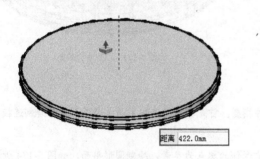

图 5-164　向上推拉圆形平面

图 5-165　向内偏移圆形平面

07 启用【推/拉】工具，选择偏移形成的内部圆形平面，向下推拉 200mm，创建底部水池的边沿模型，如图 5-166 所示。

08 打开【材料】对话框，选择【石头】材质类型中的【卡其色拉绒石材】材质，如图 5-167 所示。将其赋予创建好的水池底部模型，如图 5-168 所示。

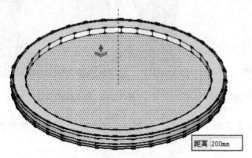

图 5-166　创建底部水池边沿模型

图 5-167　选择【卡其色拉绒石材】材质

09 启用【移动】工具，按住 Ctrl 键，选择内部圆形平面，将其向上以 160mm 的【长度】复制一份，用于创建水面模型，如图 5-169 所示。

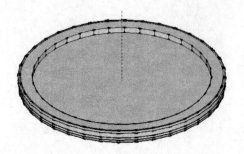 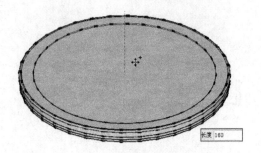

图 5-168　赋予【卡其色拉绒石材】石材质　　　　图 5-169　创建水面模型

10 打开【材料】对话框，选择【水纹】材质类型中的【水池】材质，如图 5-170 所示。赋予移动复制得到的圆形平面，创建水面效果，如图 5-171 所示。

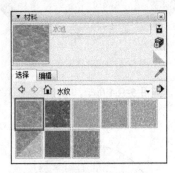 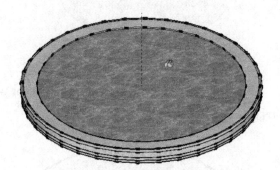

图 5-170　选择【水池】材质　　　　　　　　　　图 5-171　创建水面效果

5.4.2　制作喷泉水盆

01 接下来制作如图 5-172 所示的水池连接构件模型。首先利用【直线】与【圆弧】工具绘制连接构件平面，具体尺寸如图 5-173 所示。

02 启用【圆】工具，以连接构件平面底部左右两侧的端点为参考，绘制圆形平面，如图 5-174 所示。

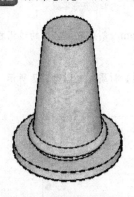  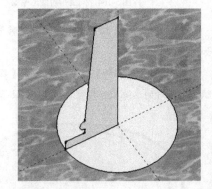

图 5-172　水池连接构件模型　　　图 5-173　绘制连接构件平面　　　图 5-174　绘制圆形平面

03 启用【路径跟随】工具，选择连接构件平面后跟随圆形平面周长，如图 5-175 所示。创建连接构件模型，如图 5-176 所示。

04 接下来创建连接构件上方如图 5-177 所示的水盆模型。

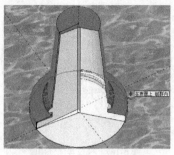

图 5-175　启用【路径跟随】工具

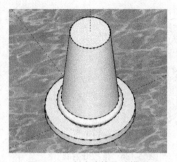

图 5-176　创建连接构件模型

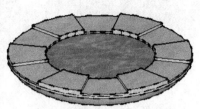

图 5-177　水盆模型

05 参考图 5-178 所示尺寸创建水盆截面；然后重复类似的操作，使用【路径跟随】工具创建如图 5-179 所示的水盆模型轮廓。

图 5-178　创建水盆截面

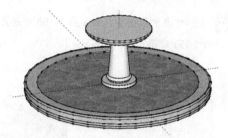

图 5-179　创建水盆模型轮廓

06 接下来细化水盆模型。启用【偏移】工具，将其上端的圆形平面向内偏移 500mm，如图 5-180 所示。

07 启用【推/拉】工具，将偏移得到的内部圆形平面向下推拉 75mm，如图 5-181 所示。

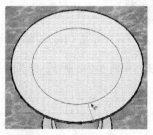

图 5-180　向内偏移圆形平面

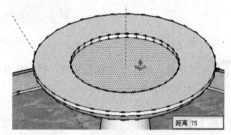

图 5-181　向下推拉内部圆形平面

08 为水盆模型赋予【卡其色拉绒石材】材质，如图 5-182 所示；然后参考底部水池水面的制作方法，创建水盆的水面效果，如图 5-183 所示。赋予水盆水面材质效果如图 5-184 所示。

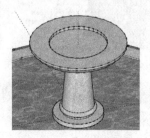

图 5-182　赋予水盆模型材质

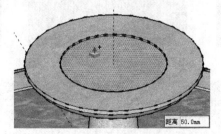

图 5-183　创建水盆水面效果

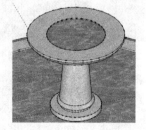

图 5-184　赋予水盆水面材质效果

09 启用【直线】创建工具，将水盆边沿分割成均等的 12 份，如图 5-185 所示。

10 启用【推/拉】工具，将分割面间隔拉高 40mm，如图 5-186 与图 5-187 所示。

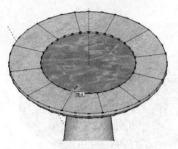

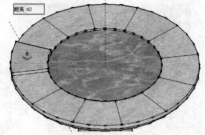

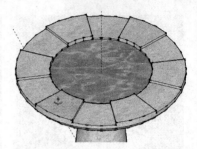

图 5-185　分割水盆边沿　　　　　图 5-186　推拉分割面　　　　　图 5-187　推拉其他分割面

11 接下来制作水盆中央的喷嘴模型。参考图 5-188 所示尺寸创建其平面。使用【路径跟随】工具创建出如图 5-189 所示的喷嘴模型。

5.4.3　制作喷泉水幕

01 制作喷泉水幕模型。参考图 5-190 所示尺寸创建喷泉水幕平面，使用【路径跟随】工具创建喷泉水幕模型，如图 5-191 所示。

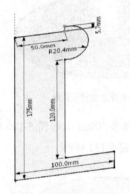

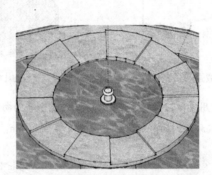

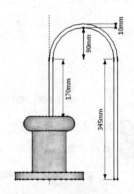

图 5-188　创建喷嘴平面　　　　　图 5-189　创建喷嘴模型　　　　　图 5-190　创建喷泉水幕平面

02 对于水幕，制作单面模型即可，因此选择并删除其外部的面，如图 5-192 所示。为其赋予【浅蓝色水池】材质，如图 5-193 所示。

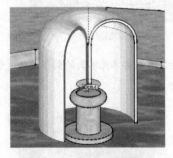

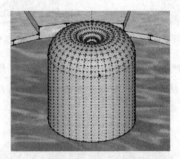

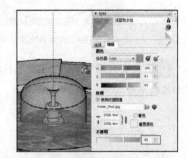

图 5-191　创建喷泉水幕模型　　　图 5-192　选择外部模型面并进行删除　　　图 5-193　赋予【浅蓝色水池】材质

注意

　　水幕材质的不透明度应该降低，以体现水幕的透明感。此外，如果水幕模型的大小不太理想，可以在赋予材质后将其创建为群组，然后启用【缩放】工具调整其大小即可，如图 5-194 所示。

03 喷泉水幕创建完成后，启用【直线】、【圆弧】工具以及【偏移】与【路径跟随】等工具，创建如图 5-195 所示的下跌水幕模型。

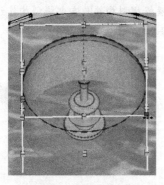

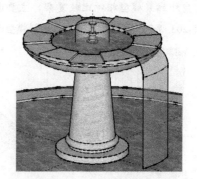

图 5-194　调整喷泉水幕　　　　　　　　　　　　　图 5-195　创建下跌水幕模型

04 启用【旋转】工具，选择下跌水幕模型，以水盆中心为旋转中心进行旋转复制，如图 5-196 与图 5-197 所示。

05 创建完成的喷水池模型如图 5-198 所示。

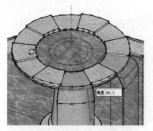

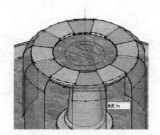

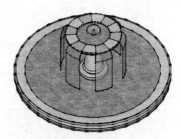

图 5-196　旋转复制下跌水幕模型　　　图 5-197　旋转复制下跌水幕模型完成效果　　　图 5-198　创建完成的喷水池模型

5.5 制作廊架模型

本节制作如图 5-199 所示的室外廊架模型。廊架是供游人休息、游赏用的建筑，它既有简单的使用功能，又有优美的建筑造型。本实例主要使用了【直线】、【圆弧】、【推/拉】、【移动】，其中【推/拉】与【移动】工具是本节学习的重点。

5.5.1 制作廊架底部平台

01 启动 SketchUp，打开【模型信息】对话框。选择【单位】选项卡，设置【长度单位】选项组，如图 5-200 所示。

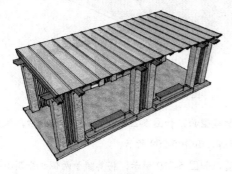

图 5-199　室外廊架模型　　　　　　　　　　　图 5-200　设置【长度单位】选项组

02 室外廊架模型相对比较复杂，主要由支柱模型构件、座椅模型构件与支架模型构件组成，如图 5-201~图 5-203 所示。因此，本节重点讲解模型的精准复制、推/拉等技巧。

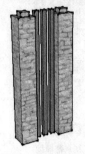

图 5-201 支柱模型构件　　　　　　　　图 5-202 座椅模型构件　　　　　　　　图 5-203 支架模型构件

03 启用【矩形】工具，绘制一个【尺寸】为 1100mm×4600mm 的矩形平面，如图 5-204 所示。

04 启用【卷尺】工具，通过参考矩形平面四周边线，创建出用于定位的辅助线，如图 5-205 与图 5-206 所示。

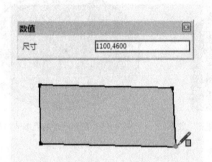

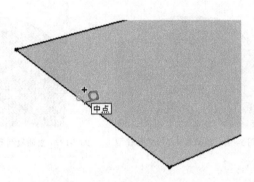

图 5-204 创建矩形平面　　　　　　　　　　　　　　　　图 5-205 启用【卷尺】工具

05 辅助线创建完成后，启用【推/拉】工具，将矩形平面向下推拉 100mm，如图 5-207 所示。

技巧

由于廊架呈中心对称，所以在图 5-206 中只标出了部分数据，其他数据根据对称关系推导即可。

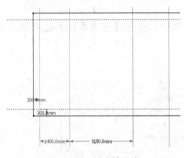

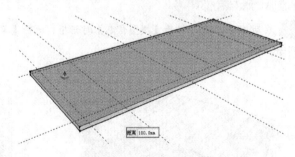

图 5-206 创建辅助线　　　　　　　　　　　　　　图 5-207 向下推拉矩形平面

06 启用【直线】创建工具，捕捉两侧的参考线来分割模型面，如图 5-208 所示。分割完成后，执行【视图】|【参考线】菜单命令，将辅助线隐藏，以便于下面的操作，如图 5-209 所示。

07 打开【材料】对话框，选择【走道石材铺面】材质，如图 5-210 所示。将其赋予两侧的分割小平面，如图 5-211 所示。

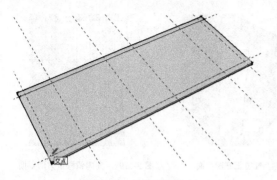

图 5-208　分割模型面　　　　　　图 5-209　执行【参考线】菜单命令　　　图 5-210　选择【走道
石材铺面】材质

08　选择【多色石块】材质，如图 5-212 所示。将其赋予中间的平面，如图 5-213 所示。

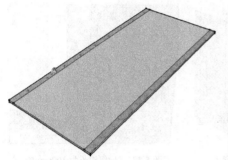

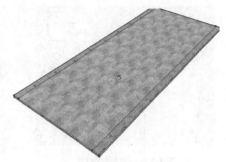

图 5-211　赋予两侧平面材质　　　　图 5-212　选择【多色　　　图 5-213　赋予中间平面材质
石块】材质

09　默认的【多色石块】材质贴图大小与方向都不理想，在其中间平面表面单击鼠标右键，选择【位置】
菜单命令进行调整，如图 5-214~图 5-216 所示，完成廊架底部平台的创建。

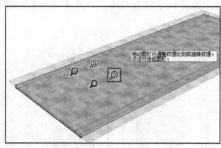

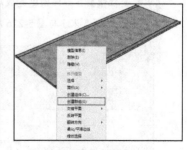

图 5-214　选择【位置】菜单命令　　　图 5-215　旋转并缩小贴图　　　图 5-216　创建廊架底部平台模型

5.5.2　制作廊架支柱

01　廊架的底部平台模型创建完成后，接下来创建支柱模型构件。显示辅助线，启用【矩形】工具，创建
一个边长为 400mm 的正方形平面，如图 5-217 所示。

02　启用【推/拉】工具，将正方形平面向上推拉 2920mm，如图 5-218 所示。

03　启用【偏移】工具，将正方形平面向内偏移 100mm，如图 5-219 所示。再向上推拉 80mm，创建单个
柱体，如图 5-220 所示。

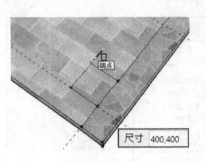

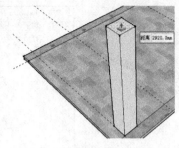

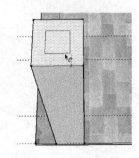

图 5-217　绘制边长为 400mm 的正方形平面　　图 5-218　向上推拉正方形平面　　图 5-219　向内偏移正方形平面

04 单个柱体创建完成后，启用【移动】工具并捕捉辅助线的交点，将其往右复制一份，如图 5-221 所示。

05 接下来创建柱体间的木方结构。启用【矩形】工具，绘制一个边长为 100mm 的正方形平面，如图 5-222 所示。

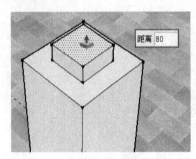

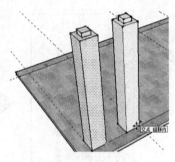

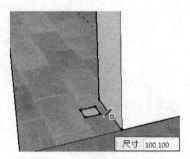

图 5-220　创建单个柱体　　　　　图 5-221　移动复制柱体　　　　　图 5-222　绘制边长为 100mm 的
　　　　　　　　　　　　　　　　　　　　　　　　　　　　　　　　　　　　　正方形平面

06 将正方形平面与柱体在 XY 平面上的中心对齐，然后进行复制与对位，如图 5-223 所示。

07 启用【推/拉】工具，将其中一个正方形平面向上推拉 3000mm；然后双击另外两个正方形平面并进行同样的操作，创建木方模型，如图 5-224 所示。

08 支柱模型各部件创建完成后，为其赋予相应材质。打开【材料】对话框，为柱体赋予【砌成层的粗糙石材】材质，如图 5-225 与图 5-226 所示。

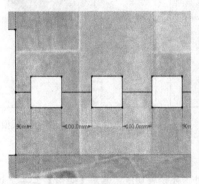

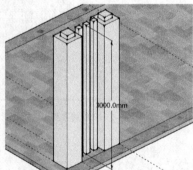

图 5-223　复制并调整正方形平面　　　图 5-224　创建木方模型　　　图 5-225　选择【砌成层的
　　　　　　　　　　　　　　　　　　　　　　　　　　　　　　　　　　　　粗糙石材】材质

09 选择【原色樱桃木】材质，将其赋予木方模型，如图 5-227 与图 5-228 所示。

10 支柱模型材质制作完成后，将其创建为群组；然后启用【移动】工具，并按键盘上的 Ctrl 键，捕捉辅助线的交点，将其向右整体复制一份，如图 5-229 与图 5-230 所示。

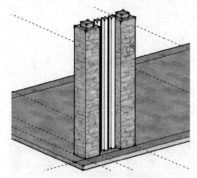

图 5-226　赋予柱体材质

图 5-227　选择【原色樱桃木】材质

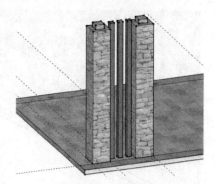

图 5-228　赋予木方材质

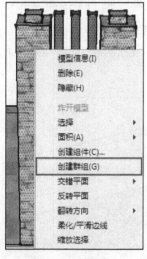

图 5-229　创建群组

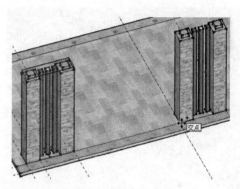

图 5-230　移动复制支柱模型

11 选择支柱模型，进行重复移动复制，如图 5-231 所示。

5.5.3　制作廊架座椅

01 启用【矩形】工具，捕捉支柱端点创建第一个角点；然后输入尺寸，创建一个指定大小的矩形平面，如图 5-232 所示。

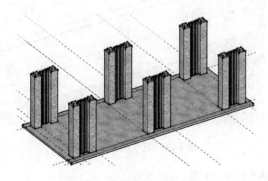

图 5-231　支柱移动复制完成效果

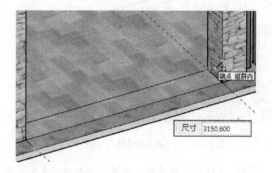

图 5-232　创建矩形平面

02 选择创建好的矩形平面，启用【推/拉】工具，将其向上推拉 210.0mm，如图 5-233 所示。

03 启用【偏移】工具，将矩形上表面向内偏移 100mm，如图 5-234 所示。

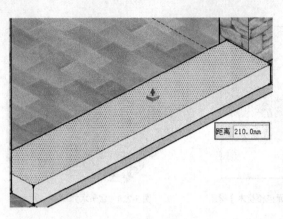

图 5-233　向上推拉矩形平面　　　　　　　　　　图 5-234　向内偏移矩形上表面

04 启用【卷尺】工具与【直线】工具，分割矩形上表面，如图 5-235 所示。

05 旋转视图至座椅模型的正面，启用【直线】工具对矩形侧面进行分割，如图 5-236 所示。

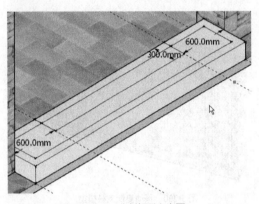

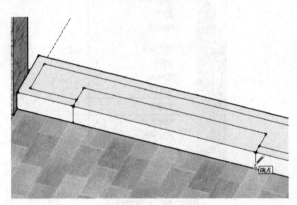

图 5-235　分割矩形上表面　　　　　　　　　　图 5-236　分割矩形侧面

06 分割完成后，启用【推/拉】工具，按图 5-237 与图 5-238 所示进行推拉操作，创建出座椅的雏形。

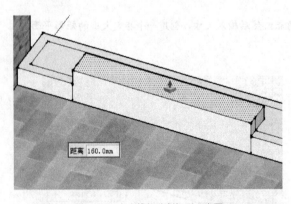

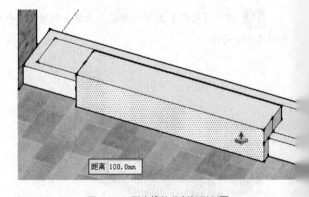

图 5-237　向上推拉分割矩形上表面　　　　　　图 5-238　再次推拉分割矩形侧面

07 【推/拉】完成后，选择左右两侧的多余边线并将其删除，如图 5-239 所示。

08 启用【移动】工具，并按键盘上的 Ctrl 键，选择底部边线，将其移动至后方交点，创建斜面效果，如图 5-240 所示。

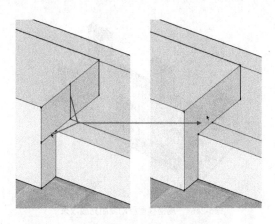
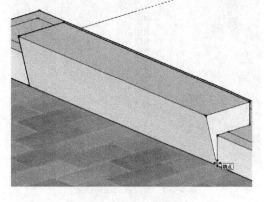

图 5-239　删除多余边线　　　　　　　图 5-240　创建斜面效果

09 选择顶部模型面，启用【移动】工具，并按键盘上的 Ctrl 键，向上移动复制 60mm，如图 5-241 所示。

10 将视图旋转回后方，使用【推/拉】工具创建凹槽，如图 5-242 所示。

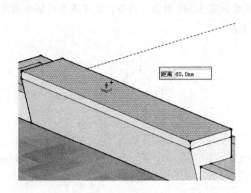
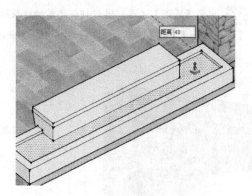

图 5-241　向上移动复制顶部模型面　　　　　　图 5-242　创建凹槽

11 打开【材料】对话框，选择【草被 1】材质，将其赋予凹槽中的平面；然后将之前的木纹与石料材质赋予其他部件模型，最后创建相应的群组，如图 5-243 与图 5-244 所示。

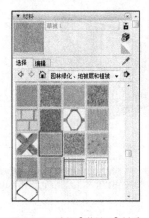
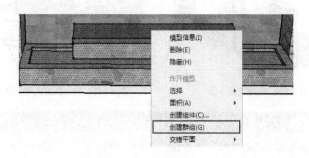

图 5-243　选择【草被 1】材质　　　　　　图 5-244　创建群组

12 材质赋予完成后，启用【移动】工具并捕捉辅助线交点，移动复制出其他位置的座椅模型，如图 5-245 与图 5-246 所示。

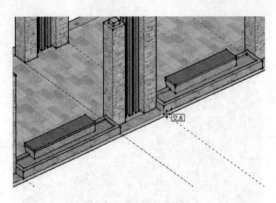

图 5-245　移动复制座椅模型

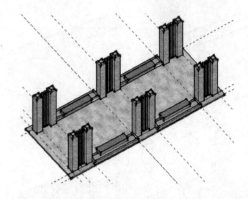

图 5-246　座椅模型移动复制完成效果

5.5.4　制作廊架顶部支架

01　接下来创建如图 5-247 所示的顶部支架结构。启用【直线】工具，参考图 5-248 所示尺寸创建连续的线段。

02　启用【圆弧】工具，通过捕捉之前的线段端点，创建如图 5-249 所示的线型。参考廊架的整体长度，通过【移动】和【直线】工具，创建如图 5-250 所示的支架平面。

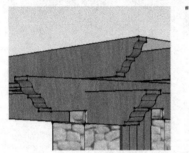

图 5-247　支架结构

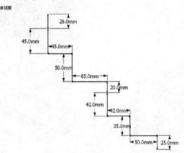

图 5-248　创建连续线段

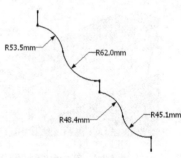

图 5-249　创建线型

03　启用【推/拉】工具，将支架平面向上推拉 160mm；启用【移动】工具，创建另一侧的横向支架，如图 5-251 与图 5-252 所示。

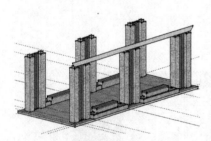

图 5-250　创建支架平面

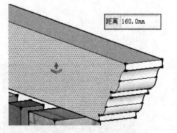

图 5-251　向上推拉支架平面

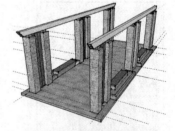

图 5-252　创建另一侧的横向支架

技巧

该层支架与支柱紧贴，并在 XY 平面中心对齐。

04　选择其中的一根横向支架模型，启用【旋转】工具，并按键盘上的 Ctrl 键，以模型自身的中点为旋转中心进行旋转复制，创建纵向支架模型，如图 5-253 所示。

05　通过【缩放】工具调整纵向支架的长度，使其两侧各突出支柱 320mm 即可，如图 5-254 所示。

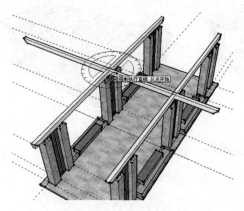

图 5-253　创建纵向支架模型

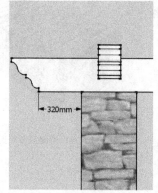

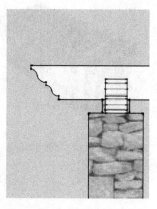

图 5-254　对齐纵向支架与支柱

06 长度与位置调整完成后，启用【移动】工具进行复制，创建其他位置的纵向支架，如图 5-255 所示。

07 接下来制作最上层的支架模型。将其中的一根纵向支架向上移动 350mm 并复制，如图 5-256 所示。

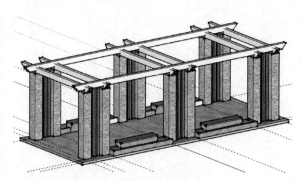

图 5-255　创建其他位置的纵向支架

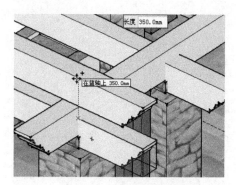

图 5-256　向上移动复制纵向支架

08 启用【缩放】工具并按下 Ctrl 键，将支架厚度减半（在 X 轴向缩放），创建上层支架模型，如图 5-257 所示。

09 通过移动复制创建其他上层支架，如图 5-258 所示。全选所有顶部支架，赋予【原色樱桃木质纹】材质，如图 5-259 所示。

10 最后启用【矩形】工具，创建顶部阳光板模型，如图 5-260 所示。为其赋予【半透明】材质，最终得到如图 5-261 所示的廊架模型效果。

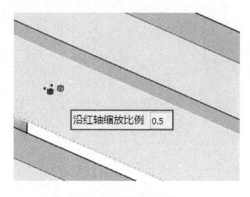

图 5-257　创建上层支架模型

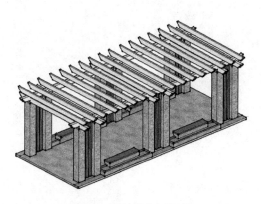

图 5-258　创建其他上层支架

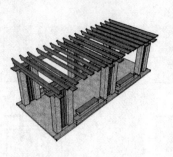
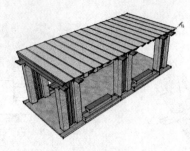
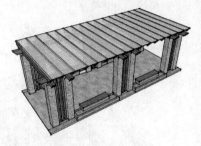

图 5-259　赋予顶部支架材质　　　　图 5-260　创建顶部阳光板模型　　　　图 5-261　廊架模型效果

第 06 章

室内户型图设计

本章重点：

- ◆ 制作户型框架
- ◆ 布置门窗
- ◆ 细化客厅与茶室
- ◆ 细化厨房
- ◆ 细化主卧
- ◆ 细化其余空间
- ◆ 户型图模型最终完善

　　户型图是房地产开发商向购房者展示楼盘户型结构的重要手段。本章将学习户型图的建模方法和技巧。SketchUp 注重整个设计的推敲过程，本例户型图的创建以一张户型布局图为参考，然后根据室内设计中的常规标准，通过逐步推敲与细化，最终完成户型图模型制作，如图 6-1～图 6-4 所示。

图 6-1　户型布局图

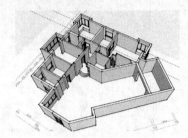
图 6-2　建立框架

图 6-3　细化空间

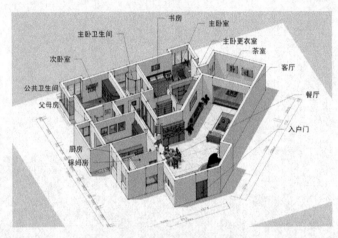
图 6-4　户型图模型完成效果

6.1　制作户型框架

6.1.1　制作户型基本墙体

01 启动 SketchUp 软件，进入【模型信息】对话框，设置【长度单位】为 mm，如图 6-5 与图 6-6 所示。

图 6-5　执行【模型信息】命令

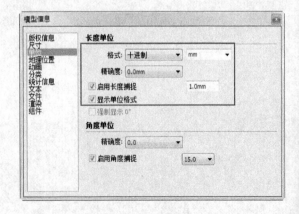
图 6-6　设置场景单位

02 执行【文件】|【导入】菜单命令，如图 6-7 所示。在打开的【导入】对话框中选择【所有支持的图像

类型】选项，选择配套资源中的【第06章\四居室内布局.jpg】文件，如图6-8所示。

图6-7　执行【导入】命令

图6-8　选择文件

03 图像导入场景后，按住Ctrl键，移动鼠标将图像中心与原点对齐，如图6-9所示。

04 导入的图像尺寸通常与实际不符，如图6-10所示。平面布置图中标注为3194mm的距离，而实际长度为269593.4mm，下面进行校正。

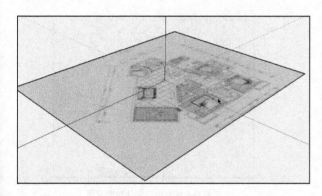

图6-9　对齐坐标原点

图6-10　当前导入长度

05 启用【卷尺】工具，在标注长度为3194mm的线段上确定起点与终点，单击后输入目标数值3194，如图6-11所示。

06 输入目标数值后按下Enter键，将弹出如图6-12所示的信息提示框，提示是否调整模型大小，此时单击【是】按钮。

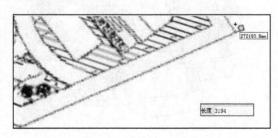

图6-11　输入目标数值

图6-12　信息提示框

07 调整模型大小后，再次对长度为3194mm的线段进行测量，可以发现其已经十分接近标注长度，如图6-13所示。

08 启用【直线】工具，捕捉图像中外侧墙体线条，绘制外部墙体，如图6-14所示。

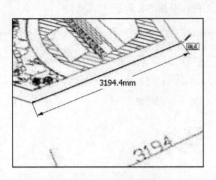

图 6-13　调整后的图像尺寸

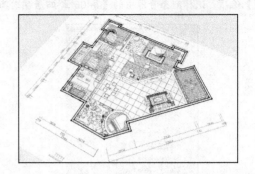

图 6-14　绘制外部墙体轮廓平面

注 意

　　为了方便确定窗洞与门洞的位置，在绘制墙体线时，应该在开洞两侧位置单击，预留位置参考点，如图 6-15 所示。

　　09　外部墙体轮廓平面绘制完成后，放大显示图形，绘制内部墙体轮廓平面，如图 6-16 所示。绘制完成的墙体轮廓平面如图 6-17 所示。

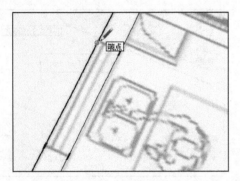

图 6-15　预留门窗洞口参照点

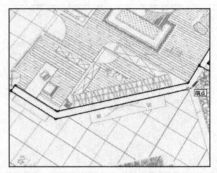

图 6-16　绘制内部墙体轮廓平面

　　10　启用【推/拉】工具，选择所有绘制好的墙体轮廓平面，将其向上推拉 2700mm，如图 6-18 所示。

图 6-17　绘制完成的墙体轮廓平面

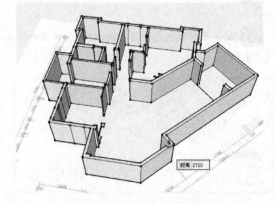

图 6-18　向上推拉墙体轮廓平面

　　11　执行【视图】|【表面类型】|【X 光透视模式】菜单命令，如图 6-19 所示。将墙体模型调整为透明效果，以便创建门洞与窗洞模型，如图 6-20 所示。

　　12　为了避免辅助定位等操作分割墙面，选择所有墙体模型，将其创建为群组，如图 6-21 所示。

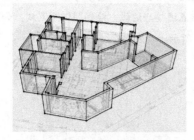
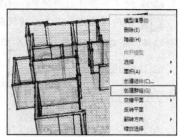

图 6-19 执行【X 光透视模式】菜单命令　　图 6-20 【X 光透视模式】显示效果　　图 6-21 将墙体模型创建为群组

6.1.2 创建窗洞与门洞

01 启用【矩形】工具，在场景内绘制一个矩形平面，作为参考平面，使其能覆盖整个户型图区域，如图 6-22 所示。

技 巧

窗台高度通常在 800～1200mm 之间，多层建筑窗台标准高度为 900mm。为了快速定位窗台高度，这里创建一个平面进行参考。

02 启用【移动】工具，将创建的矩形平面沿 Z 轴向上移动 900mm，调整平面高度，如图 6-23 所示。

03 启用【直线】工具，在墙体边线上进行捕捉，即可捕捉到距离地面 900mm 的交点，如图 6-24 所示。

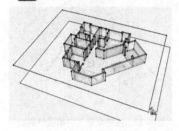
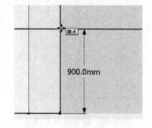
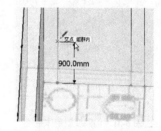

图 6-22 创建参考平面　　　　　图 6-23 调整平面高度　　　　　图 6-24 捕捉墙体交点

注 意

在建筑设计中，窗户的尺寸并没有标准的高度，可以根据采光、通风以及美观等因素进行灵活调整。

04 启用【直线】工具，捕捉交点，连接墙体上预留的窗户定位线，创建出窗台线；然后启用【移动】工具，按键盘上的 Ctrl,将其向上移动复制 1200mm 的距离，如图 6-25 所示。

05 启用【推/拉】工具，打通分割面，创建窗洞模型，如图 6-26 所示。使用同样方法，打通场景中其他位置的窗洞，如图 6-27 所示。

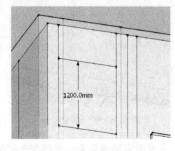

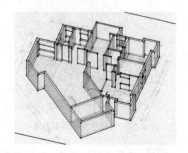

图 6-25 向上移动复制窗台线　　　图 6-26 创建窗洞模型　　　　图 6-27 窗洞制作完成

06 接下来制作门洞模型。启用【移动】工具，将参考平面 1 移动至距地面 2000mm 处，如图 6-28 所示。

07 启用【直线】工具，捕捉交点连接好边线，绘制门洞分割线，如图 6-29 所示。启用【推/拉】工具，闭合墙体，创建门洞模型，如图 6-30 所示。

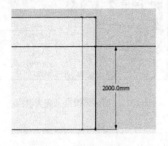
图 6-28 移动参考平面 1

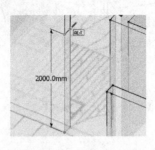
图 6-29 绘制门洞分割线

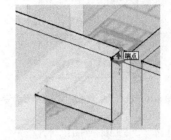
图 6-30 创建门洞模型

注 意

居室门高度一般为 2m，入户门高度一般为 2.1m。

08 使用上述方法，完成户型图其他门洞模型的制作，如图 6-31 所示。接下来制作飘窗窗洞模型，启用【移动】工具，将参考平面 2 移动至距地面 600mm 处，如图 6-32 所示。

09 启用【直线】工具，捕捉交点，在墙面上绘制飘窗窗台高度分割线，如图 6-33 所示。

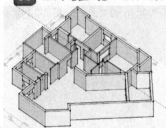
图 6-31 门洞模型制作完成

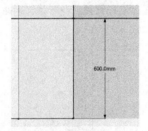
图 6-32 移动参考平面 2

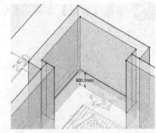
图 6-33 绘制飘窗窗台高度分割线

注 意

飘窗由于面积大、视野开阔，在具有采光通风功能的同时，也增加了室内的有效使用面积，用途非常广泛，其窗台高度比普通窗台要矮一些，通常为 50～60cm。

10 启用【移动】工具，将创建的分割线向上移动复制 1600mm，完成飘窗高度的制作，如图 6-34 所示。

11 启用【推/拉】工具，将飘窗窗洞打通，如图 6-35 所示。将飘窗下方墙体向内推拉，制作出飘窗窗台，如图 6-36 所示。

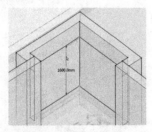
图 6-34 移动复制出飘窗高度

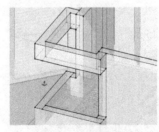
图 6-35 打通飘窗窗洞

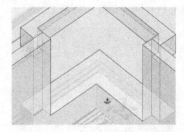
图 6-36 制作飘窗窗台

12 使用同样的方法，制作出另一侧的飘窗窗洞模型，如图 6-37 所示。户型图窗洞模型与门洞模型全部制作完成，如图 6-38 所示，接下来制作下沉式客厅。

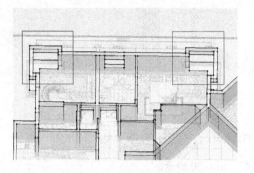

图 6-37　制作两侧飘窗窗洞模型

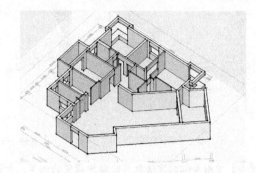

图 6-38　窗洞模型与门洞模型完成效果

6.1.3　制作下沉式客厅

01 启用【直线】工具，参考布置图台阶位置，分割客厅地面，如图 6-39 所示。

02 启用【推/拉】工具，将划分的客厅等空间地面向下推拉420mm，如图 6-40 所示。

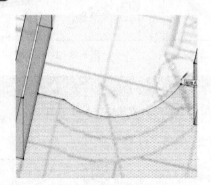

图 6-39　分割客厅地面

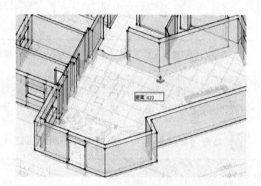

图 6-40　向下推拉客厅地面

03 此时客厅地面下沉空间被布局图平面遮挡，如图 6-41 所示。因此，选择墙体模型，将其整体向上移动420mm，如图 6-42 所示。

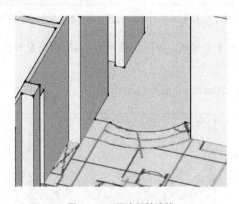

图 6-41　下沉空间被遮挡

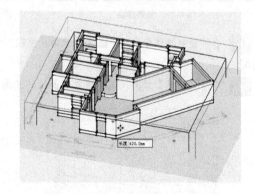

图 6-42　整体移动墙体

04 接下来制作客厅到走廊的台阶模型。首先分割台阶面，如图 6-43 所示；然后启用【移动】工具，选择弧形边线进行移动复制。

05 启用【直线】工具，封闭移动复制得到的弧形边线以形成台阶面，如图 6-44 所示。使用【推/拉】工具推拉出台阶模型，如图 6-45 所示。初步效果，如图 6-46 所示。

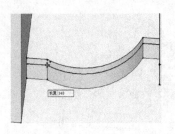
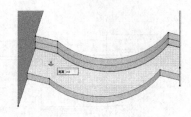

图 6-43 分割台阶面　　　　图 6-44 封闭形成台阶面　　　　图 6-45 推拉出台阶模型

06 使用类似的方法制作出台阶模型的细节，如图 6-47 ~ 图 6-50 所示。

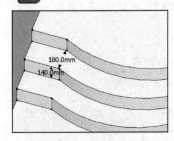
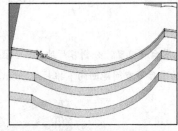
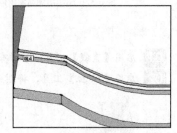

图 6-46 台阶模型初步效果　　　　图 6-47 移动复制弧形边线　　　　图 6-48 封闭边线

技巧

在封闭得到弧形面后，将其创建为群组，可以避免与台阶模型交接，方便选择与移动复制。

07 启用【移动】工具，复制出另外两处压边线条细节模型，如图 6-51 所示。

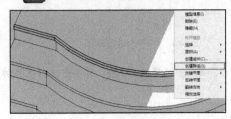
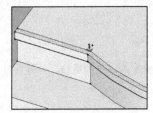
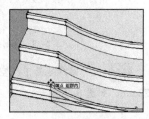

图 6-49 创建群组　　　　图 6-50 启用【推/拉】工具　　　　图 6-51 移动复制细节模型

08 台阶模型制作完成后，选择删除由于空间下沉产生的多余边线，如图 6-52 所示。接下来调整窗台与窗户高度。

09 启用【移动】工具，选择窗台平面，将其向下移动 420mm，如图 6-53 所示。

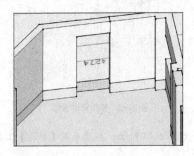
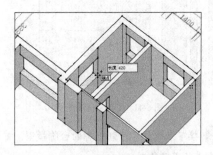

图 6-52 删除多余线段　　　　　　图 6-53 向下移动窗台平面

10 旋转视角，选择窗户上沿平面，同样将其向下移动 420mm，如图 6-54 所示。

11 至此，户型图的框架与基本结构制作完成，如图 6-55 所示。

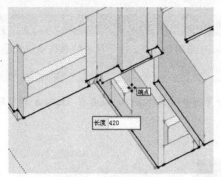

图 6-54　向下移动窗台上沿

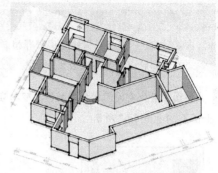

图 6-55　户型图框架完成效果

6.2　布置门窗

6.2.1　布置门模型

01　首先制作入户门模型，根据平面布局图可以判断其为子母门，如图 6-56 所示。

02　启用【矩形】工具，参考门洞模型创建一个矩形平面，如图 6-57 所示。启用【偏移】工具，将其向内偏移 55mm，如图 6-58 所示。

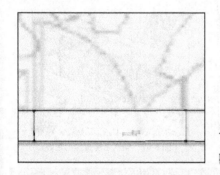

图 6-56　平面布局图中的子母门

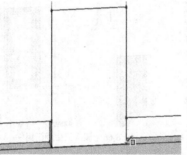

图 6-57　创建矩形平面

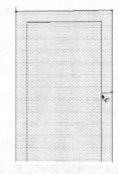

图 6-58　向内偏移矩形平面

03　启用【推/拉】工具，将偏移得到的内部平面向内推拉 75mm，如图 6-59 所示。启用【直线】工具，对推拉形成的内部平面进行分割，如图 6-60 所示。

04　结合使用【偏移】与【推/拉】工具，制作子母门模型细节，如图 6-61 所示。打开【材料】对话框，为其赋予【原色樱桃木】材质，如图 6-62 所示。

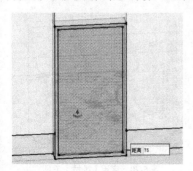

图 6-59　向内推拉内部平面

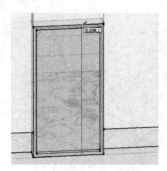

图 6-60　分割内部平面

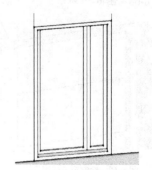

图 6-61　制作子母门模型细节

05　最后制作好门把模型，完成制作的子母门模型效果如图 6-63 所示。

技 巧

在室内设计中，门页与门框的厚度都有相应的标准，但在户型图制作中，由于视角的原因难以观察到这些细节，因此在制作时以效果美观为主。

06 户型图中其他空间门模型的制作，可以直接调用配套资源中附带的组件，或者在 Google 模型库中搜索查找，如图 6-64 ~ 图 6-67 所示。

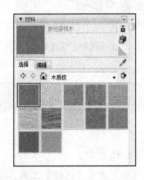

图 6-62 选择【原色樱桃门】材质

图 6-63 完成制作的子母门模型效果

图 6-64 选择组件

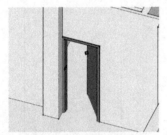

图 6-65 调入卧室门组件

图 6-66 调入卫生间门组件

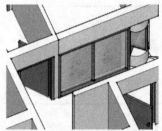

图 6-67 调入书房推拉门组件

注 意

不同空间的门，宽度和样式会有较大的区别，如卫生间的门通常要窄一些，一般会由磨砂玻璃进行装饰。

6.2.2 布置窗户模型

01 首先制作入户门左侧的窗户模型。结合使用【矩形】、【偏移】与【推/拉】工具，完成窗框模型制作，如图 6-68 ~ 图 6-70 所示。

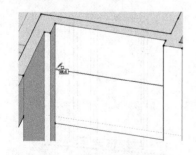

图 6-68 绘制窗户轮廓平面

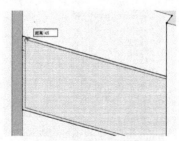

图 6-69 启用【偏移】工具

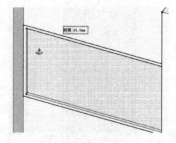

图 6-70 启用【推拉】工具

02 接下来制作窗户细节。选择底部边线，如图 6-71 所示。单击鼠标右键，将其等分成三段，如图 6-72 所示。

注意

该窗洞的长度为 2360mm，将其划分为三段制作三扇窗比较合理。如果制作两扇则太大，制作 4 扇则太小。

03 启用【直线】工具，分割出三个平面，如图 6-73 所示。启用【偏移】工具，制作窗框轮廓，如图 6-74 所示。

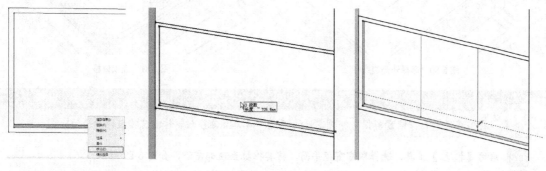

图 6-71　选择底部边线框　　　　图 6-72　三等分线段　　　　图 6-73　分割平面

04 启用【推/拉】工具，对窗框分割面进行推拉，制作出窗框模型，如图 6-75 所示。注意，不能将所有的窗扇制作在同一平面上，而应该形成推拉窗的前后层次，如图 6-76 所示。

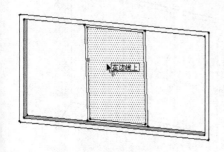

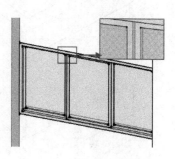

图 6-74　制作窗框轮廓　　　　图 6-75　制作窗框模型　　　　图 6-76　窗框模型完成效果

05 窗框模型制作完成，全选模型，为其赋予【带阳极铝的金属】材质，如图 6-77 所示。选择玻璃模型面，为其赋予【半透明安全玻璃】材质，如图 6-78 所示。

06 使用类似的方法，制作出其他位置普通窗户模型，如图 6-79 所示。接下来制作飘窗模型。

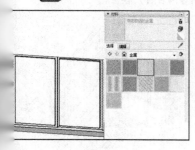
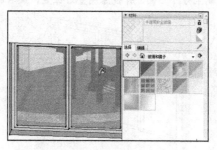
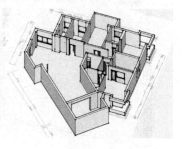

图 6-77　赋予窗框【带阳极铝的金属】　　图 6-78　赋予【半透明安全玻璃】材质　　图 6-79　场景部分窗户模型完成效果
　　　　　　材质

6.2.3　制作飘窗模型

01 启用【偏移】工具，选择飘窗窗台外侧边线，如图 6-80 所示；连续进行两次偏移，如图 6-81 所示。

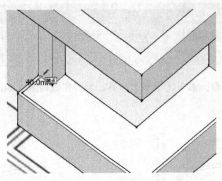

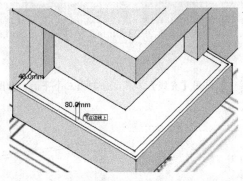

图 6-80 选择外侧边线   图 6-81 连续偏移

技巧

第一次偏移用于制作飘窗窗框与外侧窗沿的距离,第二次偏移则制作飘窗窗框轮廓平面。

02 启用【推/拉】工具,选择飘窗窗框平面,将其推拉至顶部窗沿,如图 6-82 所示。

03 接下来通过细化飘窗内部平面制作细节效果。首先分割飘窗内部平面,然后制作三扇窗框轮廓,如图 6-83 与图 6-84 所示。

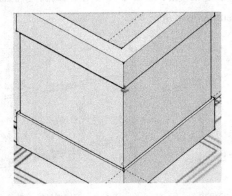

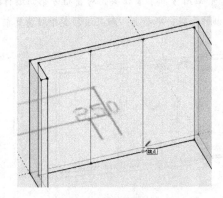

图 6-82 向上推拉窗框平面   图 6-83 分割飘窗内部平面

04 使用【推/拉】工具制作窗框厚度与位置细节,如图 6-85 所示。

05 打开【材料】对话框,为其赋予对应的金属与半透明材质,飘窗模型完成效果如图 6-86 所示。

06 将制作好的飘窗模型复制至另外一侧,并镜像调整好位置,最后制作阳台窗户模型。

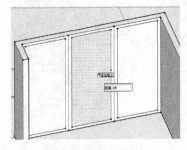

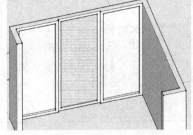

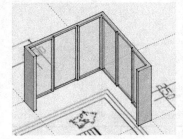

图 6-84 制作窗框轮廓   图 6-85 制作窗框细节   图 6-86 飘窗模型完成效果

6.2.4 制作阳台窗户模型

01 首先启用【直线】工具,分割阳台内部墙体,定位阳台窗户高度,如图 6-87 所示。

02 继续细化阳台窗户细节，为其赋予金属与半透明材质，如图 6-88 ~ 图 6-90 所示。

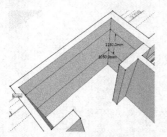

图 6-87　定位阳台窗户高度

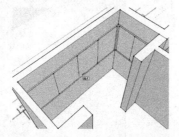

图 6-88　分割内部平面

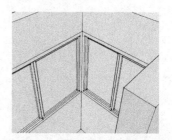

图 6-89　制作阳台窗户模型细节

注意

低层、多层住宅的阳台栏杆净高不应低于 1.05m，中高层、高层住宅的阳台栏杆净高不应低于 1.10m。

03 阳台窗户模型制作完成，户型图中门窗模型完成效果如图 6-91 所示。

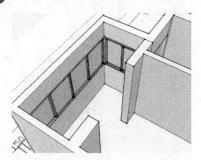

图 6-90　赋予阳台窗户模型材质

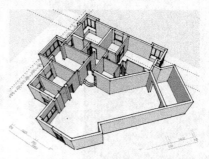

图 6-91　户型图中门窗模型完成效果

6.3　细化客厅与茶室

　　一套完整的户型应有客厅、卧室、书房、卫生间、厨房等日常生活必需的空间，这些功能空间的划分主要通过摆放的室内家具、地面和墙面装饰材料进行体现。本户型客厅与茶室没有硬性的墙体分隔，如图 6-92 所示。

01 首先分割客厅、茶室及厨房等空间地面。启用【直线】工具，捕捉各空间墙体与地面的交点，分割独立的客厅地面，如图 6-93 所示。

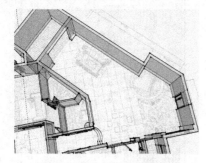

图 6-92　客厅、茶室与厨房布局

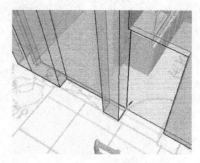

图 6-93　分割独立的客厅地面

02 地面分割完成后，结合使用【圆弧】工具与【推/拉】工具，制作出客厅内的钢琴平台模型，如图 6-94 所示。

03 打开【材料】对话框，为制作的钢琴平台模型及客厅地面选择并赋予对应的材质，如图 6-95 ~ 图 6-97 所示。

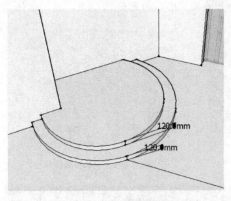

图 6-94　制作钢琴平台模型

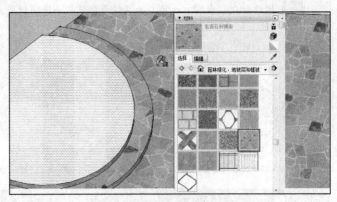

图 6-95　赋予【走道石材铺面】材质

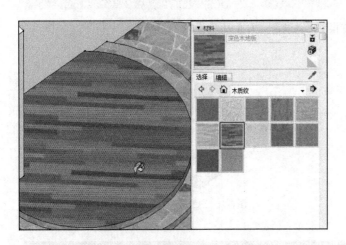

图 6-96　赋予钢琴平台模型【深色木地板】材质

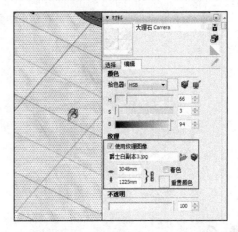

图 6-97　赋予客厅地面【大理石】材质

04　结合使用【偏移】与【推/拉】工具，完成茶室平台模型的制作，如图 6-98 所示。打开【材料】对话框，为其选择并赋予【木纹】纹理图像，如图 6-99 所示。

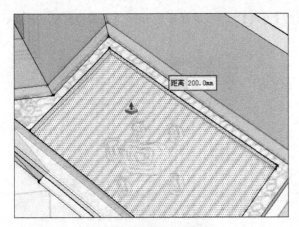

图 6-98　制作茶室平台模型

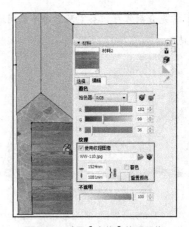

图 6-99　赋予【木纹】纹理图像

05　为门下框赋予【花岗岩】材质，如图 6-100 所示。

06　接着调用配套资源中的家具组件，如图 6-101 所示。参考平面布局图的设计，完成餐厅、客厅与茶室的家具布置，如图 6-102～图 6-104 所示。

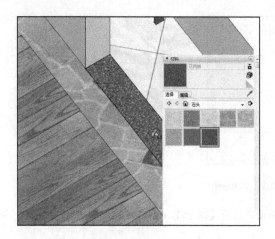

图 6-100　赋予门下框【花岗岩】材质

图 6-101　调用家具组件

图 6-102　餐厅家具布置效果

图 6-103　客厅家具布置效果

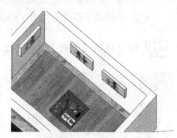

图 6-104　茶室家具布置效果

6.4　细化厨房

厨房区域空间布局如图 6-105 所示，主要由 U 形橱柜组成。

01 选择厨房地面，打开【材料】对话框，为其选择并赋予【防滑地砖】纹理图像，如图 6-106 所示。

图 6-105　厨房区域空间布局

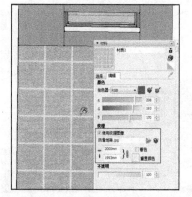

图 6-106　赋予厨房地面【防滑地砖】纹理图像

注　意

材质纹理图像的默认大小和位置通常都不理想，此时可以通过【位置】菜单命令进行调整，如图 6-107 ~ 图 6-109 所示。在调整过程中要注意两点，第一，砖块的大小与形状要合适；第二，砖块的接缝应与墙面紧贴。

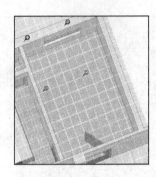

图 6-107　材质纹理图像默认效果　　　图 6-108　选择【位置】菜单命令　　　图 6-109　调整效果

02 启用【直线】工具，参考平面布局图绘制厨柜平面；启用【推/拉】工具，制作出 800mm 的高度，如图 6-110 与图 6-111 所示。

注　意

厨柜台面标准高度为 810～840mm，考虑到厨柜上还需要安放大理石平台，因此这里制作 800mm 的高度。

03 结合使用【直线】、【偏移】及【推/拉】工具，完成柜体面细节的制作，如图 6-112 与图 6-113 所示。

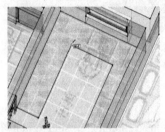

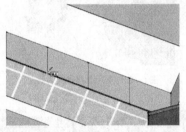

图 6-110　绘制厨柜平面　　　　图 6-111　向上推拉厨柜平面　　　　图 6-112　分割柜体面

04 继续制作出台面，赋予柜体与台面对应材质，如图 6-114 所示。

05 合并洗菜盆、煤气灶等厨房常用厨具、电器组件，然后制作出吊柜模型，如图 6-115 与图 6-116 所示。

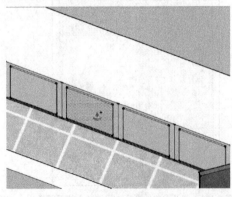

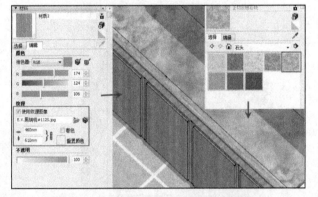

图 6-113　制作柜体面细节　　　　　图 6-114　赋予柜体与台面相应的纹理图像和材质

技　巧

在合并洗菜盆等模型时，需要在台面与柜体上开洞。此时可以先启用【矩形】工具，在表面绘制一个矩形分割面；再启用【偏移】工具，调整出合适的分割面大小；最后删除分割面即可，如图 6-117～图 6-119 所示。

图 6-115　合并组件

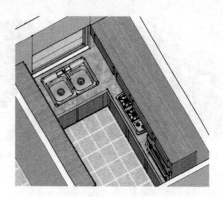

图 6-116　绘制吊柜模型

图 6-117　绘制矩形切割面

图 6-118　启用【偏移】工具

图 6-119　删除切割面

6.5　细化主卧

6.5.1　细化主卧卧室

01　选择本例户型主卧由卧室、更衣室及卫生间三个空间组成，如图 6-120 所示。首先细化卧室空间，分割地面后，为其赋予深色【木地板】材质，如图 6-121 所示。

02　选择【X 光透视模式】命令，参考平面布局图，布置卧室常用的家具组件并合并，如图 6-122 所示。

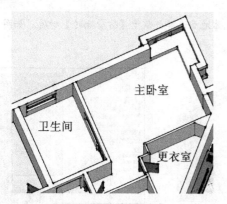

图 6-120　主卧空间构成

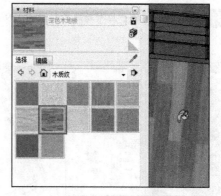

图 6-121　赋予主卧地面材质

注意

飘窗平台使用与茶室平台一样的实木材质。

03　创建一个合适大小的矩形平面，如图 6-123 所示。为其赋予【地毯】纹理图像，如图 6-124 所示。

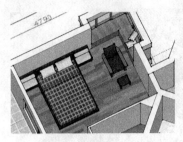
图 6-122　合并卧室常用家具

图 6-123　创建矩形平面

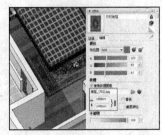
图 6-124　赋予【地毯】纹理图像

6.5.2　细化主卧更衣室

客厅、卧室等空间家具都可以选用现成的组件，但更衣室、书房等空间需要根据空间的形状和大小设计相应的家具。

01　选择【X光透视模式】命令，启用【直线】工具，参考平面布局图绘制出更衣室衣柜平面，如图 6-125 所示。启用【推/拉】工具，推拉出其高度，如图 6-126 所示。

02　由于在观察视角中，衣柜只有一面可以观察到细节，因此只需制作该面细节即可，读者可参考图 6-127 所示效果进行制作。

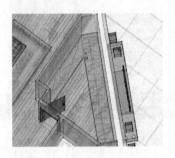
图 6-125　绘制更衣室衣柜平面

图 6-126　推拉出衣柜高度

图 6-127　细化衣柜正对视角细节

03　打开【材料】对话框，为衣柜选择并赋予【胶木板】材质，如图 6-128 所示。

6.5.3　细化主卧卫生间

01　主卧卫生间的平面布局效果如图 6-129 所示。首先为地面选择并赋予【防滑地砖】材质，如图 6-130 所示。

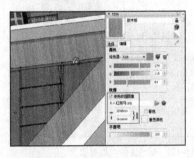
图 6-128　赋予衣柜材质

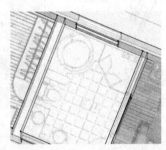
图 6-129　主卧卫生间的平面布局效果

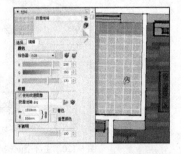
图 6-130　赋予地面【防滑地砖】材质

02　结合使用【直线】工具与【推/拉】工具，制作出卫生间盥洗平台和镜子模型，并赋予材质，如图 6-131 所示。

03　合并卫生间常用组件，主卧卫生间的完成效果如图 6-132 所示。

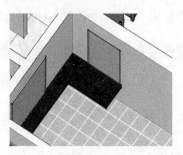

图 6-131　制作盥洗平台和镜子模型

图 6-132　主卧卫生间完成效果

6.6 细化其余空间

通过类似的方法，分别细化客卧、卫生间以及书房等空间，完成效果图 6-133～图 6-136 所示。

图 6-133　次卧及客卫完成效果

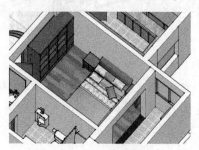

图 6-134　父母房完成效果

图 6-135　书房完成效果

图 6-136　保姆房完成效果

6.7 户型图模型最终完善

6.7.1 布置空间装饰物

各空间细化完成后，接下来布置一些室内植物及装饰物，增强空间的层次感，使户型图更加逼真。

在客厅电视柜两侧添加盆栽植物，在客厅和主卧墙面布置画框，如图 6-137 和图 6-138 所示。

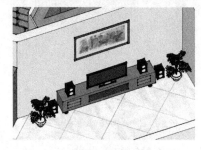

图 6-137　布置客厅画框与植物细节

图 6-138　布置主卧室细节

同样在各个卧室布置植物与画框，以及一些相框、书籍等常用物品，如图 6-139 与图 6-140 所示。

技 巧

当布置画框时，只需要布置观察视角内可见的墙面即可。

图 6-139　布置父母房及公共卫生间画框

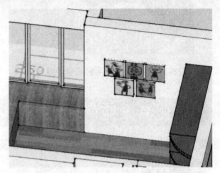

图 6-140　布置次卧画框

6.7.2　标注功能空间

01　空间布置完成效果如图 6-141 所示，接下来启用【文字】工具进行空间的标注。

02　为了便于视图旋转等操作，首先选择【风格】工具栏中【单色显示】样式按钮，将场景切换到单色显示，减轻显示负担，如图 6-142 所示。

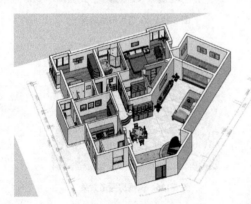

图 6-141　空间布置完成效果

图 6-142　切换到单色显示

03　启用【文字】工具，在客厅空间内单击，确定标注表面；然后拖动光标，拉出引线并将其拖动至墙体外侧，如图 6-143 与图 6-144 所示。

图 6-143　确定标注表面

图 6-144　拉出引线

04　确定好标注放置位置后单击，修改文字内容为【客厅】，如图 6-145 所示。

05 重复相同的操作，完成整个场景空间的标注，如图 6-146 所示。

图 6-145 修改标注文字

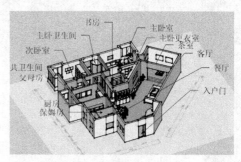

图 6-146 空间标注完成效果

6.7.3 制作阴影效果

01 执行【视图】|【工具栏】菜单命令，在弹出的【工具栏】对话框【工具栏】选项卡中勾选【阴影】复选框，单击【显示/隐藏阴影】按钮，显示场景当前阴影效果，如图 6-147 所示。

02 本场景不需要考虑阴影的真实性，因此直接拖动【日期】和【时间】滑块，调整得到所需阴影效果即可，如图 6-148 所示。

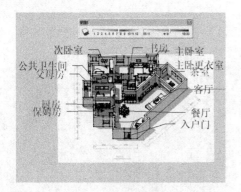

图 6-147 显示场景阴影效果

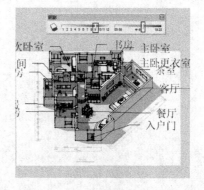

图 6-148 调整阴影效果

03 调整好阴影参数后，取消之前设置的【单色显示】风格，本例户型图模型完成效果如图 6-149 所示。

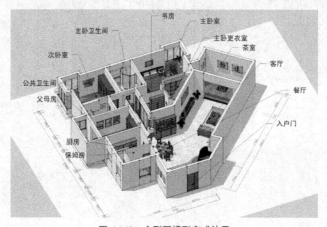

图 6-149 户型图模型完成效果

第（07）章

欧式别墅客厅室内设计

本章重点：

◆ 制作空间框架

◆ 细化客厅模型

◆ 制作过道

◆ 合并常用家具

室内户型图主要用于表现室内各功能空间的划分和整体布局，而室内设计重点表现的是各个空间的具体设计细节，包括墙面和顶棚造型设计、照明设计、家具设计、色彩设计及材料设计等。

本章制作的是欧式别墅客厅室内设计，其平面布置图为图 7-1 所示的圆圈范围，客厅模型完成效果如图 7-2~图 7-4 所示。

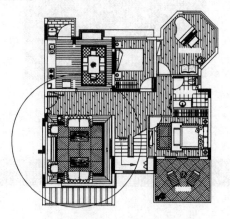

图 7-1　户型图

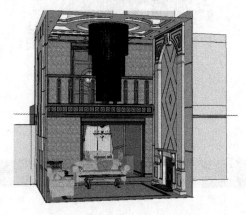

图 7-2　客厅模型完成效果

图 7-3　栏杆及双开门细节

图 7-4　顶棚及背景墙细节

当使用 SketchUp 进行室内效果图表现时，首先建立空间的墙体框架，然后细化地面铺地、立面装饰及顶棚等模型细节，最后合并常用的家具和陈设，如图 7-5~图 7-8 所示。

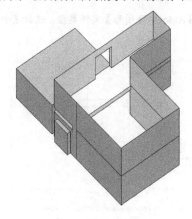

图 7-5　制作空间框架

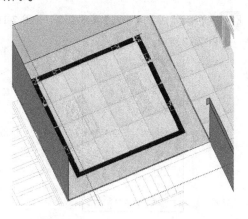

图 7-6　细化铺地

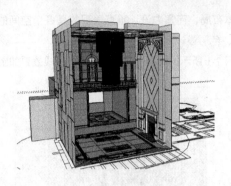

图 7-7 细化立面及顶棚

图 7-8 合并常用家具

7.1 制作空间框架

7.1.1 制作空间墙体

本节导入 AutoCAD 的 DWG 格式平面布置图用于辅助建模。

01 启动 SketchUp，选择【模型信息】命令，如图 7-9 所示。打开【模型信息】对话框，设置场景【长度单位】为 mm，如图 7-10 所示。

图 7-9 选择【模型信息】命令

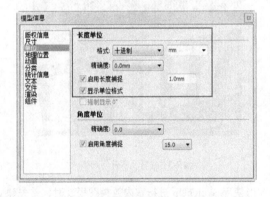

图 7-10 设置场景【长度单位】

02 执行【文件】|【导入】菜单命令，如图 7-11 所示。选择【AutoCAD 图形】文件类型，选择【平面.dwg】文件，如图 7-12 所示。

图 7-11 执行【导入】命令

图 7-12 选择图形文件

03 单击【选项】按钮，打开【导入 AutoCAD DWG/DXF 选项】对话框，设置参数，如图 7-13 所示。

04 AutoCAD 图形成功导入 SketchUp 后的效果如图 7-14 所示，接下来进行图形尺寸的检验。

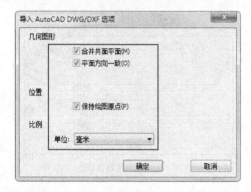

图 7-13　设置参数

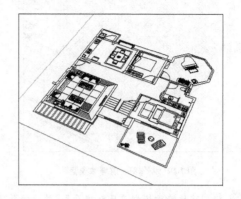

图 7-14　导入 AutoCAD 图形效果

05 启用【卷尺】工具，测量图形中沙发模型的长度，对比原始 AutoCAD 图形中的数值，如图 7-15 与图 7-16 所示。以确定图纸的比例与尺寸没有发生改变。

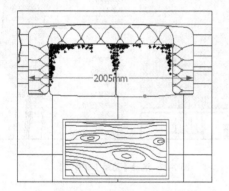

图 7-15　测量导入沙发模型长度

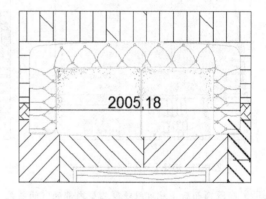

图 7-16　原始 AutoCAD 图形中沙发模型的长度

06 启用【直线】工具，捕捉图纸内墙线，创建封闭平面，如图 7-17 与图 7-18 所示。

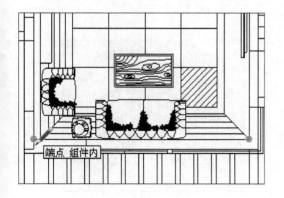

图 7-17　捕捉图纸内墙线

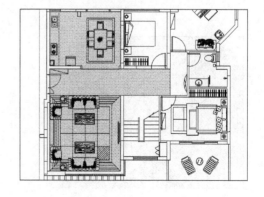

图 7-18　创建封闭平面

07 启用【推/拉】工具，向上推拉出 3000mm，以制作出第一层墙体模型，如图 7-19 所示。

08 按住 Ctrl 键再次进行推拉，制作出第二层墙体模型，如图 7-20 所示。

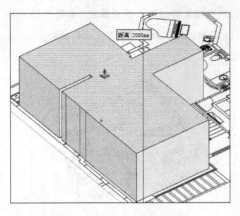

图 7-19　制作第一层墙体模型

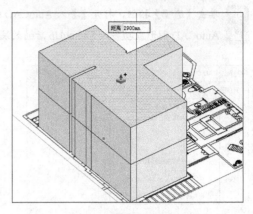

图 7-20　制作第二层墙体模型

09 将创建的轮廓模型【反转平面】，然后隐藏顶面，如图 7-21 与图 7-22 所示。

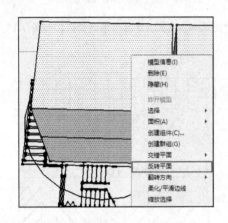

图 7-21　选择【反转平面】命令

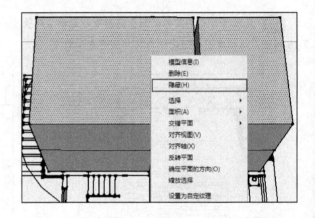

图 7-22　选择【隐藏】命令

10 隐藏顶面后，就可以观察模型内部的空间效果，如图 7-23 所示。

7.1.2　制作门（窗）洞与过道平台

01 启用【卷尺】工具，参考左侧墙体底部边线，制作出高度为 2200mm 的门洞位置参考线，如图 7-24 所示。

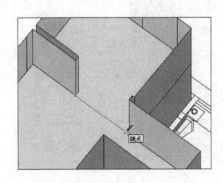

图 7-23　模型内部空间效果

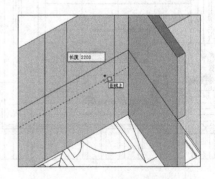

图 7-24　制作门洞位置参考线

02 结合使用【直线】与【推/拉】工具，制作出一层左侧门洞，如图 7-25 与图 7-26 所示。使用同样的方法完成一层餐厅门洞的制作。

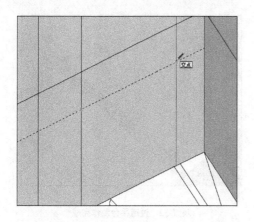

图 7-25　启用【直线】工具

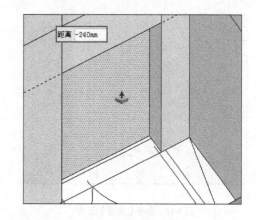

图 7-26　启用【推拉】工具

03 使用类似的方法，完成一层餐厅后侧墙体窗洞与二层门洞的制作，如图 7-27 与图 7-28 所示。接下来制作过道平台。

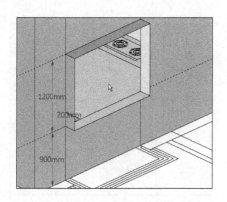

图 7-27　制作一层餐厅墙体窗洞

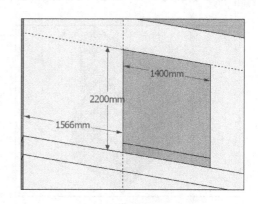

图 7-28　制作二层门洞

04 启用【卷尺】工具，参考过道底部边线，创建一条 2600mm 参考线，启用【直线】工具，分割出过道平台侧面，如图 7-29 所示。

05 启用【推/拉】工具，向前推拉出 1650mm，如图 7-30 所示。

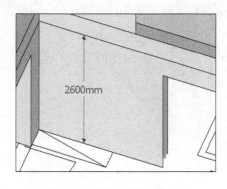

图 7-29　分割出过道平台侧面

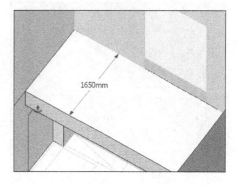

图 7-30　启用【推拉】工具

06 启用【直线】工具，捕捉过道与右侧墙体的交点进行分割，再推拉出 100mm，完成过道平台的制作，如图 7-31 与图 7-32 所示。

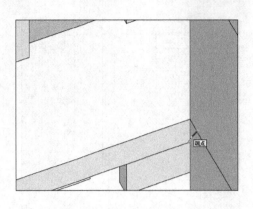

图 7-31　启用【直线】工具

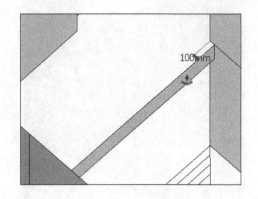

图 7-32　过道平台制作完成

07 至此，客厅空间模型框架制作完成，当前效果如图 7-33 所示。

7.1.3　制作踢脚线与门套线

01 启用【直线】工具，在墙角处绘制踢脚线平面，如图 7-34 所示。

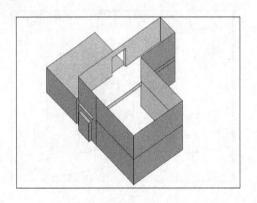

图 7-33　客厅空间模型框架完成效果

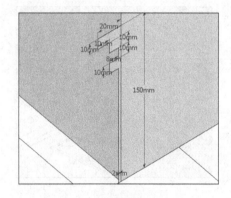

图 7-34　绘制踢脚线平面

02 绘制跟随路径，如图 7-35、图 7-36、图 7-37 所示。由于踢脚线与门套线存在完全连接的细节，因此需要绘制弯曲的跟随路径。

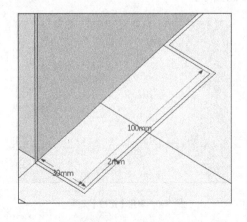

图 7-35　绘制踢脚线跟随路径

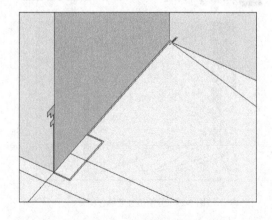

图 7-36　踢脚线跟随路径细节 1

03 启用【路径跟随】工具，选择踢脚线平面，跟随绘制好的路径平面制作出踢脚线模型，如图 7-38 所示。

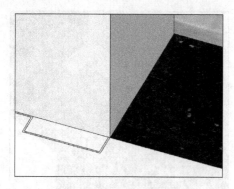

图 7-37 踢脚线跟随路径细节 2

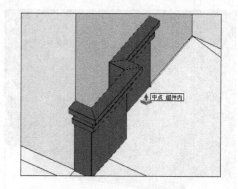

图 7-38 制作踢角线模型

04 打开【材料】对话框，为创建好的模型赋予【原色樱桃木】材质，并修改贴图尺寸，如图 7-39 所示。

05 接下来制作门套线底部模型细节。启用【偏移】工具，向内偏移 15mm，绘制门套线底部平面，如图 7-40 所示。

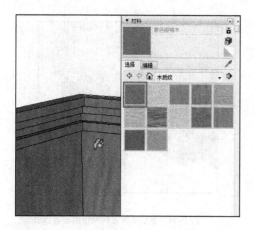

图 7-39 赋予踢脚线材质

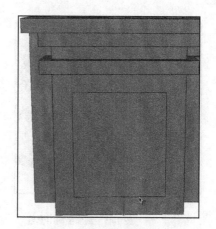

图 7-40 绘制门套线底部平面

06 结合使用【推/拉】工具，制作出门套线底部模型，如图 7-41 所示。

07 启用【圆】工具，在模型面上绘制圆形面，设置半径为 23mm，如图 7-42 所示。

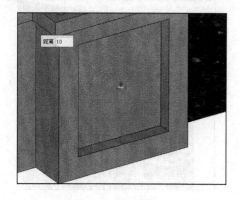

图 7-41 制作门套线底部模型

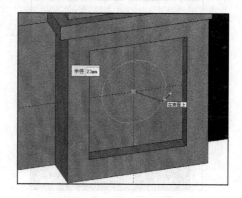

图 7-42 绘制圆形面

08 启用【推/拉】工具，选择圆形面，设置【距离】为 8，移动光标，推拉出圆形装饰，如图 7-43 所示。

09 接下来制作竖向的门套线模型。启用【直线】工具，绘制竖向门套线截面，如图 7-44 所示。

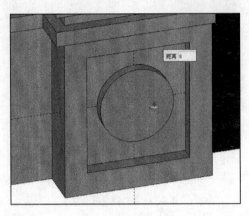

图 7-43 推拉出圆形装饰

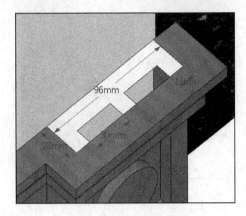

图 7-44 绘制竖向门套线截面

10 启用【推/拉】工具，将截面推至门洞上侧边缘，完成竖向门套线的制作，如图 7-45 所示。

11 再移动复制之前制作的装饰细节，如图 7-46 所示。

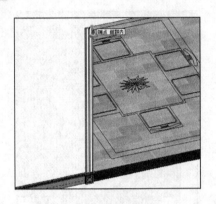

图 7-45 制作竖向门套线

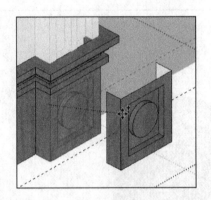

图 7-46 移动复制之前制作的装饰细节

12 捕捉竖向门套线的端点，对位装饰细节，如图 7-47 所示。

13 然后旋转复制出顶部横向门套线并对位，如图 7-48 所示。

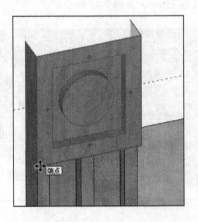

图 7-47 对位装饰细节

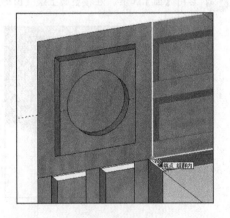

图 7-48 旋转复制出顶部横向门套线并对位

14 启用【缩放】工具，调整横向门套线长度，如图 7-49 所示。

15 使用同样方法制作餐厅外层门套线，效果如图 7-50 所示。接下来制作门头装饰细节。

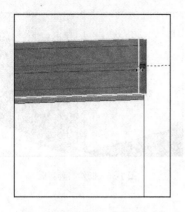

图 7-49　调整横向门套线长度

图 7-50　餐厅外层门套线效果

16 启用【矩形】工具，绘制门头装饰平面轮廓，如图 7-51 所示。

17 启用【偏移】工具，绘制门头装饰尺寸，如图 7-52 所示。

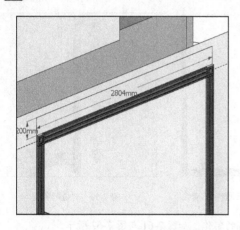

图 7-51　绘制门头装饰平面轮廓

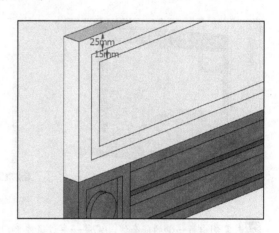

图 7-52　绘制门头装饰尺寸

18 启用【推/拉】工具，制作出门头凹凸的装饰细节，如图 7-53 所示。

19 打开【材料】对话框，为门头部分模型赋予【原色樱桃木】材质，如图 7-54 所示。

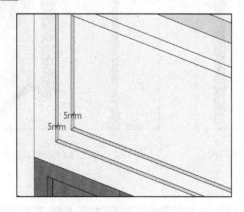

图 7-53　制作门头装饰细节

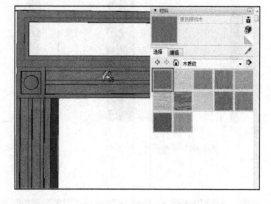

图 7-54　赋予门头部分模型材质

20 选择【木雕花】纹理图像并赋予模型，使用纹理图像快速模拟出门头雕花细节，如图 7-55 所示。

21 启用【推/拉】工具，直接选择门洞侧面，制作出门套侧板，如图 7-56 所示。

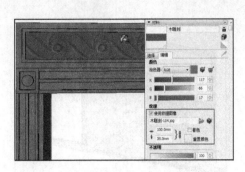

图 7-55　模拟出门头雕花细节

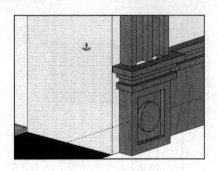

图 7-56　制作门套侧板

22　餐厅门套线的完成效果如图 7-57 所示。

23　启用【移动】工具，按键盘上的 Ctrl 键，将制作好的模型进行移动复制，如图 7-58 所示。

24　将复制的门套线进行对位，然后复制出其他门套线，并启用【缩放】工具调整好尺寸，如图 7-59 与图 7-60 所示。

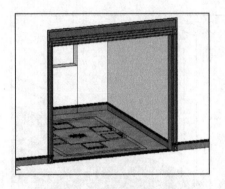

图 7-57　餐厅门套线的完成效果

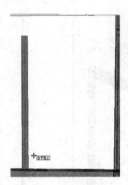

图 7-58　移动复制门套线

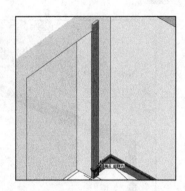

图 7-59　对位门套线

25　复制出另一侧的门套线，完成一层过道左侧门套线的制作，如图 7-61 与图 7-62 所示。

图 7-60　调整尺寸

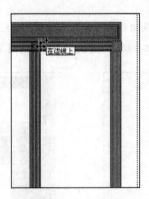

图 7-61　复制另一侧门套线

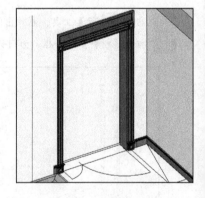

图 7-62　过道门套线的完成效果

7.2　细化客厅模型

空间细化通常按照从下至上的顺序进行，首先制作地面铺地，然后逐步往上完成立面与顶棚创建。

7.2.1 细化铺地

01 为了方便观察与操作，首先在【俯视图】中隐藏正面墙体，如图 7-63 所示。

02 启用【直线】工具，参考 AutoCAD 图形，首先分割客厅与过道地面，如图 7-64 所示。

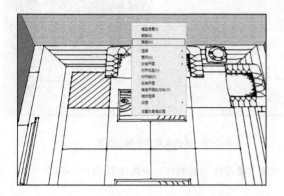

图 7-63 【隐藏】正面墙体　　　　　　　　　　图 7-64 分割地面

03 启用【偏移】工具，选择分割好的客厅地面向内进行偏移，制作客厅地面铺贴细节，如图 7-65 与如图 7-66 所示。

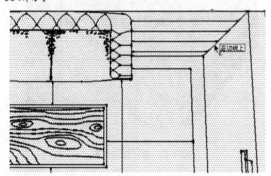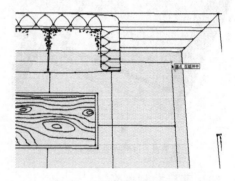

图 7-65 启用【偏移】工具　　　　　　　　　　图 7-66 制作客厅地面铺贴细节

04 打开【材料】对话框，分别为最外侧的地面赋予对应的石材材质，如图 7-67 与图 7-68 所示。

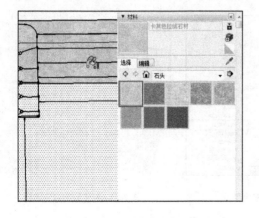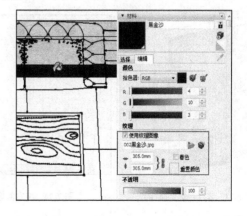

图 7-67 赋予最外层【卡其色拉绒石材】材质　　　图 7-68 赋予中间层【黑金砂】材质

05 为客厅地面内层赋予带有接缝的石材材质，并调整好纹理图像铺贴效果，如图 7-69 与图 7-70 所示。

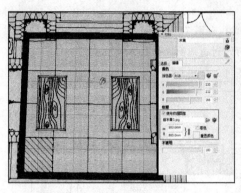

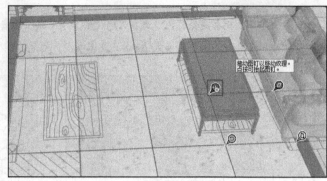

图 7-69 赋予内层【米黄】石材材质　　　　　图 7-70 调整纹理图像铺贴效果

06 客厅地面铺地制作完成后，使用类似方法完成过道与餐厅地面的制作，如图 7-71 与图 7-72 所示。

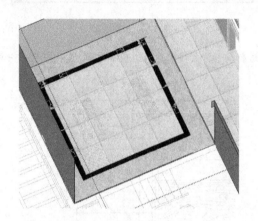

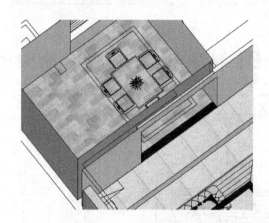

图 7-71 过道铺地完成效果　　　　　　　　图 7-72 餐厅铺地效果

7.2.2 细化客厅右侧立面

01 接下来制作如图 7-73 所示的客厅壁炉立面模型。选择右侧墙体模型，将其单独创建为群组，如图 7-74 所示。启用【卷尺】与【直线】工具，对其进行初步分割，如图 7-75 所示。

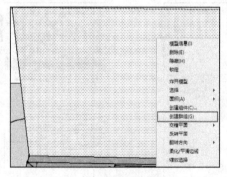

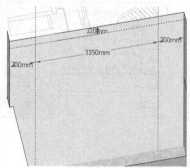

图 7-73 客厅壁炉立面模型　　　图 7-74 将右侧墙面创建为群组　　　图 7-75 初步分割右侧墙面

02 继续划分各个装饰构件的细分区域，创建细节参考线，如图 7-76 所示。

03 启用【圆弧】工具，绘制立面装饰弧形，完成客厅右侧立面装饰平面的分割，如图 7-77 与图 7-78 所示。

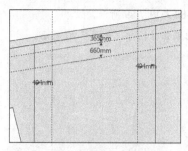
图 7-76 创建细节参考线

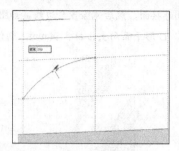
图 7-77 绘制弧形

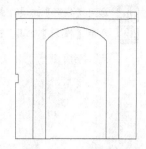
图 7-78 客厅右侧立面分割效果

04 接下来根据分割平面创建三维模型。结合使用【矩形】与【直线】工具，绘制立面装饰柱底座截面，如图 7-79 所示。

05 启用【矩形】工具，绘制路径跟随平面，启用【路径跟随】工具，制作出装饰柱底座，如图 7-80 与图 7-81 所示。

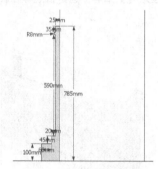
图 7-79 绘制装饰柱底部截面

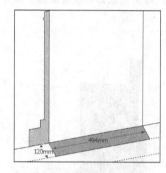
图 7-80 绘制路径跟随平面

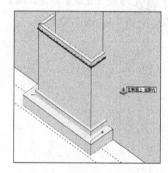
图 7-81 制作装饰柱底座

06 结合使用【偏移】与【推/拉】工具，制作出装饰柱底座细节，如图 7-82~图 7-84 所示。

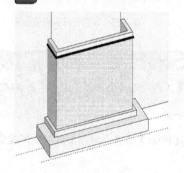
图 7-82 选择细化面

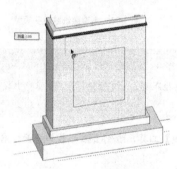
图 7-83 启用【偏移】工具

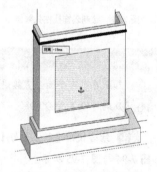
图 7-84 制作装饰柱底座细节

07 使用同样的方法，制作出装饰柱底部连接细节，如图 7-85~图 7-87 所示。

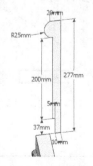
图 7-85 绘制连接截面

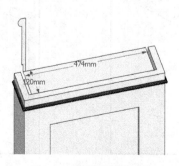
图 7-86 绘制路径跟随平面

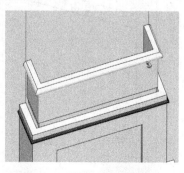
图 7-87 制作装饰柱底部连接细节

08 启用【矩形】工具，封闭连接面，然后删除多余边线，如图 7-88 与图 7-89 所示。

09 启用【推/拉】工具，选择 U 形平面向上推拉 3190mm，制作出装饰柱柱身，如图 7-90 所示。

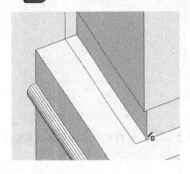
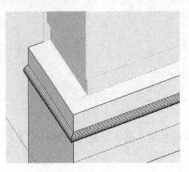

图 7-88　封闭连接面　　　　　图 7-89　删除多余边线　　　　　图 7-90　制作装饰柱柱身

10 结合【直线】与【圆弧】工具，绘制出装饰柱柱头截面；启用【路径跟随】工具，创建出装饰柱柱头模型，如图 7-91~图 7-93 所示。

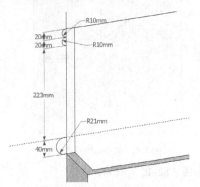
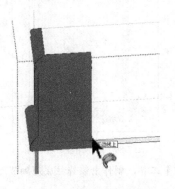
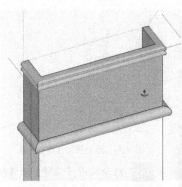

图 7-91　绘制装饰柱柱头截面　　　图 7-92　创建装饰柱柱头模型　　　图 7-93　装饰柱柱头完成效果

注意

如果在已有平面上直接进行路径跟随，所得到的模型面可能出现反面，此时选择对应模型面，单击右键，选择【反转平面】命令即可。

11 结合使用【圆弧】与【直线】工具，绘制出弧形装饰平面；启用【推/拉】工具，制作出弧形装饰模型，如图 7-94 与图 7-95 所示。

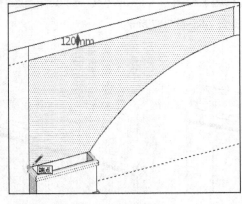
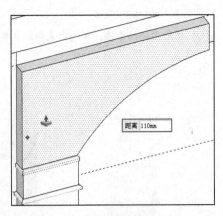

图 7-94　绘制弧形装饰平面　　　　　　图 7-95　制作弧形装饰模型

12　结合使用【偏移】与【直线】工具，制作出弧形装饰上的细节线条，如图 7-96~图 7-98 所示。

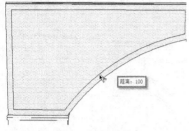
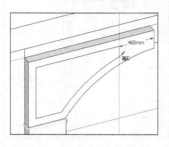
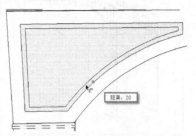

图 7-96　启用【偏移】工具　　　　图 7-97　分割弧形平面　　　　图 7-98　制作细节线条

13　完成装饰线条的细化后，启用【直线】工具，划分出右侧的区域，以制作其他细节，如图 7-99 与图 7-100 所示。

14　启用【推/拉】工具，制作出弧形装饰线条细节，如图 7-101 所示。

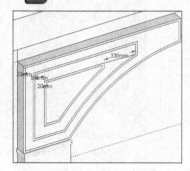
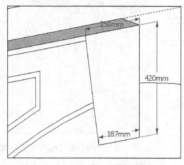
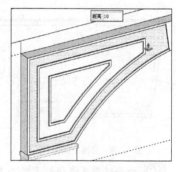

图 7-99　分割弧形装饰细节尺寸　　　图 7-100　分割右侧模型面　　　图 7-101　制作弧形装饰线条细节

15　通过【组件】对话框调入【雕花】装饰组件，调整好位置与大小，如图 7-102 与图 7-103 所示。

技 巧

有些门头雕刻装饰可以采用纹理图像进行模拟，但较大的立面雕刻装饰最好使用实体模型，以得到理想的细节效果。

16　移动复制制作好的右侧立面模型，通过【翻转方向】|【组的绿轴】菜单命令调整模型朝向，如图 7-104 与图 7-105 所示。

图 7-102　调入【雕花】组件　　　　　　图 7-103　调整组件位置与大小

17　将调整好的模型剪切至原始模型组内并合并模型；然后删除交接处的边线，形成完整的模型，如图 7-106 所示。

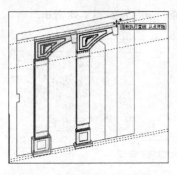

图 7-104 移动复制右侧立面模型

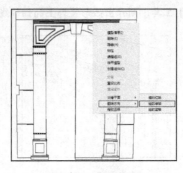

图 7-105 调整朝向

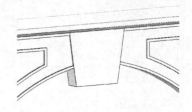

图 7-106 合并模型

18 结合使用【偏移】和【推/拉】工具,制作模型中部轮廓;然后调整边线形成斜面,如图 7-107~图 7-109 所示。

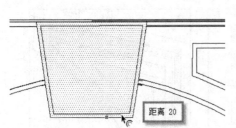

图 7-107 启用【偏移】工具

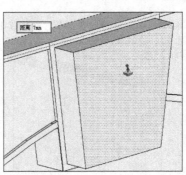

图 7-108 制作模型中部轮廓

图 7-109 向后移动边线

19 结合使用【偏移】、【推/拉】以及【圆形】工具,制作出装饰细节,如图 7-110~图 7-112 所示。

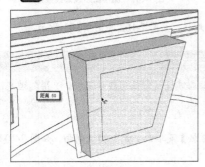

图 7-110 启用【偏移】工具

图 7-111 启用【推拉】工具

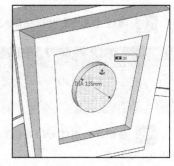

图 7-112 制作装饰细节

20 启用【直线】与【推/拉】工具,完成顶部装饰角线的制作,如图 7-113 与图 7-114 所示。

21 模型制作完成后,打开【材料】对话框,为其赋予【卡其色拉绒石材】材质,如图 7-115 所示。

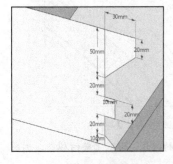

图 7-113 绘制装饰角线平面

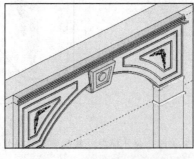

图 7-114 制作顶部装饰角线

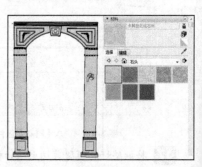

图 7-115 赋予【卡其色拉绒石材】材质

22 打开【组件】对话框，调入【壁炉】模型组件并调整好位置与大小，如图 7-116 所示。接下来制作墙面菱形花纹。

23 启用【直线】工具，绘制一条中心分割线，然后将其拆分为 5 段，如图 7-117~图 7-119 所示。

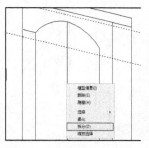
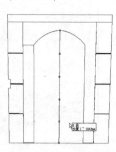

图 7-116 调入【壁炉】模型组件　　图 7-117 绘制中心分割线　　图 7-118 执行【拆分】命令　　图 7-119 拆分中心分割线

24 捕捉拆分点，分割墙体立面；然后再次对划分形成的拆分线段进行拆分处理，如图 7-120~图 7-122 所示。

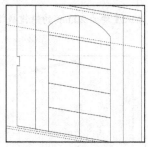
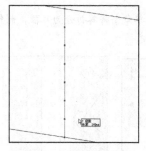
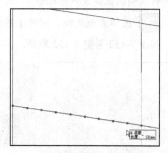

图 7-120 分割墙体立面　　　　图 7-121 拆分竖向分割线　　　　图 7-122 拆分横向分割线

25 连接拆分点，在中间创建一个菱形分割面。启用【偏移】工具，捕捉横向线段的中点与右侧端点，逐步制作出整个墙面细节，如图 7-123~图 7-125 所示。

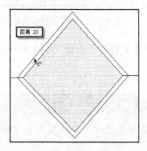
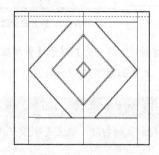
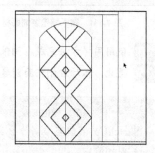

图 7-123 创建菱形分割面　　　图 7-124 完成部分分割面　　　图 7-125 分割面整体完成效果

26 启用【推/拉】工具，选择与菱形分割面交接的分割面向内进行推拉，制作墙壁装饰细节，如图 7-126 与图 7-127 所示。

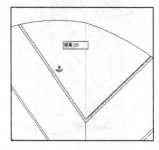
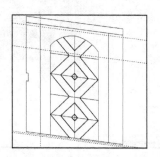

图 7-126 启用【推拉】工具　　　　　　图 7-127 制作墙壁装饰细节

27 启用【矩形】工具，捕捉壁炉端点，在墙面上创建一个等大的分割面；然后将分割面删除，以显示出壁炉内部模型，如图 7-128~图 7-130 所示。

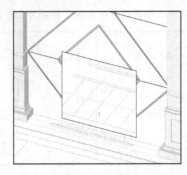

图 7-128　参考壁炉创建分割面　　　　图 7-129　删除分割面　　　　图 7-130　显示壁炉内部模型

28 打开【材料】对话框，为制作好的墙壁装饰面赋予【卡其色拉线石材】材质，如图 7-131 所示。接下来制作两侧的银镜装饰面细节。

29 选择右侧边线，利用【拆分】菜单命令将其拆分为 4 段，制作出宽度与深度均为 20mm 的银镜拼缝细节，如图 7-132 与图 7-133 所示。

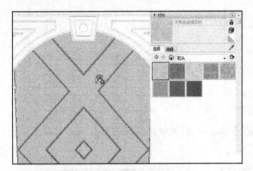
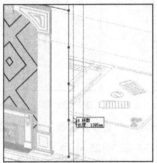
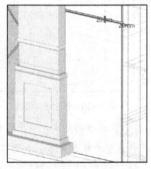

图 7-131　赋予墙壁装饰面材质　　　　图 7-132　拆分右侧边线　　　　图 7-133　制作银镜拼缝细节

30 使用同样方法完成左侧银镜模型制作，然后为其赋予【带阳极铝的金属】材质，如图 7-134 所示。

31 至此，客厅右侧立面创建完成，效果如图 7-135 所示。

注 意

SketchUp 不能直接制作出具有反射效果的材质，这里先赋予光亮的金属材质进行区分，在后期渲染时再添加反射细节。

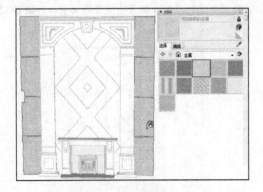

图 7-134　赋予镜镜细节材质　　　　　图 7-135　客厅右侧立面完成效果

7.2.3 细化客厅左侧立面

01 客厅左侧立面主要由两侧的装饰银镜与中间背景墙构成，完成效果如图 7-136 所示。

02 选择左侧墙面，将其创建为群组，如图 7-137 所示。对其进行初步分割，如图 7-138 所示。

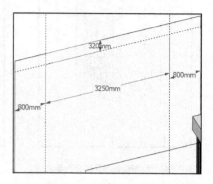

图 7-136　客厅左侧立面完成效果　　　　图 7-137　创建群组　　　　　图 7-138　初步分割墙面

03 选择墙体面进行进一步分割，如图 7-139 所示，使用【推/拉】工具制作墙面中部凹凸细节，如图 7-140 所示。

04 结合使用【偏移】与【推/拉】工具，完成模型其他凹凸细节制作，如图 7-141~图 7-143 所示。

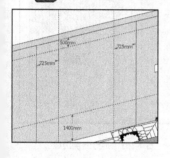

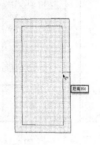

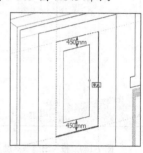

图 7-139　进一步分割墙面　　图 7-140　制作墙面中部细节　　图 7-141　启用　　图 7-142　制作画框平面
【偏移】工具

05 打开【材料】对话框，为中央区域选择并赋予花卉油画纹理图像，为画框银镜模型赋予【带阳极铝的金属】材质，如图 7-144 与图 7-145 所示。

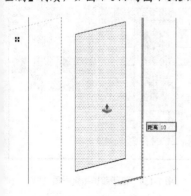

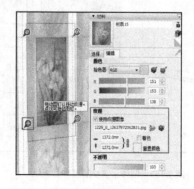

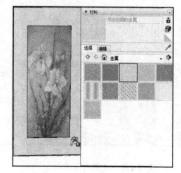

图 7-143　制作画框模型　　图 7-144　赋予中央区域花卉油画纹理图像　　图 7-145　赋予画框银镜材质

06 启用【卷尺】工具，绘制装饰墙外围分割参考线；启用【直线】工具进行分割，按图 7-146 与图 7-147 进行制作。

07 选择分割的边线，启用【移动】工具，按键盘上的 Ctrl 键，以 15mm 的宽度进行移动复制；然后启用【推/拉】工具推拉出缝隙深度，如图 7-148 与图 7-149 所示。

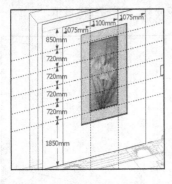

图 7-146　绘制装饰墙外围分割参考线

图 7-147　分割中部平面

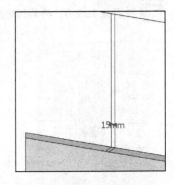

图 7-148　移动复制出缝隙大小

08 为接缝墙面赋予【卡其色拉线石材】材质，如图 7-150 所示。接下来制作两侧的装饰银镜细节。

09 选择外侧边线，将其拆分为 6 段。启用【直线】工具进行分割，如图 7-151 与图 7-152 所示。

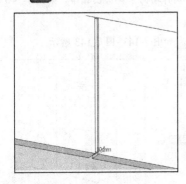

图 7-149　推拉出缝隙深度

图 7-150　赋予接缝墙面材质

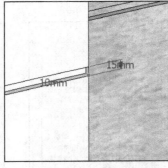

图 7-151　拆分外侧边线

10 结合使用【移动】与【推/拉】工具，制作出银镜的拼缝细节，如图 7-153 所示。

11 打开【材料】对话框，为装饰银镜赋予【带阳极铝的金属】材质，如图 7-154 所示。至此，客厅左侧立面模型细化完成。

图 7-152　分割两侧平面

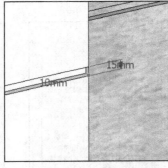

图 7-153　制作银镜拼缝细节

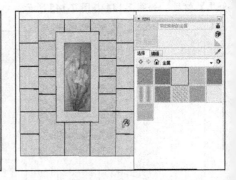

图 7-154　赋予装饰银镜材质

7.2.4　细化客厅吊顶

01 启用【直线】工具，分割出客厅吊顶平面，如图 7-155 所示。启用【偏移】工具，向内偏移 450mm，如图 7-156 所示。

02 启用【卷尺】工具，绘制吊顶分割参考线；结合使用【矩形】与【圆形】工具，分割吊顶平面，如图7-157与图7-158所示。

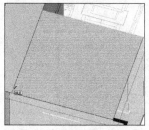

图 7-155　分割出客厅吊顶平面

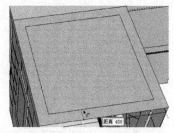

图 7-156　向内偏移平面

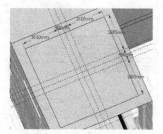

图 7-157　绘制吊顶分割参考线

03 删除掉多余边线形成最终分割效果。启用【推/拉】工具，完成客厅吊顶层次制作，如图7-159~图7-161所示。

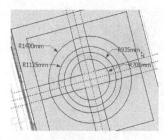

图 7-158　绘制圆形平面

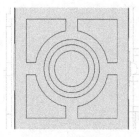

图 7-159　最终分割效果

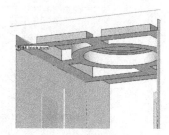

图 7-160　启用【推拉】工具

04 结合使用【直线】与【圆弧】工具，绘制吊顶角线截面；启用【路径跟随】工具，制作角线模型，如图7-162与图7-163所示。

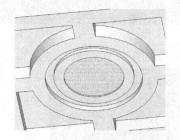

图 7-161　制作客厅吊顶层次

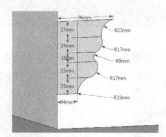

图 7-162　绘制吊顶内部角线截面

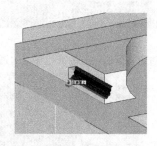

图 7-163　制作吊顶内部角线模型

05 选择制作好的吊顶内部角线模型进行移动复制，通过【翻转方向】菜单命令调整模型朝向，完成效果如图7-164与图7-165所示。

06 接下来制作出风口模型。结合使用【矩形】、【偏移】及【推/拉】工具完成其模型的制作，赋予其【黑色金属】材质，如图7-166与图7-167所示。

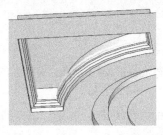

图 7-164　移动复制吊顶内部角线

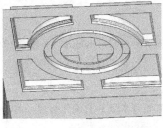

图 7-165　吊顶内部角线完成效果

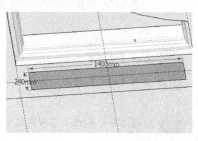

图 7-166　绘制出风口平面

07 使用类似方法制作吊顶筒灯模型，赋予【波浪状亮面金属】材质，如图 7-168 与图 7-169 所示。

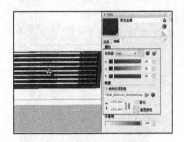

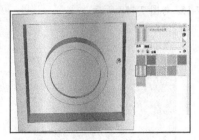

图 7-167 出风口模型完成效果　　　　图 7-168 绘制筒灯平面　　　　图 7-169 筒灯模型完成效果

08 复制出吊顶上其他位置的出风口与筒灯模型，如图 7-170 所示。打开【组件】对话框，调入并合并水晶灯模型组件，如图 7-171 所示。

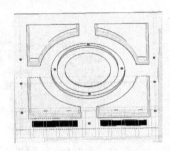
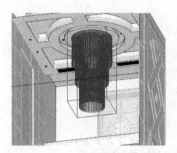

图 7-170 复制出风口与筒灯模型　　　　　　图 7-171 调入并合并水晶灯模型组件

7.3　制作过道

过道主要由过道装饰栏杆、过道吊顶以及双开门组成，完成效果如图 7-172 与图 7-173 所示。

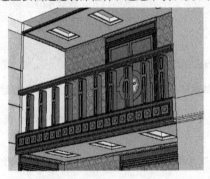

图 7-172 过道装饰栏杆与吊顶效果　　　　　　图 7-173 过道双开门效果

7.3.1　制作过道装饰栏杆

01 启用【偏移】工具，选择过道侧面并向内偏移 80mm，如图 7-174 所示。

02 启用【偏移】工具，制作出 20mm 的线宽；启用【推/拉】工具，制作 15mm 深度装饰线，如图 7-175 所示。

03 为模型面分别赋予【原色樱桃木】与【木雕刻】装饰材质，然后将内侧边线拆分为 21 段，图 7-176 所示。

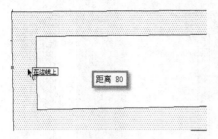

图 7-174　向内偏移过道侧面

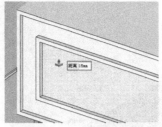

图 7-175　制作深度装饰线

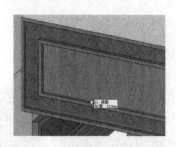

图 7-176　拆分内侧边线

04 启用【直线】工具，完成右侧的分割；启用【偏移】工具，向内偏移 15mm，制作装饰面，如图 7-177 所示。

05 启用【卷尺】工具，找到装饰面中心点；结合使用【圆】与【推/拉】工具，完成圆形装饰细节制作，如图 7-178 所示。

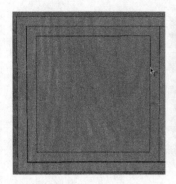

图 7-177　制作装饰面

图 7-178　制作圆形装饰细节

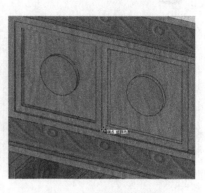

图 7-179　移动复制装饰细节

06 选择完成的装饰细节进行移动复制，完成过道侧面装饰细节的制作，如图 7-179 与图 7-180 所示。

07 启用【直线】工具，绘制收边线截面；启用【推/拉】工具，创建收边线模型，如图 7-181 与图 7-182 所示。

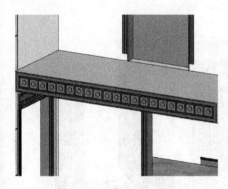

图 7-180　过道侧面装饰细节完成效果

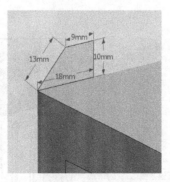

图 7-181　绘制收边线截面

图 7-182　创建收边线模型

08 赋予收边线模型【原色樱桃木】材质，将其移动复制至下端，并进行【翻转方向】调整，如图 7-183 所示。接下来制作上方的栏杆模型。

09 启用【矩形】工具，在距离左侧墙体 310mm 的位置绘制一个矩形平面，如图 7-184 所示。

10 启用【推/拉】工具，为其制作 910mm 的高度，将正向栏杆面以 2:1 的比例进行分割，如图 7-185 与图 7-186 所示。

图 7-183　移动复制收边线模型

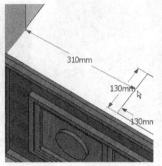
图 7-184　绘制矩形平面

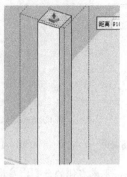
图 7-185　向上推拉矩形平面

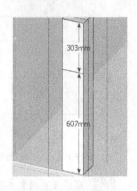
图 7-186　分割正向栏杆面

11 结合使用【偏移】与【推/拉】工具，完成栏杆正面线条细节的制作，如图 7-187~图 7-189 所示。

12 执行【文件】|【导入】命令，如图 7-190 所示。

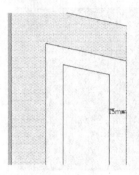

图 7-187　制作线条细节

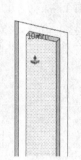
图 7-188　启用【推/拉】工具

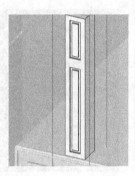
图 7-189　栏杆主体完成效果

图 7-190　执行【导入】命令

13 在【导入】对话框中选择【柱头】组件，导入至场景中并放置至合适位置，如图 7-191 与图 7-192 所示。

14 赋予栏杆模型【原色樱桃木】材质，然后以间隔 310mm 的距离移动复制 9 份，如图 7-193 与图 7-194 所示。

图 7-191　选择【柱头】组件

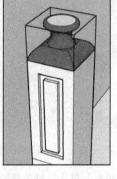
图 7-192　放置柱头

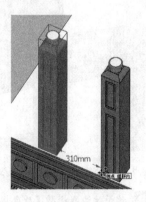
图 7-193　移动复制栏杆

15 接下来制作栏杆上端扶手模型。首先启用【矩形】工具绘制扶手截面，如图 7-195 所示。

16 启用【推/拉】工具，将扶手截面拉伸至右侧墙体交接处，如图 7-196 所示。接下来制作表面细节。

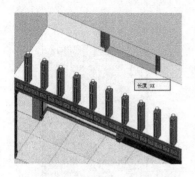

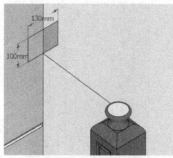

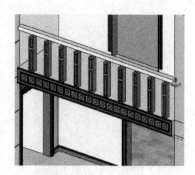

图 7-194　栏杆复制完成效果　　　　图 7-195　绘制扶手截面　　　　图 7-196　拉伸扶手截面

17 启用【偏移】工具，向内偏移 20mm；启用【推/拉】工具向内挤压 10mm，模型完成后对应赋予材质即可，如图 7-197 与图 7-198 所示。

18 此时过道效果如图 7-199 所示。

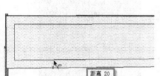

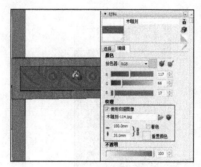

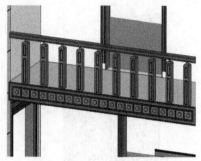

图 7-197　启用【偏移】工具　　　　图 7-198　赋予【木雕刻】材质　　　　图 7-199　过道当前模型效果

7.3.2　制作双开门

01 启用【矩形】工具，捕捉门套创建等大的矩形平面，然后拆分并删除一侧模型平面，如图 7-200~图 7-202所示。

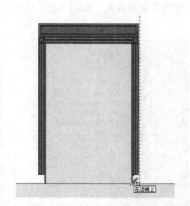

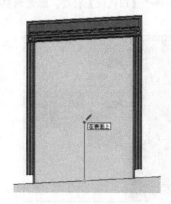

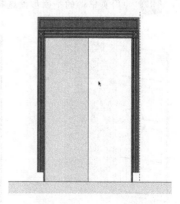

图 7-200　绘制矩形平面　　　　图 7-201　绘制中心线　　　　图 7-202　删除一侧模型平面

02 启用【卷尺】工具，绘制门页分割参考线；启用【偏移】工具，向内偏移 60mm，如图 7-203 与图 7-204所示。

03 启用【直线】工具，对中部细分面进行再次分割，如图 7-205 所示。

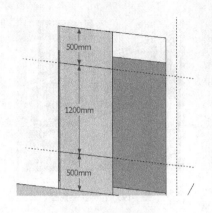
图 7-203　绘制分割参考线

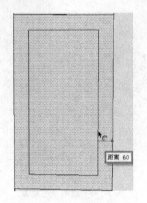
图 7-204　向内偏移矩形平面

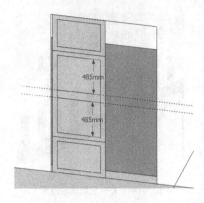
图 7-205　分割中部细分面

04　启用【圆】工具，捕捉右侧边线中点，创建一个半径约为 375mm 的圆形平面，启用【偏移】工具，向内偏移 120mm，如图 7-206～图 7-208 所示。

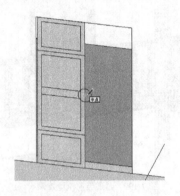
图 7-206　捕捉中点

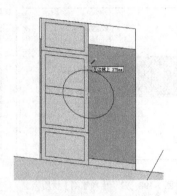
图 7-207　绘制圆形平面

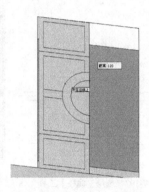
图 7-208　向内偏移圆形平面

05　删除多余边线，启用【推/拉】工具将细分面向内推拉 5mm，制作门页细节，如图 7-209 所示。赋予部分模型【原色樱桃木】材质，如图 7-210 所示。

06　为门页中部的半圆形面选择并赋予【门花纹】材质，注意调整纹理图像拼贴效果，如图 7-211 所示。

图 7-209　制作门页细节

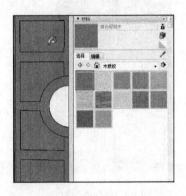
图 7-210　赋予部分门页【原色樱桃木】

图 7-211　赋予半圆形面【门花纹】材质

07　启用【移动】工具，复制制作好的门页模型，使用【翻转方向】命令调整朝向，如图 7-212 所示。

08　最后调入【拉手】模型组件，完成双开门模型制作，如图 7-213 与图 7-214 所示。

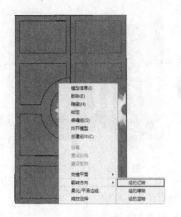
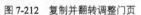

图 7-212 复制并翻转调整门页

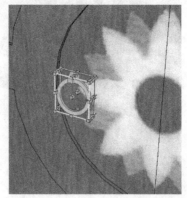

图 7-213 调入【拉手】模型组件

图 7-214 双开门模型完成效果

7.3.3 制作过道吊顶

01 过道吊顶主要包含顶棚角线与矩形灯槽模型，如图 7-215 所示。接下来首先制作顶棚角线模型。

02 结合使用【直线】与【圆弧】工具，绘制顶棚角线截面；捕捉墙体与门头，绘制跟随路径平面，如图 7-216 与图 7-217 所示。

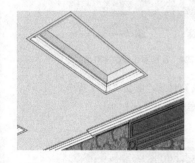

图 7-215 顶棚角线与矩形灯槽模型

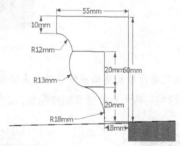

图 7-216 绘制顶棚角线截面

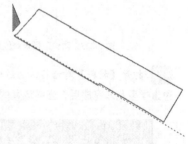

图 7-217 绘制跟随路径平面

03 启用【路径跟随】工具，完成顶棚角线制作，完成效果如图 7-218 所示。接下来制作矩形灯槽模型。

04 结合使用【卷尺】与【矩形】工具，对一层过道顶面进行分割，绘制三个矩形灯槽平面，如图 7-219 所示。

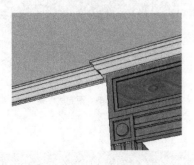

图 7-218 顶棚角线完成效果

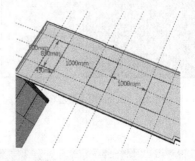

图 7-219 绘制灯槽平面

05 启用【推/拉】工具，将灯槽平面向上推拉出 200mm 的深度，然后制作出灯槽内部角线，如图 7-220 与图 7-221 所示。

06 将灯槽模型移动复制至二层过道上方，如图 7-222 所示。

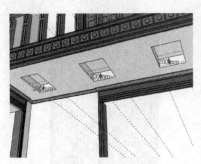

图 7-220　向上推拉灯槽平面

图 7-221　制作灯槽内部角线

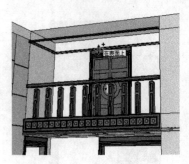

图 7-222　移动复制灯槽模型

07 选择顶棚角线与门头连接的边线，启用【移动】工具进行对位，如图 7-223 所示。

08 移动复制吊顶模型至二层过道上方，并捕捉顶棚角线进行对位，如图 7-224 所示。

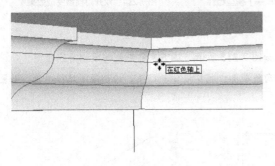

图 7-223　对位顶棚角线位置

图 7-224　复制吊顶模型并对位

09 打开【材料】对话框，为过道及餐厅墙面选择并赋予【红色墙纸】材质，如图 7-225 所示。
过道模型制作完成后，当前场景的结构与各个立面细节制作完成，效果如图 7-226 所示。

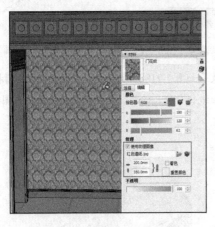

图 7-225　赋予墙面【红色墙纸】

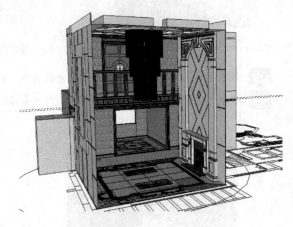

图 7-226　模型立面完成效果

7.4　合并常用家具

01 本别墅客厅家具布置如图 7-227 所示。首先打开【组件】对话框，选择【沙发】组件，如图 7-228 所示。

02 参考 CAD 图形，布置沙发模型的大致位置；启用【缩放】工具，调整沙发模型的大小，如图 7-229 与图 7-230 所示。

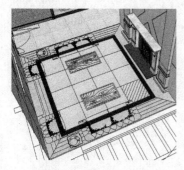

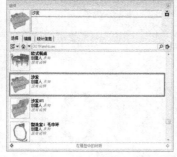

图 7-227 客厅家具布置　　　　图 7-228 选择【沙发】组件　　　　图 7-229 布置沙发模型

03 使用类似的方法完成客厅及餐厅其他基本家具的布置，如图 7-231 与图 7-232 所示。

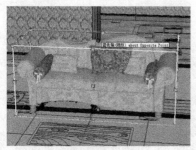

图 7-230 调整沙发模型的大小　　　　图 7-231 客厅布置完成效果　　　　图 7-232 餐厅布置完成效果

04 至此，欧式别墅客厅室内设计全部完成，最终效果如图 7-233 所示。

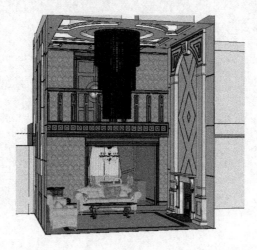

图 7-233 最终完成效果

第 08 章

室外别墅建筑照片建模

本章重点：

◆ SketchUp 照片建模基础
◆ SketchUp 照片建模实例

根据二维照（图）片创建三维实体模型，是 SketchUp 一个非常强大且极具特色的功能。在 Google 的三维地图上，众多的 SketchUp 爱好者通过现有的二维照（图）片，完成了许多标志性建筑三维模型的制作，如图 8-1 和图 8-2 所示。

图 8-1　Google 地图中的世博中国馆三维模型

图 8-2　Google 地图中的鸟巢三维模型

本章将首先讲解 SketchUp 照片建模的基本技术，然后通过将图 8-3 所示的别墅照片，创建成如图 8-4 所示的三维模型实例，学习 SketchUp 照片建模的方法、流程与相关技巧。

图 8-3　建筑原始照片

图 8-4　SketchUp 照片模完成效果

8.1　SketchUp 照片建模基础

8.1.1　如何导入照片

在 SketchUp 中有两种导入照片进行匹配建模的方法，一种是通过【相机】菜单导入，另一种则是通过【文件】菜单导入，如图 8-5 与图 8-6 所示。

图 8-5　通过【相机】菜单导入

图 8-6　通过【文件】菜单导入

8.1.2 匹配照片

将照片以匹配建模的用途导入到 SketchUp 后，将出现如图 8-7 所示的照片匹配界面和如图 8-8 所示的【照片匹配】对话框。

选择照片匹配界面坐标轴可以定位坐标原点位置，如图 8-9 所示。通过将坐标原点定位于建模主体在照片中最近端的位置，有利于模型的准确创建。

图 8-7　照片匹配界面　　　　图 8-8　【照片匹配】对话框　　　　图 8-9　确定坐标原点

照片匹配界面中有两根红绿两色的轴向定位线，其中绿色定位线用于定位 Y 轴，参考照片中建模主体纵向边线匹配好其位置即可，如图 8-10 与图 8-11 所示。

而红色定位线用于定位 X 轴，参考照片中建模主体横向边线匹配其位置，通常前两根定位线可以选择与原点相交，如图 8-12 所示。

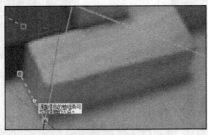
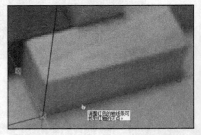

图 8-10　选择绿（Y）轴参考线　　　　图 8-11　定位绿（Y）轴参考线　　　　图 8-12　定位红（X）轴参考线

> **技 巧**
>
> 在放置的过程中，应实时注意坐标轴各个轴线是否与照片主体中的对应边线相切合。

旋转好前两根定位轴线后，再使用同样的方法找到建模主体中对应走向的其他边线，放置另外两根轴线即可；最后单击【照片匹配】对话框中的【完成】按钮完成匹配，如图 8-13 与图 8-14 所示。

> **注 意**
>
> 确定完成匹配效果后，如果发现坐标轴线与照片中模型主体对应边线不太切合，可以执行【相机】|【编辑照片匹配】菜单命令继续进行调整。

8.1.3 建立模型

完成照片匹配后，即可利用匹配好的坐标轴建立模型。启用【直线】工具，捕捉原点，绘制第一条线段，如图 8-15 所示。

在线段的绘制过程中，为了得到水平或垂直的线段，需要捕捉对应方向坐标轴进行绘制，并最终封闭形成平面，图 8-16~图 8-18 所示。

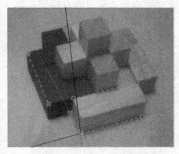

图 8-13　定位另外两条轴线

图 8-14　定位完成

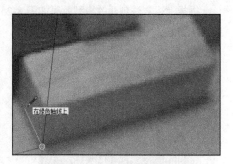

图 8-15　从原点开始绘制线段

图 8-16　捕捉蓝轴绘制垂线

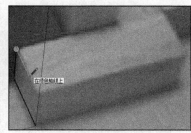

图 8-17　捕捉绿轴绘制平行线

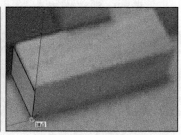

图 8-18　封闭形成平面

绘制好平面后，启用【推/拉】工具，参考照片中的模型进行推拉，推拉完成后转动视图，即可发现已经创建好实体模型，如图 8-19 与图 8-20 所示。

如果要再次回到照片匹配的视图，只需单击当前的页面名称即可，如图 8-21 所示。

图 8-19　参考照片进行推拉

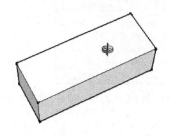

图 8-20　推拉完成效果

图 8-21　返回照片匹配视图

回到照片匹配视图后，以创建好的模型为参考创建出其他的模型，如图 8-22 与图 8-23 所示。

技 巧

创建初步模型后，其他模型可以根据位置关系在透视图中进行快速创建，如图 8-24 所示。

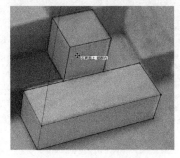

图 8-22　创建其他模型

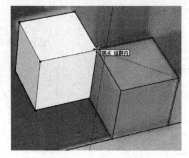

图 8-23　复制创建模型

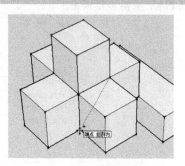

图 8-24　在透视图中创建模型

根据上述方法创建的模型效果如图 8-25 所示。最后执行【删除】命令，删除当前页面，即可得到纯模型效果，图 8-26 与图 8-27 所示。

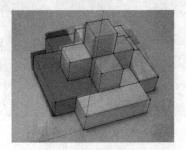

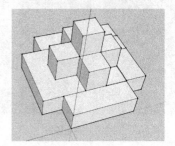

图 8-25　创建的模型效果　　　　图 8-26　删除当前页面　　　　图 8-27　纯模型效果

> **注 意**
>
> 利用 SketchUp 照片建模有时并不能完全匹配照片模型的大小与位置，原因通常有如下三点：
>
> 第一，用于匹配的照片经过不等比的调整，透视关系已经改变。
>
> 第二，用于匹配的照片在拍摄时使用产生透视扭曲的镜头。
>
> 第三，由于参考的是二维照片，在建立三维模型时要去主观推测一些效果，因此会造成一些必然的误差。

模型建立完成后，参考照片为其赋予对应材质，如图 8-28 所示。此外，在【照片匹配】对话框中如果单击【从照片投影纹理】按钮，系统将自动指定匹配照片投影位置的材质，如图 8-29 与图 8-30 所示。

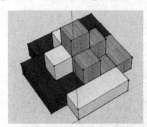

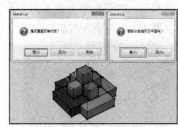

图 8-28　赋予模型材质　　　图 8-29　单击【从照片投影纹理】按钮　　　图 8-30　材质投影效果

8.2　SketchUp 照片建模实例

8.2.1　匹配照片

01 启动 SketchUp，执行【模型信息】命令，如图 8-31 所示。打开【模型信息】对话框，设置场景单位为毫米，如图 8-32 所示。

图 8-31　执行【模型信息】命令　　　　图 8-32　设置场景单位

注意

由于本例创建的是建筑模型，系统默认的人物模型可用于参考建筑尺寸，因此可以将其保留。

02 执行【相机】|【匹配新照片】命令，选择【别墅】照片作为匹配背景，如图8-33所示。

03 照片匹配默认的效果如图8-34所示。

图8-33　选择【别墅】背景照片

图8-34　照片匹配默认效果

04 首先定位坐标轴原点，然后参考照片调整好各条定位轴线，如图8-35与图8-36所示。

图8-35　调整定位轴线

图8-36　【照片匹配】对话框

8.2.2　制作建筑主体轮廓

01 启用【直线】工具，捕捉坐标原点作为绘制线段起点，如图8-37所示；然后捕捉绿轴，向右绘制水平线段，如图8-38所示。

技巧

通过二维照（图）片匹配创建出形态一致的三维模型较容易，但必须同时考虑到模型间的前后及层次关系，因此在创建模型时必须层层推进。本例首先通过捕捉原点以及轴向创建大门模型，然后以其为参考创建其他模型。

02 捕捉蓝轴并参考照片，绘制垂直向上的线段，如图8-39所示。通过类似的方法封闭该平面，如图8-40和图8-41所示。

图8-37　捕捉坐标原点

图8-38　绘制水平线段

图8-39　绘制垂直向上线段

03 启用【推/拉】工具，参考照片制作大门轮廓平面，如图 8-42 所示。启用【直线】工具，参考图片分割模型面，如图 8-43 所示。

图 8-40 捕捉蓝轴确定长度

图 8-41 捕捉坐标原点封闭平面

图 8-42 制作大门轮廓平面

04 启用【推/拉】工具，打通分割面形成大门模型，如图 8-44 所示；然后将其创建为群组，如图 8-45 所示。

图 8-43 参考照片分割平面

图 8-44 推拉分割面

05 大门模型创建完成后，即可以其为参考，制作其他模型。观察匹配照片，可以发现别墅二层与其直接相连，因此首先启用【直线】工具，捕捉其边线向后绘制一条线段，如图 8-46 与图 8-47 所示。

图 8-45 将大门模型创建为群组

图 8-46 捕捉线段起点

图 8-47 参考照片向后绘制线段

注意

在创建别墅二层时，捕捉大门边线绘制线段起点，可以保证别墅二层模型与大门的层次关系，否则创建的模型在形态上能与照（图）片保持一致，但旋转视图即可发现创建的模型与大门模型距离相隔甚远。

06 通过各个轴向的捕捉，绘制出构成平面的其他线段，并最终形成封闭平面，如图 8-48~图 8-50 所示。

图 8-48　捕捉蓝轴向上绘制线段　　　图 8-49　捕捉蓝轴向下绘制线段　　　图 8-50　捕捉绿轴连接形成平面

07 启用【推/拉】工具，参考照片制作别墅二层模型轮廓。完成后转动视图，可以发现其与大门的位置关系适合现实中的常规设计，如图 8-51 与图 8-52 所示。

08 参考当前创建的别墅二层模型，结合使用【直线】工具与【推/拉】工具，制作正面屋檐，如图 8-53 所示。

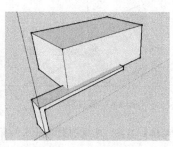

图 8-51　制作二层模型轮廓　　　　　图 8-52　当前模型效果　　　　　图 8-53　制作正面屋檐

09 由于屋檐一直延伸至右侧屋面，因此选择当前模型右侧边线，启用【移动】工具，参考照片调整其位置，如图 8-54 所示。

10 切换至透视图，通过之前调整好的边线位置完成右侧屋檐模型的制作，如图 8-55~图 8-57 所示。

11 屋檐模型完成后，结合使用【直线】工具与【推/拉】工具，参考匹配照片完成别墅二层正面门洞与窗洞模型的制作，如图 8-58~图 8-61 所示。

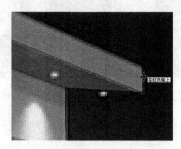

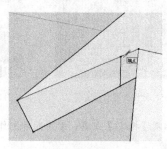

图 8-54　参考照片移动右侧边线　　　　　　　图 8-55　在透视图中绘制边线

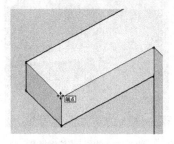

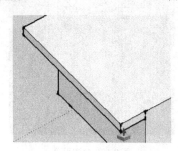

图 8-56　移动对齐边线　　　　　图 8-57　制作右侧屋檐模型　　　　图 8-58　强制相交平面绘制左侧分割线

图 8-59　强制相交平面绘制右侧分割线

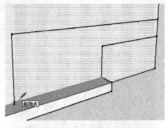

图 8-60　封闭形成分割平面

图 8-61　制作二层正面门洞模型

12 旋转至透视图，对齐大门与窗台边沿，然后删除模型中多余的线段，如图 8-62~图 8-64 所示。

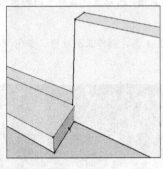

图 8-62　选择平面

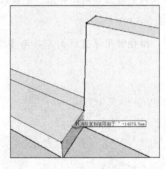

图 8-63　推拉对齐平面

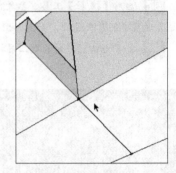

图 8-64　删除多余边线

13 结合使用【直线】工具与【推/拉】工具，完成别墅二层左侧窗洞模型的制作，如图 8-65 所示。接下来制作别墅一层轮廓模型。

14 启用【直线】工具，捕捉别墅二层底部边线，参考匹配照片位置创建线段起点，如图 8-66 所示。

15 捕捉绿轴，参考照片向后绘制线段，然后逐步形成封闭平面，如图 8-67~图 8-69 所示。

图 8-65　制作二层左侧窗洞

图 8-66　捕捉边线创建线段起点

图 8-67　参考照片绘制线段

16 启用【推/拉】工具，参考照片制作别墅一层轮廓模型，如图 8-70 所示。接下来进行别墅一层正面门洞模型的制作。

图 8-68　捕捉蓝轴向下绘制线段

图 8-69　封闭平面

图 8-70　制作一层轮廓模型

17 为了保证一、二层门洞处于同一垂直线段，启用【卷尺】工具，绘制一条辅助线，如图 8-71 所示。

18 启用【直线】工具，结合轴向捕捉与照片位置，制作别墅一层正面门洞模型。注意，在最右侧保留墙体厚度，如图 8-72~图 8-75 所示。

图 8-71　捕捉二层边线绘制辅助线

图 8-72　参考辅助线绘制线段

图 8-73　捕捉边线绘制线段

19 别墅一层正面门洞模型制作完成后，平移视图至左侧，结合使用【直线】工具与【推/拉】工具，完成别墅一层窗洞模型的制作，如图 8-76 与图 8-77 所示。

图 8-74　参考照片绘制封闭分割面

图 8-75　制作一层正面门洞模型

图 8-76　绘制右侧窗洞分割面

20 别墅一、二层轮廓模型创建完成后，将其创建为群组，如图 8-78 所示。接下来制作别墅后方模型轮廓。

21 为了准确创建出后方模型的层次，首先捕捉一层墙体，并在红色轴线上向左绘制水平线作为辅助线，如图 8-79 所示。

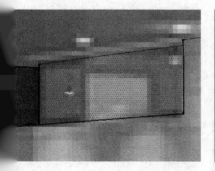
图 8-77　制作一层窗洞模型

图 8-78　将楼体模型创建为群组

图 8-79　捕捉红轴绘制水平线

22 捕捉二层底部边线，并参考匹配照片中位置，绘制一条垂直向下的线段与辅助线相交，如图 8-80 所示。

23 启用【直线】工具，捕捉交点作为线段起点，捕捉绿轴并匹配照片，向后绘制一条线段，如图 8-81 所示。

24 捕捉蓝轴并参考匹配照片，向上绘制一条垂直线段，以确定轮廓高度，如图 8-82 所示。

图 8-80　捕捉边线向上绘制垂直边线　　　图 8-81　捕捉绿轴向后绘制线段　　　图 8-82　捕捉蓝轴向上绘制线段

25 由于背面模型无法从匹配照片中得到参考，因此接下来旋转视图至模型背面，通过推断封闭该平面，如图 8-83 与图 8-84 所示。

26 启用【推/拉】工具，完成背面模型的制作，如图 8-85 所示；然后参考匹配照片，完成其正面门洞模型的制作，如图 8-86 所示。

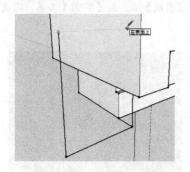

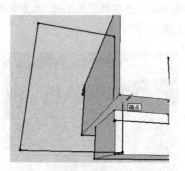

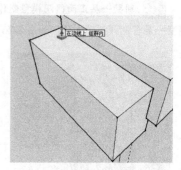

图 8-83　在透视图中绘制水平线　　　图 8-84　在透视图中封闭形成平面　　　图 8-85　制作背面模型

27 将制作好的模型创建为群组，然后删除多余线段，如图 8-87 与图 8-88 所示。

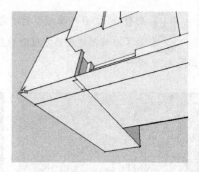

图 8-86　制作门洞模型　　　图 8-87　创建为群组　　　图 8-88　删除多余线段

28 图 8-89 与图 8-90 所示为绘制的走廊与地基模型，最终得到如图 8-91 所示的别墅轮廓模型。

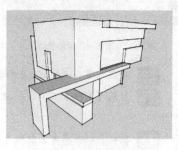

图 8-89　绘制的走廊模型　　　图 8-90　绘制的地基模型　　　图 8-91　别墅轮廓模型

8.2.3 制作建筑细节模型

01 首先细化出别墅二层的门窗模型。启用【卷尺】工具，绘制辅助线；启用【直线】工具，初步分割模型面，如图 8-92 与图 8-93 所示。

02 使用【直线】工具，参考照片细化平面，如图 8-94 所示；然后删除分割产生的多余线段，如图 8-95 所示。

图 8-92 绘制辅助线

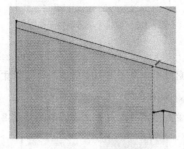
图 8-93 分割模型面

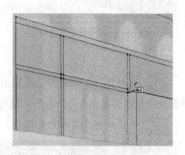
图 8-94 细化平面

03 细化完成效果如图 8-96 所示。选择相关模型面，将其创建为群组，以便于独立编辑，如图 8-97 所示。

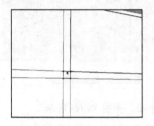
图 8-95 删除多余线段

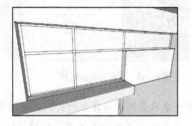
图 8-96 细化完成效果

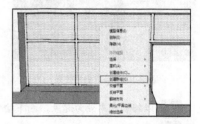
图 8-97 创建为群组

04 启用【推/拉】工具，参考匹配照片中的深度制作出窗框模型，如图 8-98 所示；然后在其他分割面上逐个双击，完成其他窗框模型制作，效果如图 8-99 所示。

05 接下来制作材质效果。首先打开【材料】对话框，选择【带阳极铝的金属】材质，将其颜色调整为深灰色后赋予模型，如图 8-100 与图 8-101 所示。

> **注意**
>
> 除了该处的门框外，场景中的围栏、路灯等模型使用的也是该金属材质。

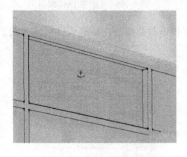
图 8-98 制作窗框模型

图 8-99 窗框模型完成效果

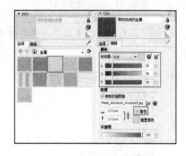
图 8-100 编辑窗框模型材质

06 选择【半透明安全玻璃】材质，将其【不透明】数值调整为 94，如图 8-102 所示。将其赋予玻璃模型，如图 8-103 所示。

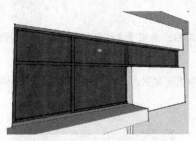

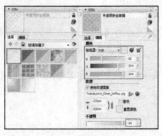

图 8-101　赋予窗框模型材质　　　　图 8-102　编辑【半透明安全玻璃】　　　图 8-103　赋予玻璃模型材质

材质

07　返回照片匹配视图，观察当前效果，如图 8-104 所示。为了便于参考匹配照片，将玻璃材质的【不透明】数值暂时调整为 0，即为完全透明，如图 8-105 所示。

08　接下来制作装饰栅格模型。首先启用【卷尺】工具，绘制如图 8-106 所示的辅助线。

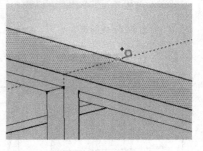

图 8-104　当前显示效果　　　　　图 8-105　调整为完全透明　　　　图 8-106　绘制辅助线

09　以辅助线中点为起点，向下绘制一条垂直线段与窗台相交，创建栅格平面，如图 8-107 所示。

10　参考匹配照片绘制好封闭平面，然后启用【推/拉】工具，制作栅格轮廓模型，如图 8-108 所示。

11　细化栅格模型。启用【偏移】工具，制作如图 8-109 所示的边框模型。

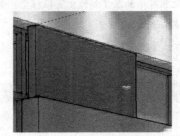

图 8-107　创建栅格平面　　　　　图 8-108　制作栅格轮廓模型　　　　图 8-109　制作边框模型

12　启用【推/拉】工具，制作出些许厚度，然后对其表面进行细化，制作内部分隔面，如图 8-110~图 8-112 所示。

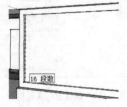

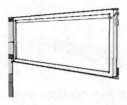

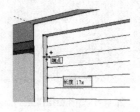

图 8-110　等分边线　　　　　图 8-111　绘制分割线　　　　图 8-112　制作内部分隔面

13　分割面制作完成后，启用【推/拉】工具，打通内部分割面间隔。旋转至模型背面，删除不可见模型面，如图 8-113~图 8-115 所示。

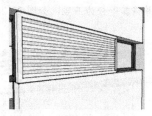
图 8-113 间隔推拉分割面

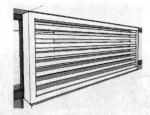
图 8-114 栅格模型完成效果

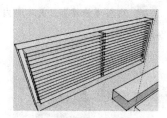
图 8-115 删除背面模型面

14 打开【材料】对话框，选择【原色樱桃木】材质并赋予模型，然后将其创建为群组，如图 8-116 与图 8-117 所示。

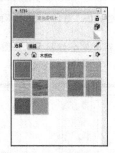
图 8-116 选择【原色樱桃木】材质

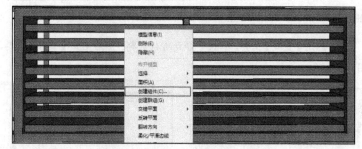
图 8-117 赋予材质并创建为群组

15 使用类似的方法制作左侧栅格模型，完成推拉门模型的制作，如图 8-118 与图 8-119 所示。

16 制作栏杆模型。参考匹配照片绘制出平面，然后启用【推/拉】工具制作栏杆轮廓模型，如图 8-120 所示。

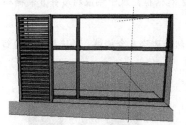
图 8-118 制作左侧门栅格

图 8-119 制作推拉门模型

图 8-120 制作栏杆轮廓模型

17 启用【直线】工具，分割栏杆平面，如图 8-121 所示。

18 启用【推/拉】工具，制作出栏杆的厚度并同时制作出玻璃效果，如图 8-122 所示。对应为其赋予相应材质，如图 8-123 所示。

图 8-121 分割栏杆平面

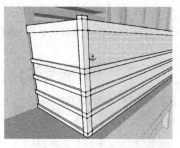
图 8-122 制作栏杆和玻璃模型

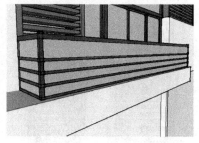
图 8-123 赋予栏杆和玻璃模型材质

19 使用相同的方法完成别墅二层右侧栏杆模型制作，如图 8-124 所示。

20 至此，别墅二层正面门窗细化完成，当前照片匹配模型效果如图 8-125 所示。接下来细化别墅一层推拉门模型。

21 启用【偏移】工具，向内偏移出一层门框平面；然后选择底部边线并将其等分为五段，如图 8-126 与图 8-127 所示。

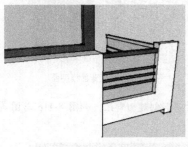

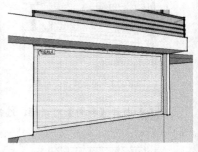

图 8-124　制作二层右侧栏杆模型　　　　图 8-125　当前模型效果　　　　图 8-126　绘制一层门框平面

22 启用【直线】工具，捕捉等分点进行分割；然后启用【偏移】工具，向内偏移出单个推拉门，如图 8-128 与图 8-129 所示。

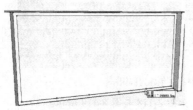

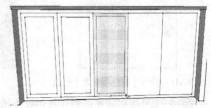

图 8-127　等分边线　　　　　　　　图 8-128　分割平面　　　　　　　　图 8-129　偏移出单个推拉门

23 启用【推/拉】工具，制作出门框和玻璃模型；然后打开【材质】对话框，赋予相应材质并复制栅格，如图 8-130 与图 8-131 所示。

24 启用【移动】工具，将之前制作好的栅格模型移动复制至一层，然后删除多余栅格，并选择底部边线，调整栅格高度，如图 8-132 与图 8-133 所示。

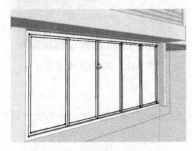

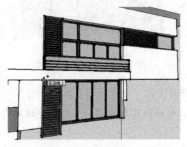

图 8-130　制作门框及玻璃模型　　　图 8-131　赋予材质并复制栅格模型　　　图 8-132　删除多余栅格

25 复制栅格至右侧门框模型，如图 8-134 所示；然后转动视图至模型右侧，完成其他门窗模型的制作，如图 8-135 所示。

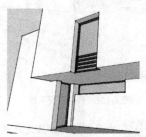

图 8-133　调整栅格高度　　　　　　图 8-134　复制栅格模型　　　　　　图 8-135　制作侧面门窗模型

26 别墅门窗模型制作完成后，参考匹配照片为模型主体选择并赋予材质，如图 8-136 与图 8-137 所示。

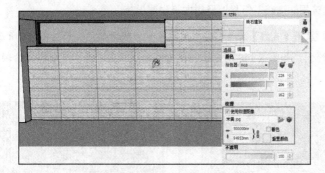

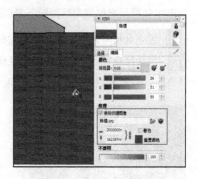

图 8-136　选择并赋予墙面材质　　　　　　　　　　图 8-137　选择并赋予砖墙材质

27 最后制作别墅主体各种灯具。首先制作筒灯模型，如图 8-138~图 8-140 所示。

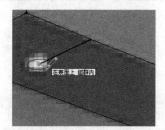

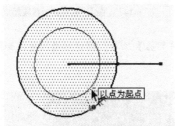

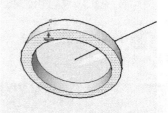

图 8-138　绘制筒灯圆形平面　　　　图 8-139　向内偏移圆形平面　　　　图 8-140　制作筒灯模型

28 筒灯模型制作完成后，打开【材料】对话框，为其赋予对应材质；然后参考匹配照片进行复制，如图 8-141 与图 8-142 所示。

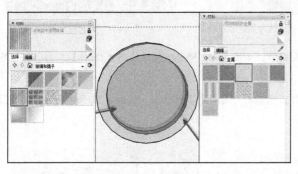

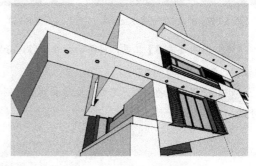

图 8-141　赋予灯具材质　　　　　　　　　　　　图 8-142　灯具复制完成效果

29 在匹配照片中无法观察细节的壁灯模型，则可以直接调用类似组件，如图 8-143 与图 8-144 所示。

30 最后制作别墅周围的栅栏等模型，完成建筑主体模型的制作，如图 8-145 与图 8-146 所示。

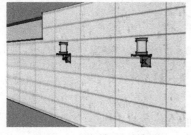

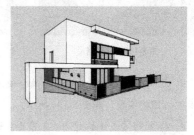

图 8-143　调用【壁灯】组件　　　　图 8-144　壁灯模型完成效果　　　　图 8-145　完成建筑主体建模

8.2.4　制作周边设施及环境

建筑主体模型制作完成后，接下来创建建筑周边道路、灯具以及树木等附属设施。

01　首先制作与建筑围栏相连的人行道。启用【直线】工具，捕捉围栏端点为线段起点，如图 8-147 所示。

02　捕捉绿轴并参考匹配照片完成线段绘制，如图 8-148 所示。捕捉绘制的线段，并参考匹配照片绘制出另一条线段，如图 8-149 与图 8-150 所示。

图 8-146　建筑主体模型照片匹配效果

图 8-147　捕捉围栏交点为线段起点

图 8-148　参考照片绘制线段

03　绘制两条相交线段后，启用【圆弧】工具，创建路沿圆角，如图 8-151 所示；然后参考匹配照片封闭形成平面。

图 8-149　捕捉边线创建线段起点

图 8-150　绘制线段至照片外

图 8-151　创建路沿圆角

04　启用【偏移】工具，将平面向外偏移，分割路沿，如图 8-152 所示；然后启用【推/拉】工具，制作路沿模型，如图 8-153 所示。

05　使用类似的方法，完成其他路面模型的制作；然后打开【材料】对话框，选择并赋予对应材质，如图 8-154 与图 8-155 所示。

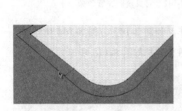

图 8-152　分割路沿

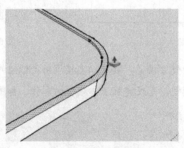

图 8-153　制作路沿模型

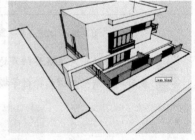

图 8-154　路面模型完成效果

06　路面模型制作完成后，结合使用【直线】、【偏移】、【推/拉】工具及【拆分】等菜单命令，制作出大门以及左侧围栏模型，如图 8-156 所示。

07　执行【文件】|【导入】命令，如图 8-157 所示。

08　打开【导入】对话框，选择【路灯】组件，如图 8-158 所示。

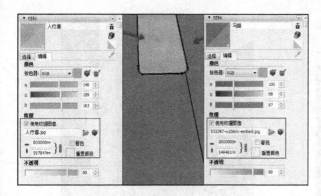

图 8-155 赋予地面与人行道材质

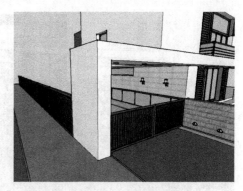

图 8-156 制作大门与左侧栏杆模型

图 8-157 执行【导入】命令

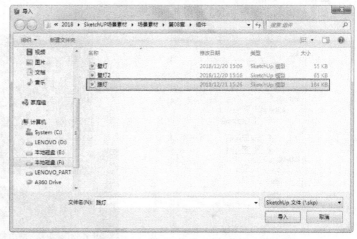

图 8-158 选择【路灯】组件

09 将组件导入场景，放置路灯的效果如图 8-159 所示。

10 最后再调用植物组件，参考匹配照片制作好场景中树木的效果，如图 8-160~图 8-162 所示。

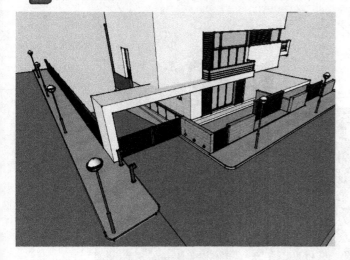

图 8-159 放置路灯的效果

图 8-160 选择植物组件

图 8-161　调用植物组件

图 8-162　调整植物组件大小与位置

11 调整好植物组件大小与位置后，在【创建组件】对话框中勾选【总是朝向相机】复选框，然后复制出其他位置的树木，如图 8-163 与图 8-164 所示。

图 8-163　设置【对齐】参数

图 8-164　复制出其他位置的树木

12 至此，室外建筑照片建模全部完成，删除页面，即可得到如图 8-165 所示的模型完成效果。

图 8-165　模型完成效果

第 09 章

欧式办公楼建筑设计

本章重点：

- ◆ 正式建模前的准备工作
- ◆ 制作建筑轮廓模型
- ◆ 制作主入口
- ◆ 制作正立面
- ◆ 制作侧立面
- ◆ 制作背立面
- ◆ 制作屋顶及细节

欧式风格建筑外形优美典雅，风格雍容华贵，由于有较多的华丽装饰和精美造型，因此建模有一定的难度，需要掌握一定的方法和技巧。

本章通过一个复杂的欧式建筑的绘制，讲解 SketchUp 欧式建筑的绘制方法和流程，制作完成的模型效果如图 9-1~图 9-4 所示。

图 9-1　欧式建筑正立面模型效果

图 9-2　欧式建筑背立面模型效果

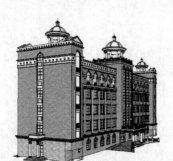

图 9-3　欧式建筑侧立面模型效果

图 9-4　欧式建筑细节模型效果

9.1　正式建模前的准备工作

施工图通常附带大量的图块、标注以及文字等信息，这些信息导入 SketchUp 后，都会占用大量资源，也不便于图形的观察，因此首先应该在 AutoCAD 中对其进行简化整理。

9.1.1　在 AutoCAD 中简化整理图形

启动 AutoCAD，打开配套资源【第 09 章\欧式建筑图形.dwg】文件，如图 9-5 所示。可以看到，当前的图形中包含许多标注与图块等信息，如图 9-6 所示。

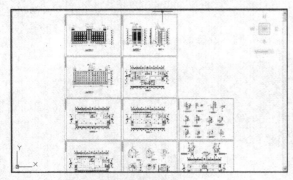

图 9-5　打开配套资源文件

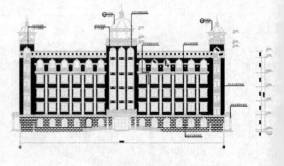

图 9-6　当前 AutoCAD 图形

　　成套的 AutoCAD 建筑施工图通常包含多个平面图和立面图，这些图形可以在 SketchUp 建模时直接利用。而其中的节点图和大样图，则一般不导入 SketchUp，只用于数据读取和结构参考。

　　单击 AutoCAD【图层】下拉按钮，单击图层前的图标 💡，关闭标注、文字等不需要的图层，如图 9-7 与图 9-8 所示。

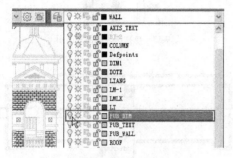

图 9-7　关闭标注图层

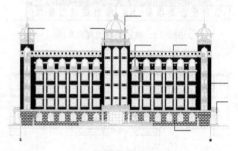

图 9-8　标注图层关闭效果

　　使用相同方法，关闭图形中其他多余图层，只显示建筑基本信息，如图 9-9 所示。

图 9-9　简化后的图形

　　选择整理好的单个图形，按下 Ctrl+C 键进行复制；然后新建一个空白的 AutoCAD 文档，按下 Ctrl + V 键粘贴，以分开保存。

　　按下 M 键启用【移动】工具，选择整理后的图形，然后输入【0,0,0】，将其移动至坐标原点，以方便导入 SketchUp 中进行定位；最后将该图进行保存。

　　建筑图中包含许多重复元素，如门窗、栏杆等，如图 9-10 所示。如果使用的电脑配置不高，还可以继续删除这些重复的元素，如图 9-11 所示。

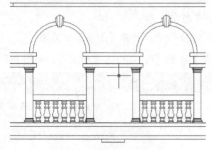

图 9-10　图中的重复元素

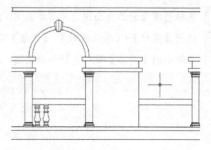

图 9-11　删除重复元素

使用相同的方法整理其他立面图和平面图，并单独保存，如图9-12~图9-15所示。

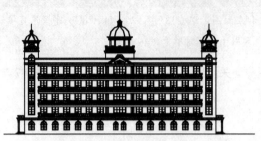

图9-12 单独保存的背立面图

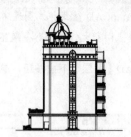

图9-13 单独保存的侧立面图

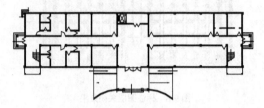

图9-14 单独保存的一层平面图

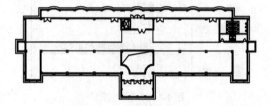

图9-15 单独保存的其他层平面图

9.1.2 导入整理好的图形至 SketchUp

在 AutoCAD 中整理好图形后，将其导入 SketchUp，并整理图层和位置对齐。

01 打开 SketchUp，打开【模型信息】对话框，设置场景单位，如图9-16所示。

02 执行【文件】|【导入】菜单命令，在弹出的【导入】对话框中选择【AutoCAD 文件】类型，设置 AutoCAD 导入选项，如图9-17所示。

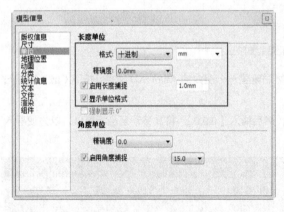

图9-16 设置场景单位

图9-17 设置 AutoCAD 导入选项

03 选择整理后的正立面图，将其导入 SketchUp，如图9-18所示。

04 执行【窗口】|【默认面板】|【图层】菜单命令，如图9-19所示，打开【图层】工具栏。

05 在弹出的【图层】面板选择多余图层，单击【删除图层】按钮 ⊖，删除选中的图层，如图9-20所示。

> **注 意**
>
> 通过观察可以发现，导入的图形恰好位于原点附近，这是之前在 AutoCAD 中已经将图形移动至原点的结果。

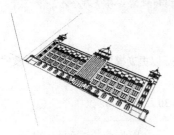

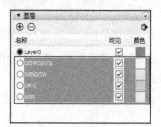

图9-18　导入正立面图　　　　图9-19　执行【图层】菜单命令　　　　图9-20　删除多余图层

06 为当前导入的正立面图新建【正立面】图层，如图9-21所示。

07 全选场景中的正立面图，将其创建为群组，如图9-22所示。打开【图元信息】面板，将其图层更改为
【正立面】，如图9-23所示。

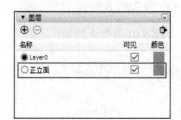

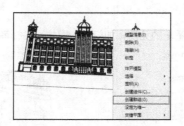

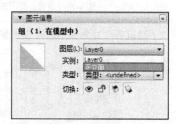

图9-21　创建【正立面】图层　　　图9-22　将正立面图创建为群组　　　图9-23　更改图形所在图层

08 启用【旋转】工具，将正立面图进行旋转使其竖立，如图9-24所示。启用【移动】工具，将其中心与
Z轴对齐，如图9-25所示。

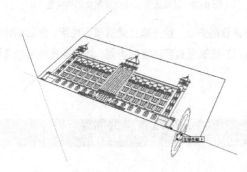

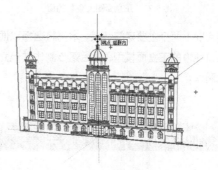

图9-24　旋转正立面图　　　　　　　　　　　图9-25　对齐正立面图至Z轴

09 导入侧立面图、背立面图及一层平面图，对其图层进行同样的处理，并旋转与对位，如图9-26~图
9-28所示。

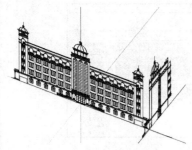

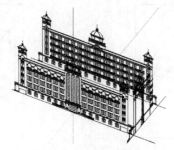

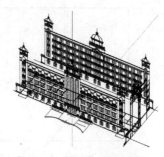

图9-26　导入的侧立面图　　　　图9-27　导入的背立面图　　　　图9-28　导入的一层平面图

注 意

对于平面图，通常导入一层平面即可；对于其他层的平面图，可以根据建模需要再适时导入。

9.1.3 通过图形分析建模思路

在正式创建模型前，通过图形分析建筑的特点，从而形成明确的建模思路，以提高模型创建的效率。本欧式建筑的特点如下：

1）建筑整体呈对称结构，左右两侧模型效果完全一致，如图 9-29 与图 9-30 所示。

图 9-29　建筑正立面图

图 9-30　建筑背立面图

2）建筑各个立面图中都存在大量重复的元素，如门窗、廊柱、栏杆等，如图 9-31 与图 9-32 所示。

图 9-31　正立面图上重复的窗

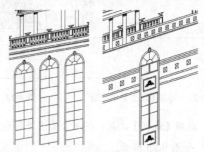

图 9-32　正立面图与侧立面图类似的构造

结合以上两个主要建筑特点，本例将选择以面为单位进行建模的方法。首先建立建筑模型轮廓，然后细化包括主入口在内的正立面模型，最后逐步制作其他立面细节。相同的建筑元素可以复制得到，以快速完成其他立面模型的制作。

9.2　制作建筑轮廓模型

01 为了制作出准确的建筑轮廓模型，启用【移动】工具，以平面图的边角为准，选择各个立面图进行对位，如图 9-33 所示。

02 为了便于平面图的观察与捕捉，选择隐藏场景中的立面图，如图 9-34 所示。

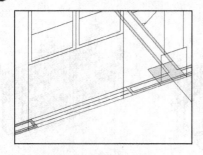

图 9-33　移动对齐立面图

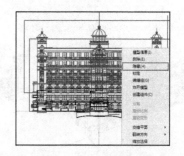

图 9-34　隐藏立面图

> **注意**
>
> 　　在对位立面图与平面图时,有可能会发现两者门窗等位置不能对齐,此时只要注意将图形整体对齐即可,
> 门窗等位置通常以立面图为准。

03　启用【矩形】工具,捕捉平面图对角的端点,创建一个矩形平面,如图 9-35 与图 9-36 所示。

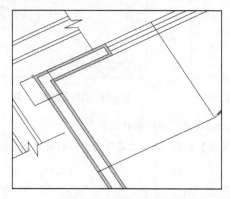

图 9-35　捕捉平面图对角的端点

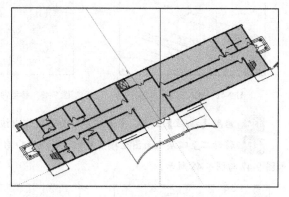

图 9-36　创建矩形平面

04　切换至 AutoCAD 窗口,查看图形中的标高,如图 9-37 所示;然后返回 SketchUp,启用【推/拉】工具,
准确创建出建筑底层高度,如图 9-38 所示。

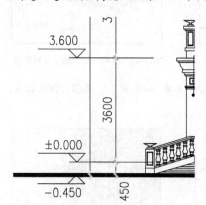

图 9-37　在 AutoCAD 图形中查看标高

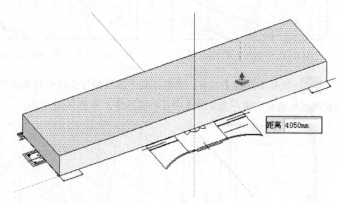

图 9-38　创建底层高度

05　继续查看建筑二至五层的标高,如图 9-39 所示。创建其他层高,如图 9-40 所示。

06　建筑整体高度创建完成后,显示立面图,观察创建的模型高度与图中所示高度是否吻合,如图 9-41
所示。

图 9-39　查看二至五层的标高

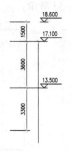

图 9-40　创建其他层高

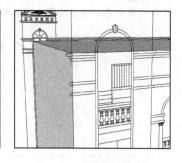

图 9-41　观察模型高度是否准确

07 通过观察导入的图形可以发现，建筑正立面图的中间与两侧均存在向外凸出的部分，因此再导入建筑二层平面图并进行对齐，如图 9-42 与图 9-43 所示。

08 参考导入的二层平面图，启用【直线】工具，进行正立面中间区域的分割，如图 9-44 与图 9-45 所示。

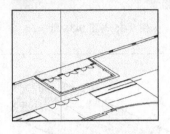

图 9-42 导入二层平面图

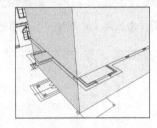

图 9-43 参考导入图进行对齐

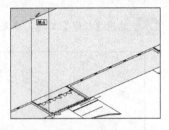

图 9-44 启用【直线】工具

09 启用【推/拉】工具，参考二层平面图制作出该处的凸出部分，如图 9-46 所示。

10 移动二至四层平面图至模型右侧进行观察，启用【直线】工具，参考二层平面图分割出右侧正立面，如图 9-47 与图 9-48 所示。

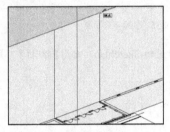

图 9-45 分割正立面中间区域

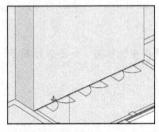

图 9-46 制作中间区域凸出部分

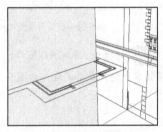

图 9-47 观察二至四层平面图右侧

11 启用【推/拉】工具，参考二层平面图制作出该处的凸出部分，如图 9-49 所示。观察右侧立面图，可以发现该处凸出空间一直延伸至一层中间区域，如图 9-50 所示。

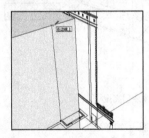

图 9-48 分割右侧正立面

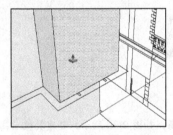

图 9-49 制作右侧正立面凸出部分

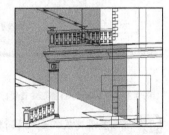

图 9-50 观察侧立面图纸

12 启用【推/拉】工具，选择底部分割平面，制作一定厚度的底部模型，如图 9-51 所示。选择底部边线，在右视图中参考侧立面图，将其移动到准确的高度，如图 9-52 和图 9-53 所示。

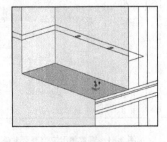

图 9-51 制作一定厚度的底部模型

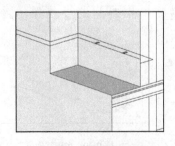

图 9-52 选择底部边线

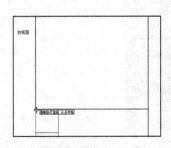

图 9-53 使用【移动】工具进行对齐

13 使用相同的方法制作出正立面左侧凸出空间，完成建筑轮廓模型的制作，如图 9-54 所示。

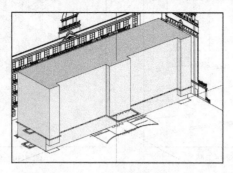

图 9-54　制作的建筑轮廓模型

9.3　制作建筑主入口

建筑主入口由平台与两侧对称的斜坡组成，如图 9-55 所示。首先制作一侧的斜坡与平台，然后通过移动复制与翻转方向，完成整个主入口的制作。

图 9-55　主入口立面图效果

9.3.1　制作斜坡与平台

01 启用【直线】工具，捕捉正立面图，创建三角形人行斜坡平面，如图 9-56 所示。启用【推/拉】工具，制作人行斜坡模型，如图 9-57 所示。

图 9-56　创建人行斜坡平面

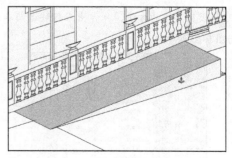

图 9-57　制作人行斜坡模型

02 启用【矩形】工具，捕捉正立面图，创建主入口平台平面，如图 9-58 所示。启用【推/拉】工具，制作主入口平台模型，如图 9-59 所示。

图 9-58　创建主入口平台平面

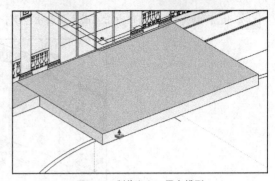

图 9-59　制作主入口平台模型

03 结合使用【直线】与【推/拉】工具，捕捉一层平面图，绘制并推拉车行斜坡平面；然后选择左侧上方边线，利用【移动】工具制作出车行斜坡模型，如图 9-60~图 9-62 所示。

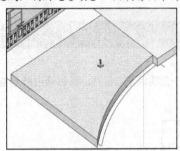

图 9-60　绘制并推拉车行斜坡平面

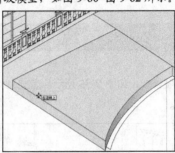

图 9-61　选择边线

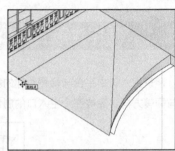

图 9-62　制作车行斜坡模型

04 结合使用【直线】与【圆弧】工具，捕捉一层平面图，绘制车行斜坡栏杆平台平面，推拉出栏杆平台模型；然后选择上部边线，在右视图中通过【移动】工具调整高度，形成斜坡，如图 9-63~图 9-65 所示。

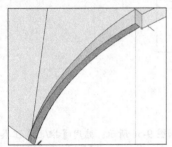

图 9-63　绘制车行斜坡栏杆平台平面

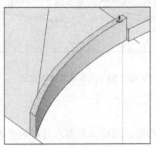

图 9-64　推拉出栏杆平台模型

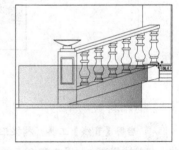

图 9-65　调整高度形成斜坡

05 使用类似的方法，制作出人行坡道与车行坡道的分隔线，完成斜坡模型与平台模型的制作，如图 9-66 与图 9-67 所示。

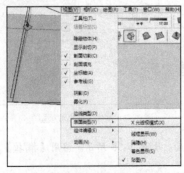

图 9-66　执行【X光透视模式】命令

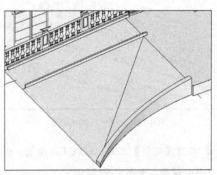

图 9-67　斜坡模型与平台模型完成效果

9.3.2 制作石柱与栏杆

01 启用【直线】工具，直接在正立面图上捕捉石柱图形中点，创建中心线，分割石柱图形，如图 9-68 所示。

02 删除石柱图形中间多余线段形成平面。启动【移动】工具，将其向外移动复制并调整好位置，如图 9-69 与图 9-70 所示。

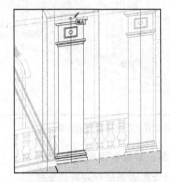

图 9-68　分割石柱图形

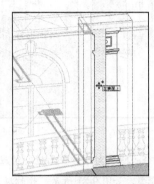

图 9-69　删除多余线段形成平面

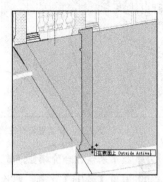

图 9-70　移动复制石柱平面

03 观察 AutoCAD 图形，发现该石柱为方柱，如图 9-71 所示。启用【矩形】工具，绘制一个等大的矩形平面，如图 9-72 所示。

04 启用【路径跟随】工具，选择石柱平面后捕捉矩形平面，完成石柱模型的创建，如图 9-73 所示。接下来制作石柱柱头模型。

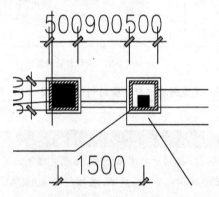

图 9-71　AutoCAD 图形中的方形石柱

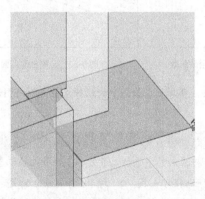

图 9-72　绘制矩形平面

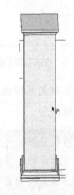

图 9-73　创建石柱模型

05 参考正立面图中的石柱柱头，结合使用【偏移】、【圆】和【推/拉】工具，制作石柱柱头模型，如图 9-74~图 9-76 所示。

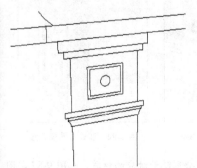

图 9-74　正立面图中的石柱柱头

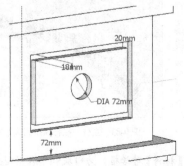

图 9-75　石柱柱头细节尺寸

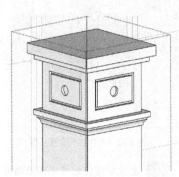

图 9-76　制作石柱柱头模型

06 将制作好的石柱模型创建为群组，启用【移动】工具，参考一层平面图进行移动复制，如图 9-77 与图 9-78 所示。

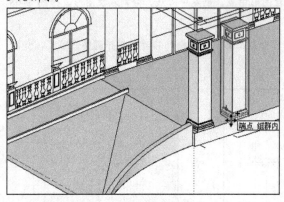

图 9-77　移动复制石柱模型

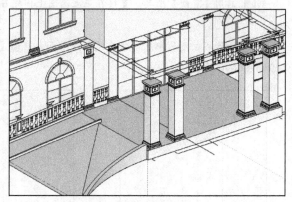

图 9-78　移动复制石柱模型完成效果

07 接下来制作台阶模型。首先参考正立面图对平台侧面进行对应的分割，如图 9-79 与图 9-80 所示。

08 启用【推/拉】工具，制作台阶模型，如图 9-81 所示。此时应注意对台阶右侧进行相同的处理。

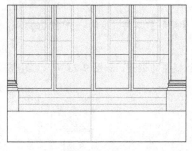

图 9-79　在前视图中确定台阶级数

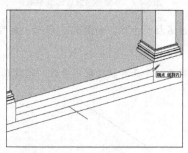

图 9-80　分割台阶侧面

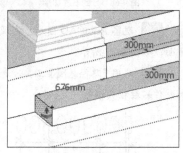

图 9-81　制作台阶模型

09 使用类似的方法，参考正立面图中的栏杆立柱与栏杆图形，完成斜坡栏杆模型的制作，如图 9-82 与图 9-83 所示。

> **注 意**
>
> 　立柱及栏杆等模型将在场景中进行大量复制，如果电脑配置不高，必须进行省面处理。省面处理最为常用的方法就是将背面模型面删除，如图 9-84 所示。需要注意的是，有些建模人员为了省事，直接利用 AutoCAD 图形作为建模平面，此方法虽然快捷，但由于 AutoCAD 图形存在许多细分线，会造成生成的模型面数过多。因此，如果要想模型省面，制作时必须重新绘制，并可以只制作正立面模型，如图 9-85 与图 9-86 所示。

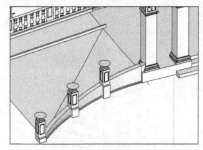

图 9-82　制作栏杆立柱模型

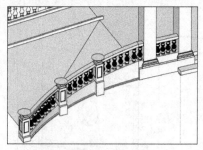

图 9-83　立柱与栏杆模型完成效果

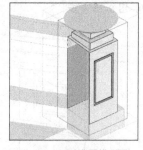

图 9-84　删除背面模型面

10 主入口模型制作完成后打开【材料】对话框，为斜坡和平台模型分别赋予对应的材质，如图 9-87 与图 9-88 所示。

图 9-85　重新绘制面进行路径跟随

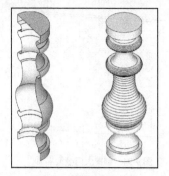

图 9-86　模型省面的比较

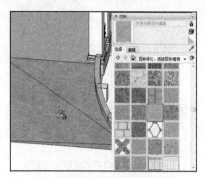

图 9-87　赋予斜坡材质

11 赋予材质的主入口模型完成效果如图 9-89 所示。

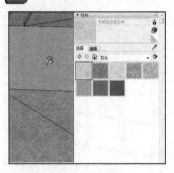

图 9-88　赋予平台材质

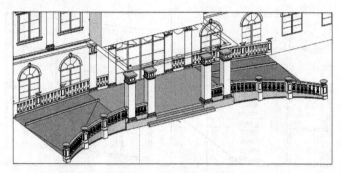

图 9-89　主入口模型完成效果

> **注 意**
>
> 在建筑施工图中，石柱标明为白色涂料，因此保持其为默认的材质效果即可。

9.4　制作建筑正立面

将本幢欧式办公楼建筑正立面从门窗等立面造型上进行区分，可分为三个层次，如图 9-90~图 9-92 所示，下面分别进行创建。

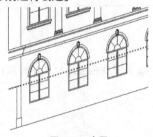

图 9-90　底层

图 9-91　中间层（二至四层）

图 9-92　顶层（五层）

9.4.1　制作底层大门

01 首先制作底层大门模型。AutoCAD 中的底层大门图形，如图 9-93 所示。启用【矩形】工具，参考正立面图创建大门模型平面，如图 9-94 所示。

02 参考正立面图，继续使用【矩形】工具分割出门框平面，分割完成后将其创建为群组，如图 9-95 与图 9-96 所示。

图 9-93　AutoCAD 中的底层大门图形

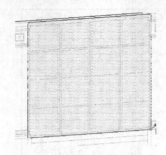
图 9-94　创建大门模型平面

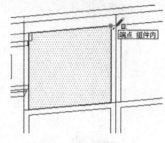
图 9-95　分割出门框平面

03 使用【推/拉】工具推拉出门框厚度，再结合使用【偏移】等工具制作出大门模型的细节，如图 9-97 与图 9-98 所示。

图 9-96　创建为群组

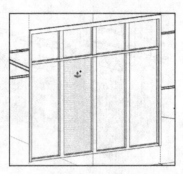
图 9-97　推拉出门框厚度

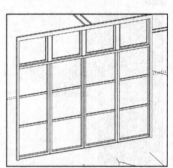
图 9-98　制作大门模型细节

04 调入大门【执手】组件，为门框与玻璃模型分别赋予对应材质，如图 9-99 所示。

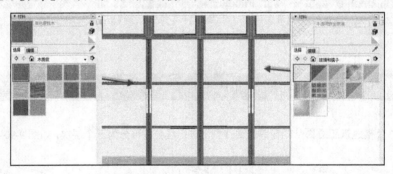
图 9-99　调入【执手】组件并赋予大门模型材质

9.4.2 制作底层窗户

01 结合使用【直线】与【圆弧】工具，参考正立面图，制作底层窗框与窗户装饰细节模型，如图 9-100~图 9-102 所示。

图 9-100　绘制底层窗户平面

图 9-101　制作底层窗框模型

图 9-102　制作底层窗户装饰细节模型

02 打开【材料】对话框，分别为窗框模型与玻璃模型赋予对应材质（见图 9-103），然后将其创建为群组。

03 制作底层墙体窗洞。捕捉正立面图，绘制出窗洞轮廓。

04 启用【推/拉】工具，将其向内推拉，制作出窗洞，删除多余模型面之后，将其创建为组件，如图 9-104 所示。注意勾选【切割开口】复选框。

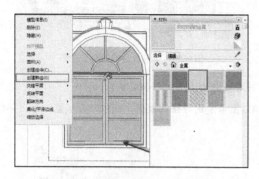

图 9-103 赋予窗户材质并创建为群组

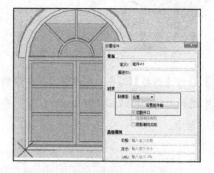

图 9-104 制作窗户掏空组件

05 选择组件，参考正立面图进行移动复制，每复制一处则会自动形成窗洞效果，如图 9-105 所示。

06 参考正立面图，完成底层所有窗洞的制作；复制底层所有窗户模型，完成底层窗户模型的制作，如图 9-106 所示。

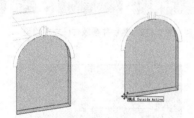

图 9-105 复制掏空组件形成空洞

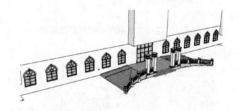

图 9-106 制作底层窗户模型

9.4.3 制作阳台

01 参考正立面图，启用【直线】工具，绘制阳台角线平面；启用【移动】工具，将其进行移动复制并对位，如图 9-107 与图 9-108 所示。

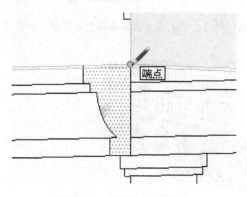

图 9-107 绘制阳台角线平面

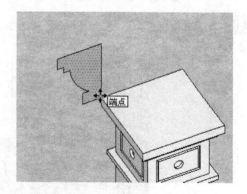

图 9-108 移动复制并调整角线平面位置

02 隐藏正立面图，参考第二层平面图，绘制角线路径跟随平面。启用【路径跟随】工具，制作阳台角线模型，如图 9-109 与图 9-110 所示。

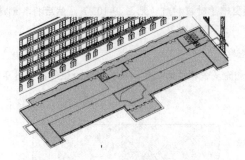

图 9-109　绘制角线路径跟随平面

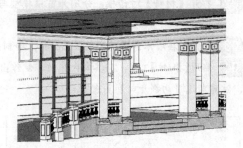

图 9-110　阳台角线模型完成效果

03 启用【移动】工具，在右视图中参考侧立面对位好石柱与阳台角线，如图 9-111 所示。

04 选择之前创建的栏杆和立柱等模型，参考 AutoCAD 图形复制与摆放模型，制作阳台模型，如图 9-112 与图 9-113 所示。

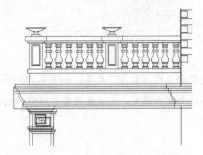

图 9-111　在侧立面中对齐阳台角线高度

图 9-112　复制并摆放栏杆立柱模型

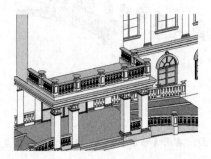

图 9-113　制作阳台模型

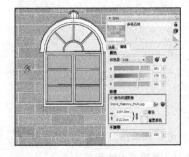

图 9-114　赋予底层墙面材质

05 最后选择底层墙面，打开【材料】对话框，为其赋予材质，完成正立面底层模型的制作，如图 9-114 与图 9-115 所示。

图 9-115　正立面底层模型完成效果

9.4.4 制作中间层正立面

建筑中间层（二至四层）正立面主要由窗户以及装饰立柱构成，具体模型创建步骤如下：

01 参考正立面图，制作出单个窗户模型，并创建为群组；使用【组件】工具快速完成窗洞的制作，如图 9-116 与图 9-117 所示。

02 通过【移动】工具制作出正立面左侧的窗户模型，然后将其整体向右复制，并通过【翻转方向】菜单命令调整好位置，如图 9-118 与图 9-119 所示。

图 9-116　制作窗户组件

图 9-117　制作窗洞

图 9-118　制作正立面左侧窗户模型

03 启用【移动】工具，将之前制作的主入口石柱模型复制至正立面墙体，然后参考正立面图调整其位置，如图 9-120 所示。

04 双击进入石柱组，选择柱头模型上部边线，参考正立面图调整装饰立柱高度，如图 9-121 与图 9-122 所示。

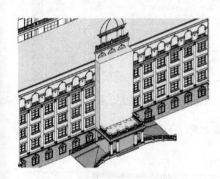

图 9-119　制作正立面右侧窗户

图 9-120　移动复制石柱模型至墙体

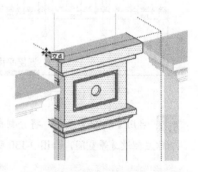

图 9-121　选择柱头模型上部边线

05 装饰立柱部分嵌入至墙体内，考虑到省面，可以利用【减去】实体工具去除嵌入墙体的部分模型，然后删除多余线段，如图 9-123 与图 9-124 所示。

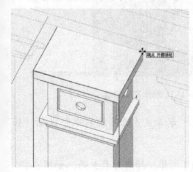

图 9-122　调整装饰立柱高度

图 9-123　去除装饰立柱背面多余模型

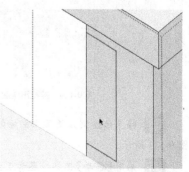

图 9-124　删除装饰立柱侧面多余线段

06 单个正立面装饰立柱模型制作完成后,启用【移动】工具,参考正立面图对装饰立柱模型进行移动复制,完成正立面中间层模型的制作,如图9-125与图9-126所示。

图 9-125 移动复制创建左侧装饰石柱模型

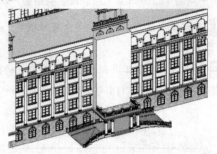

图 9-126 复制并翻转方向调整右侧装饰立柱模型

9.4.5 制作顶层正立面

观察顶层(五层)平面图可以发现,建筑正立面顶层有走廊及过道等空间,如图9-127所示,因此其制作方法与其他层会有所区别。

01 启用【直线】工具,参考正立面图中四层与五层的角线,对五层正立面进行分割,如图9-128所示。

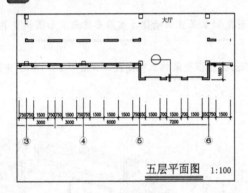

图 9-127 五层平面图

图 9-128 分割五层正立面

02 启用【推/拉】工具,将分割出的平面向内推拉2400mm形成走廊,如图9-129所示。使用同样的方法,制作左侧过道等空间,如图9-130所示。

图 9-129 推拉出走廊

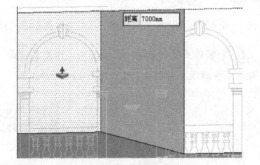

图 9-130 制作左侧过道

03 接下来绘制五层正立面墙体。结合使用【直线】与【圆弧】工具,参考正立面图绘制部分线段,如图9-131所示。

04 启用【移动】工具,参考正立面图,选择线段进行复制;启用【直线】工具,封闭形成平面,如图9-132与图9-133所示。

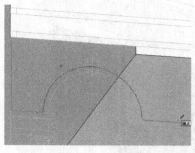
图 9-131　绘制线段

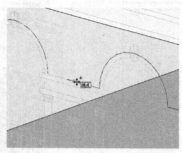
图 9-132　复制线段

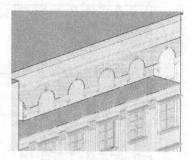
图 9-133　封闭形成平面

05 启用【推/拉】工具，将平面向内推拉 240mm，制作墙体，如图 9-134 所示。

06 参考正立面图制作出该处的石柱及装饰角线模型，然后对其进行移动复制，如图 9-135 与图 9-136 所示。

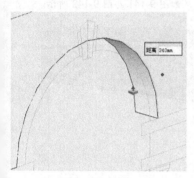
图 9-134　制作墙体

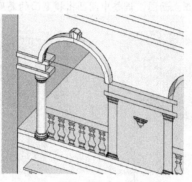
图 9-135　制作石柱与装饰角线模型

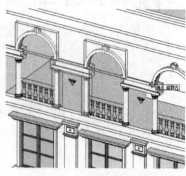
图 9-136　移动复制石柱与装饰角线模型

07 复制之前创建好的栏杆模型，完成五层过道栏杆模型的制作；然后制作其他细节装饰模型，完成五层正立面左侧模型的制作，如图 9-137 所示。

08 选择创建好的模型向右进行移动复制，通过【翻转方向】菜单命令调整好位置，制作五层正立面右侧模型，如图 9-138 所示。

图 9-137　制作五层正立面左侧模型

图 9-138　制作五层正立面右侧模型

09 打开【材料】对话框，为正立面墙面选择并赋予材质，如图 9-139 所示。当前正立面模型效果如图 9-140 所示。

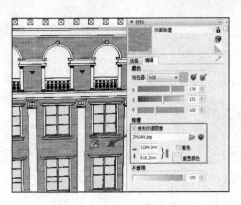

图 9-139 赋予正立面墙面材质

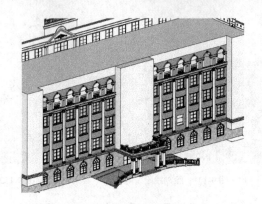

图 9-140 当前正立面模型效果

9.4.6 完成正立面其他细节

01 启用【推/拉】工具，参考正立面图，调整中间凸出模型面的高度，如图 9-141 与图 9-142 所示。

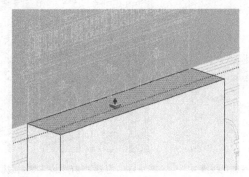

图 9-141 选择中间凸出模型面

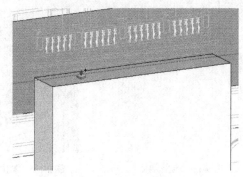

图 9-142 参考正立面图进行高度对位

02 启用【移动】工具，选择正立面图，将其与模型面外侧进行对齐，如图 9-143 所示。

03 结合【直线】与【圆弧】工具，参考正立面图绘制窗洞分割平面；使用【推/拉】工具制作出窗洞模型，如图 9-144 与图 9-145 所示。

图 9-143 向外移动正立面图

图 9-144 绘制窗洞分割面

图 9-145 制作窗洞模型

04 启用【移动】工具，选择创建好的底层窗户模型进行移动复制，然后参考正立面图进行对位，如图 9-146 与图 9-147 所示。

05 双击进入窗户模型组，选择窗框模型底部边线，参考正立面图将其移动至窗洞模型底部，如图 9-148 与图 9-149 所示。

图 9-146　移动复制底层窗户模型　　　　图 9-147　参考正立面图进行对位　　　　图 9-148　选择窗框模型底部边线

06 根据正立面图完成单排窗户模型的制作，移动复制出另外两排窗户模型并赋予墙面材质，如图 9-150 和图 9-151 所示。

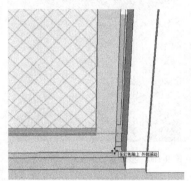

图 9-149　移动边线至窗洞模型底部　　　图 9-150　制作单排窗户模型　　　　图 9-151　移动复制单排窗户模型并

　　　　　　　　　　　　　　　　　　　　　　　　　　　　　　　　　　　　　　　赋予墙面材质

07 通过类似的操作，完成左侧凸出空间正立面细节的制作，如图 9-152~图 9-154 所示。接下来制作顶层的装饰角线模型。

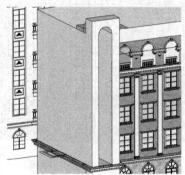
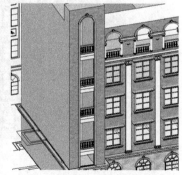

图 9-152　进行高度对位　　　　　　　　图 9-153　打通墙体　　　　　　　　　图 9-154　通过移动复制及调整制

　　　　　　　　　　　　　　　　　　　　　　　　　　　　　　　　　　　　　　　作好细节

08 参考正立面图与侧立面图，绘制角线截面与跟随路径；启用【路径跟随】工具，制作顶层左侧的角线模型，如图 9-155~图 9-157 所示。

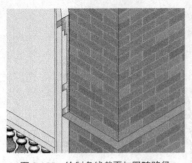

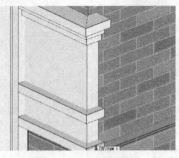

图 9-155　绘制角线截面与跟随路径　　　图 9-156　进行路径跟随　　　图 9-157　制作顶部左侧角线模型

09 参考 AutoCAD 图形中的装饰块，制作顶部角线上的尖角装饰块模型；参考正立面图，对尖角装饰块模型进行移动复制与对位，如图 9-158~图 9-160 所示。

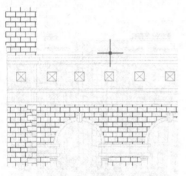

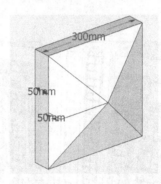

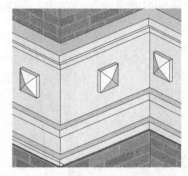

图 9-158　AutoCAD 图形中的装饰块　　　图 9-159　制作尖角装饰块模型　　　图 9-160　移动复制对位尖角装饰块模型

10 完成左侧模型制作后，使用【移动】工具与【翻转方向】菜单命令，制作出右侧对应的门窗与角线等模型，正立面模型完成效果如图 9-161 所示。

图 9-161　正立面模型完成效果

9.5　制作建筑侧立面

　　办公楼的侧立面图如图 9-162 所示。主要由底部入口、窗户以及角线装饰构成，如图 9-163 和图 9-164 与所示。

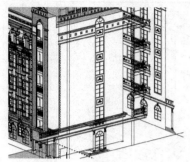

图 9-162 侧立面图

图 9-163 侧立面底部入口

图 9-164 侧立面窗户与角线

侧立面有很多模型与正立面完全一致或相似，因此可以通过复制或缩放的方法快速创建。

9.5.1 制作侧立面入口

01 启用【移动】工具，选择侧立面图进行对位，使其紧贴模型，以方便模型的创建，如图 9-165 所示。

02 结合使用【直线】与【圆弧】工具，参考侧立面图分割出底部门洞平面；然后启用【推/拉】工具，制作门洞模型，如图 9-166 所示。

03 双击进入正立面底层窗户模型群组，选择窗户模型进行移动复制，并在侧立面中进行对位，如图 9-167 与图 9-168 所示。

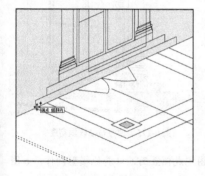

图 9-165 对位侧立面图

图 9-166 制作门洞模型

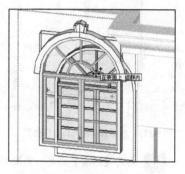

图 9-167 移动复制窗户模型

04 在右视图中参考侧立面图调整好造型，然后复制并旋转好执手模型，完成侧门模型的制作，如图 9-169 与图 9-170 所示。

图 9-168 在侧立面进行对位

图 9-169 参考侧立面图进行调整

图 9-170 制作侧门模型

05 结合使用【矩形】与【推/拉】工具，完成侧门台阶模型的制作，如图 9-171 与图 9-172 所示。

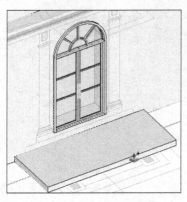

图 9-171　制作侧门台阶模型

图 9-172　侧门台阶模型完成效果

06 选择正立面主入口的石柱模型进行移动复制，将其在侧面对位，参考侧立面图调整其大小与高度，如图 9-173~图 9-175 所示。

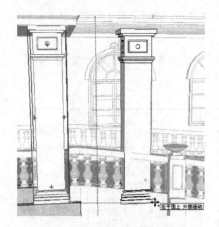

图 9-173　移动复制主入口石柱模型

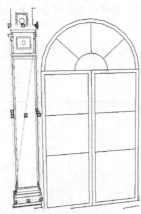

图 9-174　参考侧立面调整大小

图 9-175　调整石柱模型高度

07 启用【移动】工具，完成另一侧石柱模型的制作，参考侧立面图完成侧立面入口其他模型制作，如图 9-176 与图 9-177 所示。

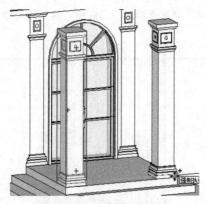

图 9-176　移动复制石柱模型

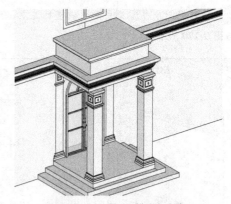

图 9-177　侧立面入口模型完成效果

9.5.2　制作侧立面窗户与角线

01 参考侧立面图，结合使用【矩形】与【推/拉】工具制作出窗洞模型，然后移动复制正立面中间的窗户模型并进行对位，如图 9-178~图 9-180 所示。

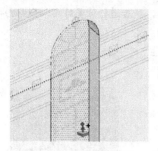

图 9-178 制作窗洞模型

图 9-179 移动复制窗户模型

图 9-180 在右视图中对位窗户模型

02 在右视图中参考侧立面图调整窗格大小等细节，完成侧立面窗户模型的制作，如图 9-181 与图 9-182 所示。

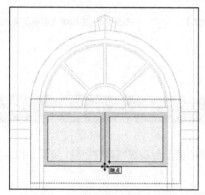

图 9-181 参考侧立面图调整窗格大小

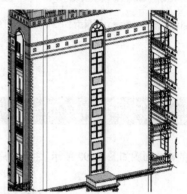

图 9-182 制作侧立面窗户模型

03 选择正立面部分角线模型进行移动复制，将其在侧立面对位后参考侧立面图进行延长，如图 9-183 与图 9-184 所示。

04 复制装饰块模型，参考侧立面图进行移动复制，如图 9-185 所示。

图 9-183 选择部分角线模型进行移动复制

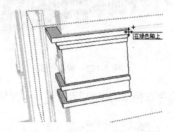

图 9-184 参考侧立面图延长角线

图 9-185 移动复制装饰块模型

05 分别为入口台阶和右侧墙立面赋予石材与砖墙材质，如图 9-186 与图 9-187 所示。

06 删除建筑左侧墙立面，启用【移动】工具，选择右侧墙立面模型进行移动复制，如图 9-188 与图 9-189 所示。

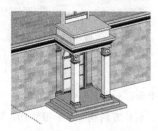

图 9-186 赋予台阶石材材质

图 9-187 赋予右侧墙立面砖墙材质

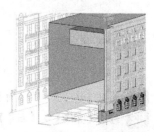

图 9-188 删除左侧墙立面

07 使用【翻转方向】子菜单中的【红轴方向】命令调整墙面模型方向，然后进行位置对齐，如图 9-190 所示。

08 左侧墙立面的其他模型通过类似方法制作，完成效果如图 9-191 所示。

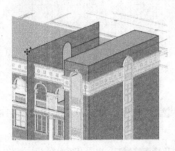

图 9-189 选择右侧墙立面模型

图 9-190 通过【红轴方向】
命令调整位置

图 9-191 左侧墙立面模型完成效果

9.6 制作建筑背立面

建筑的背立面图如图 9-192 所示。主要由底层窗户、二至五层门窗阳台及装饰圆柱组成，如图 9-193~图 9-195 所示。

图 9-192 背立面图

背立面中窗户、阳台栏杆等构件也存在相似的模型，因此可以通过快速复制创建，首先绘制背立面底层门窗。

图 9-193 背立面底部窗户

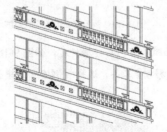

图 9-194 背立面其他层门窗与阳台

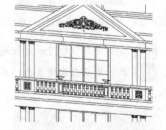

图 9-195 背立面装饰圆柱

9.6.1 制作背立面底层窗户

01 启用【移动】工具，对位背立面图，以方便直接在模型上分割窗洞平面，如图 9-196 所示。

02 结合【直线】与【圆弧】工具，分割窗洞平面；启用【推/拉】工具，制作窗洞模型，如图 9-197 与图 9-198 所示。

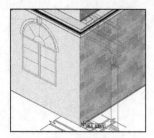

图 9-196 对位背立面图

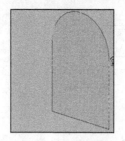

图 9-197 分割窗洞平面

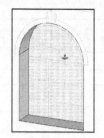

图 9-198 制作窗洞模型

03 将制作好的窗洞模型创建为组件，如图 9-199 所示。移动复制出底层其他窗洞模型，如图 9-200 所示。

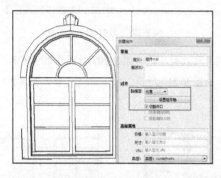

图 9-199 创建窗洞组件

图 9-200 移动复制出其他窗洞模型

04 启用【移动】工具，移动复制正立面底层窗户模型，在背立面中调整位置和方向，并参考背立面图调整大小，如图 9-201～图 9-203 所示。

图 9-201 移动复制正立面底层窗户模型

图 9-202 对位窗户模型至背立面

图 9-203 调整窗户模型大小

05 移动复制出背立面底层其他窗户模型，然后赋予对应的墙面材质，如图 9-204 与图 9-205 所示。

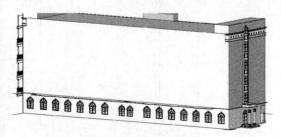

图 9-204 制作背立面底层其他窗户模型

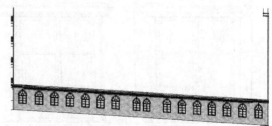

图 9-205 赋予背立面底层墙面材质

9.6.2 制作背立面其他门窗

01 制作背立面其他层大门模型。启用【矩形】工具，参考背立面图分割大门平面，如图 9-206 与图 9-207 所示。

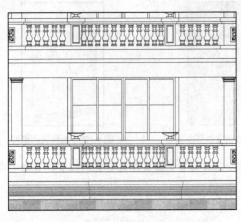

图 9-206 背立面大门图形

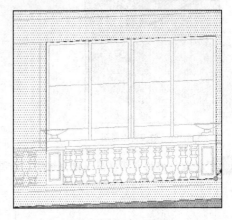

图 9-207 分割大门平面

02 参考背立面图细化大门造型，然后复制执手模型并赋予对应材质，如图 9-208 与图 9-209 所示。

03 启用【移动】工具，参考背立面图进行复制与对位，如图 9-210 所示。接下来进行背立面窗户模型的制作。

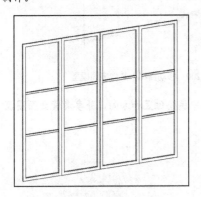

图 9-208 细化大门模型

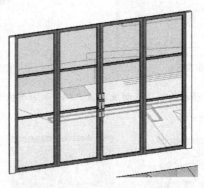

图 9-209 复制执手并赋予材质

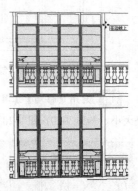

图 9-210 移动复制大门模型

04 选择正立面对应的窗户模型进行移动复制，参考背立面图进行对位，如图 9-211 与图 9-212 所示。

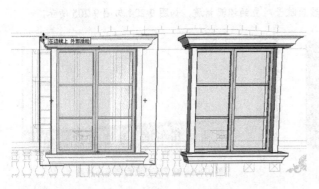

图 9-211 移动复制正立面窗户模型

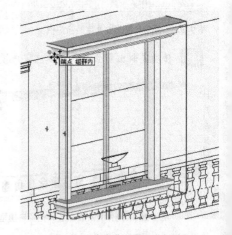

图 9-212 参考背立面图进行对位

05 启用【矩形】工具，捕捉窗框内侧对角点，在平面上分割出等大的矩形平面以制作窗洞模型，如图 9-213 所示。

前面介绍了利用窗洞组件快速创建窗洞的方法，这里介绍另一种方法，即将窗洞组件与窗户模型创建为群组，然后同时进行移动复制。

06 启用【推/拉】工具，制作窗洞模型，将其创建为组件，然后将其与窗户模型整体创建为群组，如图 9-214 与图 9-215 所示。

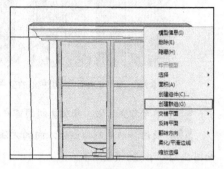

图 9-213　绘制矩形平面　　　　图 9-214　将窗洞模型创建为组件　　　　图 9-215　将窗洞组件与窗户模型整体创建为群组

07 启用【移动】工具，参考背立面图进行移动复制，完成背立面其他窗户模型的制作，如图 9-216 与图 9-217 所示。

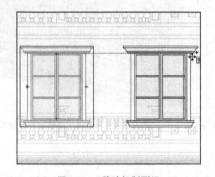

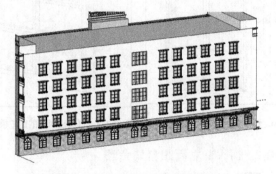

图 9-216　移动复制群组　　　　　　　　图 9-217　背立面部分门窗模型完成效果

08 接下来制作背立面两侧的窗户模型。首先参考背立面图制作出左侧窗洞模型，如图 9-218 与图 9-219 所示。

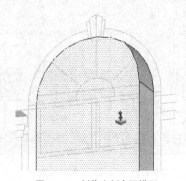

图 9-218　绘制左侧窗洞平面　　　　　　图 9-219　制作左侧窗洞模型

09 启用【移动】工具，移动复制正立面中造型相似的窗户模型，参考背立面图进行对位，如图 9-220 与图 9-221 所示。

图 9-220　复制正立面中造型相似的窗户模型

图 9-221　在背立面中对位窗户模型

10　参考背立面图，修改复制的窗户模型长度与造型细节，如图 9-222 与图 9-223 所示

11　使用移动复制与翻转方向的方法完成右侧窗户模型的制作，然后为背立面墙面赋予砖墙材质，得到如图 9-224 所示的模型效果。

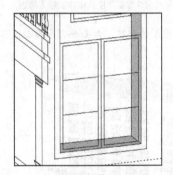

图 9-222　背立面图中的窗户造型

图 9-223　调整出对应的窗户模型细节造型

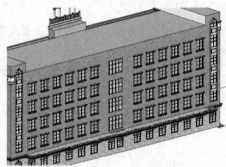

图 9-224　背立面门窗模型完成效果

9.6.3　制作背立面阳台与角线

01　背立面的阳台角线效果比较复杂，其中第二层与其他层在细节上又有所区别，如图 9-225 与图 9-226 所示。

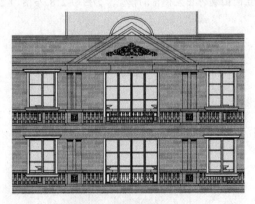

图 9-225　背立面阳台与角线效果

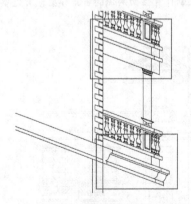

图 9-226　第二层与其他层不同的角线细节

02　第二层阳台角线的下端细节在制作正立面阳台模型时已经制作完成，此时可以直接启用【矩形】创建工具，制作阳台板平面，如图 9-227 与图 9-228 所示。

03　封闭完成后，选择各个转角的部分角线，参考背立面图进行对位，如图 9-229 与图 9-230 所示。

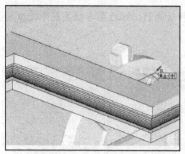

图 9-227　启用【矩形】创建工具

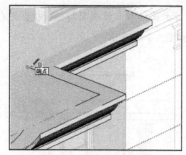

图 9-228　制作阳台板平面

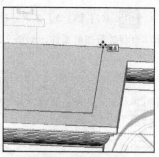

图 9-229　选择部分角线

04 直接利用背立面图绘制阳台底部角线的截面；启用【偏移】工具，利用制作好的阳台板平面绘制出跟随路径平面，如图 9-231 与图 9-232 所示。

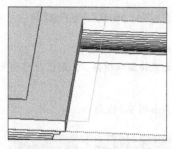

图 9-230　参考背立面图进行对位

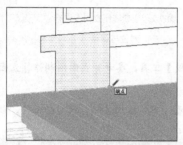

图 9-231　绘制角线截面

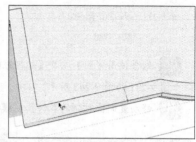

图 9-232　绘制跟随路径平面

05 启用【路径跟随】工具，制作角线模型，完成第二层阳台角线模型的制作，如图 9-233 与图 9-234 所示。

06 启用【移动】工具，选择上一步制作的角线模型，参考背立面图向上进行移动复制，如图 9-235 所示。

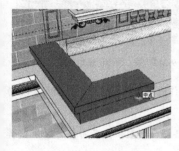

图 9-233　制作角线模型

图 9-234　第二层阳台角线模型完成效果

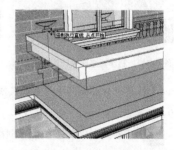

图 9-235　向上移动复制制作好的角线模型

07 进入右视图，选择角线下部边线，参考侧立面图向上调整一定的距离，制作出阳台栏杆面模型，如图 9-236 与图 9-237 所示。

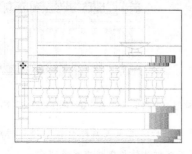

图 9-236　参考侧立面图调整造型

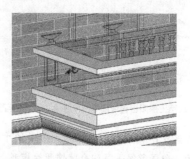

图 9-237　阳台栏杆面模型完成效果

08 启用【移动】工具，选择正立面阳台立柱模型与栏杆模型进行移动复制，然后参考相关图形完成背立面阳台模型局部的制作，如图 9-238~图 9-240 所示。

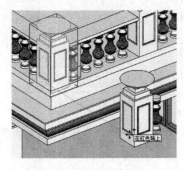
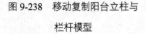

图 9-238　移动复制阳台立柱与
栏杆模型

图 9-239　参考侧立面图进行
对位与调整

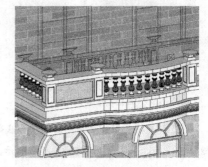

图 9-240　阳台模型局部完成效果

09 结合使用【圆】以及【路径跟随】工具，参考背立面图制作背立面的装饰圆柱模型，然后进行移动复制，如图 9-241 与图 9-242 所示。

10 移动复制出对侧的装饰圆柱模型，完成第二层阳台模型的制作，效果如图 9-243 所示。

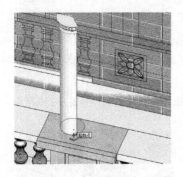

图 9-241　制作背立面装饰圆柱模型

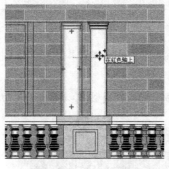

图 9-242　移动复制装饰圆柱模型

图 9-243　第二层阳台模型完成效果

11 参考背立面图中三至五层阳台角线图形，使用【路径跟随】工具制作出阳台角线模型，如图 9-244 与图 9-245 所示。

12 移动复制第二层阳台中创建的栏杆与装饰圆柱模型，制作出第三层阳台模型，然后再整体复制出其他层的阳台模型，如图 9-246 与图 9-247 所示。

图 9-244　三至五层阳台角线细节

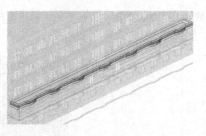

图 9-245　使用路径跟随制作阳台角线模型

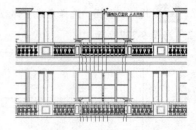

图 9-246　整体复制阳台栏杆与装饰圆柱模型

13 由于阳台模型面数庞大，为了便于以后操作，在制作完成后将二至五层阳台模型进行隐藏，如图 9-248 所示。仅保留第五层阳台装饰圆柱模型，作为参考进行背立面装饰构件与角线模型的制作。

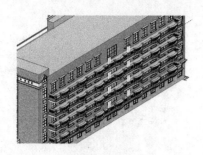

图 9-247　背立面阳台模型完成效果

图 9-248　隐藏二至五层阳台模型

14 选择第五层阳台装饰圆柱上方边线，参考背立面图调整其高度，如图 9-249 所示。

15 参考 AutoCAD 坡顶侧立面图，启用【直线】工具，绘制背立面坡顶轮廓平面，如图 9-250 与图 9-251 所示。

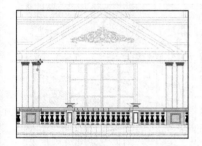

图 9-249　调整第五层装饰圆柱高度

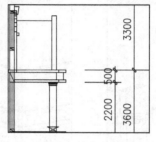

图 9-250　坡顶侧立面图

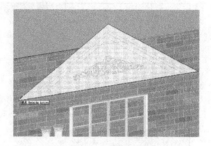

图 9-251　绘制坡顶轮廓平面

16 结合使用【偏移】与【推/拉】工具，完成坡顶模型的创建，如图 9-252~图 9-255 所示。

图 9-252　启用【推/拉】工具

图 9-253　启用【偏移】复制工具

图 9-254　进行细节推拉

17 参考背立面阳台顶板图形，启用【路径跟随】工具，完成阳台顶板模型的制作，如图 9-256 和图 9-257 所示。

图 9-255　坡顶模型完成效果

图 9-256　制作阳台顶板角线模型

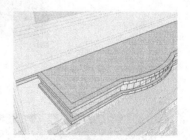

图 9-257　制作阳台顶板模型

18 参考侧立面图绘制出背立面顶部角线截面；启用【推/拉】工具，制作出背立面顶部角线模型，如图 9-258~图 9-260 所示。

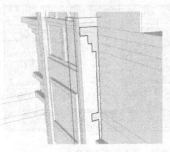

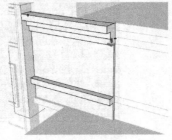

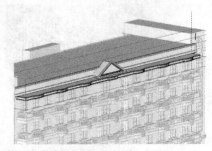

图 9-258　绘制顶部角线截面　　　　图 9-259　制作背立面顶部角线模型　　　　图 9-260　背立面顶部角线模型完成效果

19 启用【移动】工具，将侧立面中的装饰块模型复制至背立面，并参考背立面图进行对位与复制，如图 9-261 与图 9-262 所示。

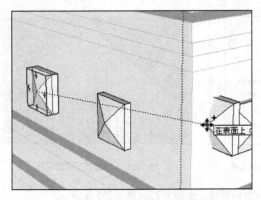

图 9-261　移动复制装饰块模型　　　　　　　　图 9-262　背立面装饰块模型完成效果

20 建筑背立面模型完成效果如图 9-263 所示。

图 9-263　建筑背立面模型完成效果

9.7 制作建筑屋顶及细节

本办公楼建筑的屋顶由欧式凉亭与装饰角线组成，如图 9-264 与图 9-265 所示。本书第 5 章已经练习了欧式凉亭模型的制作，因此这里只介绍装饰角线的制作，然后直接调用组件，即可完成屋顶模型的创建。

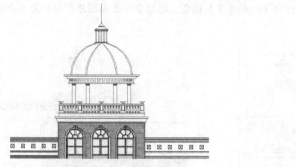

图 9-264　中间屋顶图形效果

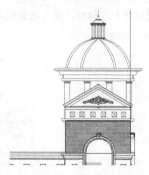

图 9-265　两侧屋顶图形效果

01 启用【推/拉】工具，制作中间平台轮廓；参考正立面图，绘制装饰角线截面，如图 9-266 与图 9-267 所示。

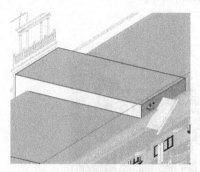

图 9-266　制作中间平台轮廓

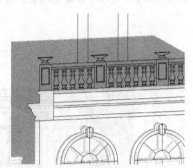

图 9-267　绘制装饰角线截面

02 启用【矩形】工具，绘制跟随路径平面；启用【路径跟随】工具，制作屋顶中间装饰角线模型，如图 9-268 与图 9-269 所示。

03 启用【移动】工具，将之前创建好的立柱模型与栏杆模型复制至屋顶中间，如图 9-270 所示。

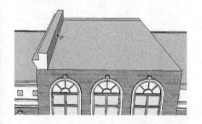

图 9-268　绘制跟随路径平面

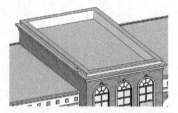

图 9-269　屋顶中间装饰角线完成效果

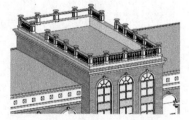

图 9-270　复制立柱模型与栏杆模型

04 使用类似的方法，完成左右两侧屋顶的装饰角线模型及装饰构件的制作，如图 9-271 与图 9-272 所示。

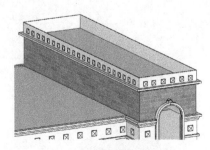

图 9-271　制作屋顶两侧角线模型

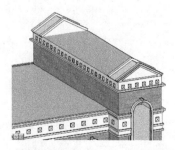

图 9-272　制作屋顶两侧装饰构件

05 打开【组件】对话框，调入之前创建好的【欧式凉亭】模型，根据各个立面图进行对位与大小调整，如图 9-273～图 9-275 所示。

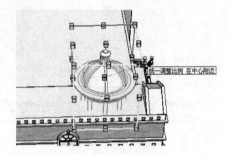

图 9-273　选择【欧式凉亭】组件　　　　图 9-274　参考立面图进行对位　　　　图 9-275　调整模型大小

06 至此，本幢欧式办公楼建筑模型创建完成，效果如图 9-276 所示。

图 9-276　欧式办公楼建筑模型完成效果

第 10 章

广场景观方案设计

本章重点：

◆ 正式建模前的准备工作

◆ 制作入口及周边景观模型

◆ 制作中心广场

◆ 制作后方汀步及水景

◆ 制作建筑及环境

◆ 细化景观节点效果

　　景观设计是指在建筑设计或规划设计的过程中，对周围环境要素的整体考虑，使得建筑(群)与自然环境产生呼应关系，使其使用更方便、更舒适，提高其整体的艺术价值。在人们日益向往大自然、渴望回归大自然的今天，景观设计越来越受到人们的重视。

　　本章设计的是一个政府办公楼广场景观，通过景观布置 AutoCAD 平面图和景观布置彩平图完成广场景观方案制作，如图 10-1 与图 10-2 所示。

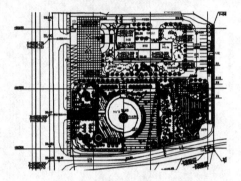

图 10-1　景观布置 AutoCAD 平面图

图 10-2　景观布置彩平图

最终完成的景观鸟瞰效果及相关的景观节点效果如图 10-3~图 10-6 所示。

图 10-3　景观鸟瞰效果

图 10-4　入口节点景观效果

图 10-5　广场节点景观效果

图 10-6　水景节点景观效果

10.1　正式建模前的准备工作

10.1.1　在 Photoshop 中裁剪彩平图

　　启动 Photoshop，按 Ctrl+O 快捷键，打开配套资源【第 10 章\景观布置彩平图.jpg】，如图 10-7 所示。按 C 键启用【裁剪】工具，剪切掉右侧及上方多余部分，如图 10-8 所示。

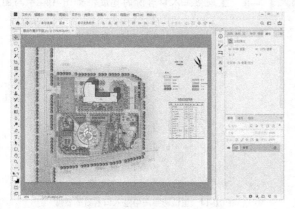

图 10-7　打开【景观布置彩平图.jPG】

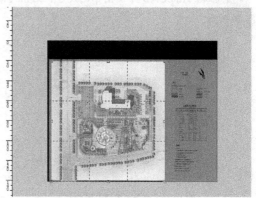

图 10-8　裁剪彩平图

按 Ctrl + Shift + S 快捷键，以另一个文件名进行保存，如图 10-9 所示。

10.1.2　导入整理图形至 SketchUp

01　启动 SketchUp，进入【模型信息】面板，设置场景单位，如图 10-10 所示。

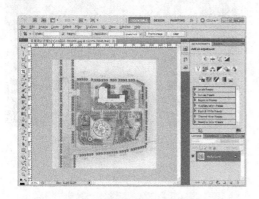

图 10-9　保存裁剪后的彩平图

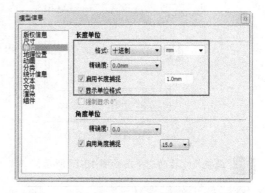

图 10-10　设置场景单位

02　执行【文件】/【导入】菜单命令，在弹出的【导入】对话框中选择【裁剪景观布置彩平图】图像文件，如图 10-11 所示。

03　彩平图导入效果如图 10-12 所示。接下来参考 AutoCAD 平面图设置导入图形尺寸。首先测量出 AutoCAD 平面图中主入口台阶的宽度，如图 10-13 所示。

图 10-11　选择【裁剪景观布置彩平图】图像文件

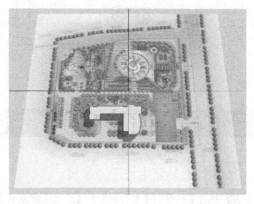

图 10-12　彩平图导入效果

04 根据 AutoCAD 平面图中的尺寸，启用【卷尺】工具，重设中主入口台阶的宽度，如图 10-14 与图 10-15 所示。

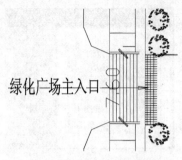

图 10-13　测量主入口台阶宽度

图 10-14　重设彩平图中主入口台阶的宽度

05 主入口台阶宽度重设完成后，再测量平面图中一些部位，验证尺寸，确保彩平图尺寸正常，如图 10-16 与图 10-17 所示。

图 10-15　确定重设模型的大小

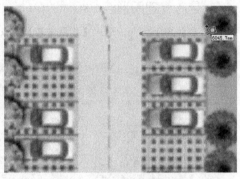

图 10-16　测量停车位宽度

06 调整尺寸后的彩平图如图 10-18 所示。

图 10-17　验证停车位宽度

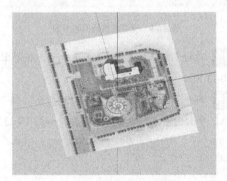

图 10-18　调整尺寸后的彩平图

10.2 制作主入口及周边景观模型

10.2.1 制作台阶及中心通道景观

01 执行【视图】/【表面类型】/【X 光透视模式】菜单命令，将彩平图以【X 光透视模式】显示，如图 10-19 所示。

02 制作主入口台阶模型。查看 AutoCAD 平面图中的标高，得到台阶整体的大概高度，如图 10-20 所示。

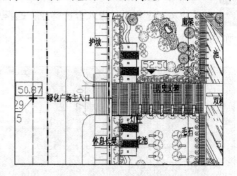

图 10-19　执行【X 光透视模式】菜单命令　　　　　　图 10-20　查看 AutoCAD 平面图中的标高

03 结合使用【矩形】与【直线】工具，通过【拆分】绘制出台阶的细分平面，如图 10-21~图 10-23 所示。

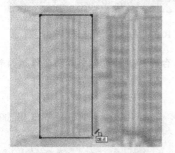

图 10-21　绘制台阶矩形平面　　　　　图 10-22　执行【拆分】命令　　　　　图 10-23　绘制台阶细分平面

04 启用【推/拉】工具，创建主入口台阶主体模型，然后删除台阶两侧平面并将其创建为群组，如图 10-24 与图 10-25 所示。

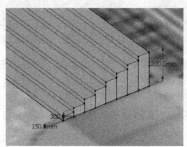

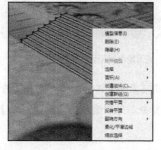

图 10-24　创建主入口台阶主体模型　　　　　　　图 10-25　删除台阶侧面并创建为群组

05 启用【直线】工具，绘制台阶侧面截面；启用【推/拉】与【移动】工具，完成主入口台阶侧面模型的制作，如图 10-26 与图 10-27 所示。

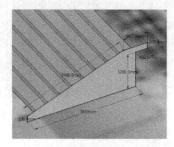

图 10-26　绘制台阶侧面截面　　　　　　　图 10-27　制作主入口台阶侧面模型

06 打开【材料】对话框，为台阶赋予材质，完成主入口台阶模型的制作，如图 10-28 所示。

07 制作中心通道模型。进入台阶群组，选择后方的平面，启用【推/拉】工具，制作中心通道轮廓，如图 10-29 所示。

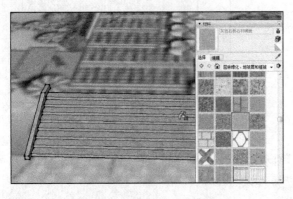

图 10-28　制作主入口台阶模型　　　　　　　　图 10-29　制作中心通道轮廓模型

08 选择与中心通道相关的面与边线进行剪切并创建为群组，剪切出台阶群组后进行中心通道群组的粘贴与对位，如图 10-30~图 10-32 所示，以移出台阶组。

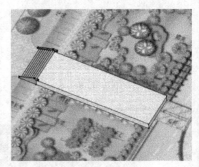

图 10-30　将中心通道轮廓模型创建为群组　　图 10-31　剪切出台阶群组　　　图 10-32　粘贴回场景

09 启用【直线】工具，参考彩平图分割中心通道平面，如图 10-33 与图 10-34 所示。

10 选择分割好的线段，启用【移动】工具，移动复制出其他位置的分割线段，如图 10-35 与图 10-36 所示。

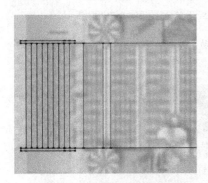
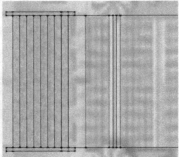
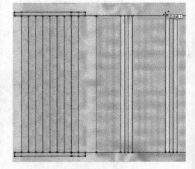

图 10-33　分割中心通道平面　　　图 10-34　细分中心通道平面　　　图 10-35　移动复制分割线段

11 接下来参考彩平图制作中心通道的树池模型，如图 10-37 所示。

12 启用【直线】工具，参考彩平图绘制分割线，分割出中心通道树池所在平面，如图 10-38 所示。

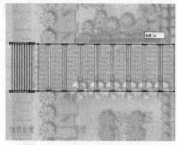
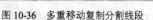

图 10-36　多重移动复制分割线段

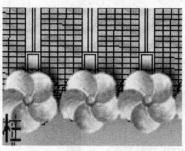

图 10-37　彩平图中心通道树池

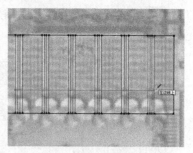

图 10-38　绘制分割线

13　删除多余边线，结合使用【偏移】与【推/拉】工具，制作单个树池的轮廓模型，如图 10-39~图 10-41 所示。

图 10-39　删除多余边线

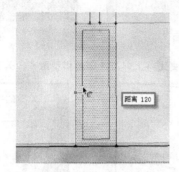

图 10-40　启用【偏移】工具

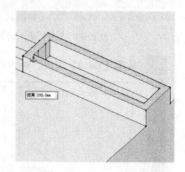

图 10-41　制作单个树池的轮廓模型

14　调整树坛内草皮高度，打开【材料】对话框，为其赋予对应材质，然后创建为群组，如图 10-42~图 10-44 所示。

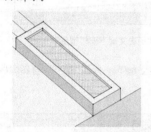

图 10-42　调整草皮高度

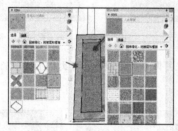

图 10-43　赋予草皮材质

图 10-44　创建为群组

15　选择创建的树池群组，启用【移动】工具，移动复制出其他位置的树池模型，如图 10-45 所示。

16　打开【材料】对话框，为中心通道分割地面赋予【地砖】材质纹理图像，如图 10-46 所示。接下来制作中心通道右侧的历史文碑模型。

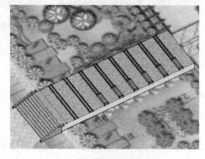

图 10-45　多重复制树池模型

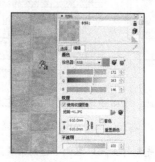

图 10-46　赋予分割地面材质

17 启用【矩形】工具，参考彩平图绘制历史文碑平面，如图 10-47 所示。结合使用【推/拉】与【直线】工具进行分割，如图 10-48 所示。

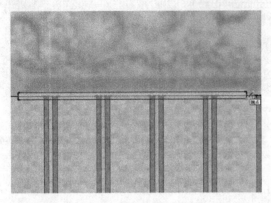

图 10-47　绘制历史文碑平面

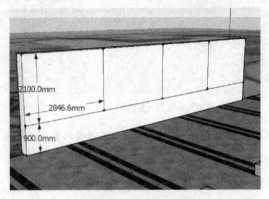

图 10-48　分割历史文碑

18 启用【推/拉】工具，制作历史文碑上部与下部的模型细节，如图 10-49 与图 10-50 所示。

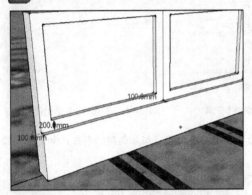

图 10-49　制作历史文碑上部模型细节

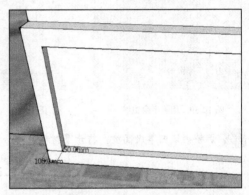

图 10-50　制作历史文碑下部模型细节

19 打开【材料】对话框，通过纹理图像分别模拟出历史文碑上、下的模型细节，如图 10-51 与图 10-52 所示。

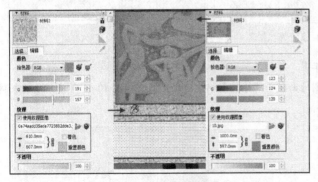

图 10-51　赋予上部浮雕材质

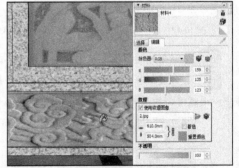

图 10-52　赋予下部浮雕材质

20 至此，中心通道景观模型制作完成，效果如图 10-53 所示。

10.2.2　制作右侧小道景观

01 首先制作主入口右侧小道的景观。启用【推/拉】工具，参考彩平图制作中心通道右侧整体轮廓模型，如图 10-54 所示。

图 10-53　中心景观通道模型完成效果

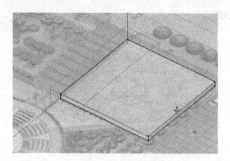

图 10-54　制作右侧整体轮廓模型

02 启用【直线】工具，参考彩平图分割道路平面，如图 10-55 与图 10-56 所示。

03 结合使用【偏移】与【推/拉】工具制作路沿细节，如图 10-57 与图 10-58 所示。

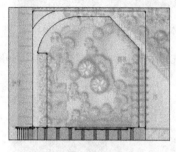

图 10-55　分割道路平面

图 10-56　右侧细节尺寸

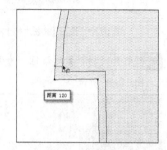

图 10-57　小道尺寸细节

04 接下来制作小道处的花坛模型。首先选择内侧的线段，将其拆分为 5 段；然后在第 2 分段处制作出花坛模型。如图 10-59 与图 10-60 所示。

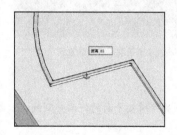

图 10-58　制作路沿细节

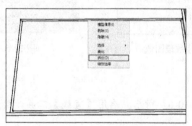

图 10-59　拆分线段

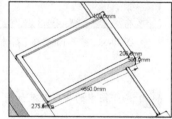

图 10-60　制作花坛模型

05 打开【材料】对话框，为花坛模型赋予对应材质，然后将其创建为群组。并复制一份至第 4 分段处，如图 10-61 与图 10-62 所示。

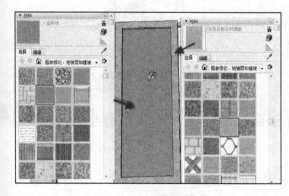

图 10-61　赋予花坛模型材质

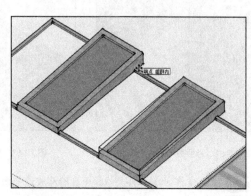

图 10-62　复制群组

06 合并长木椅及草地灯模型组件，效果如图 10-63 与图 10-64 所示。

图 10-63　选择【F 长木椅】模型组件

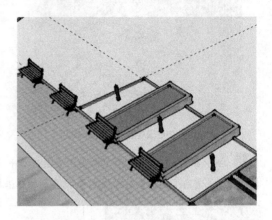

图 10-64　长木椅及草地灯模型组件合并效果

07 打开【材料】对话框，为小道地面赋予【石材】材质纹理图像，完成右侧小道景观模型的制作，如图 10-65 与图 10-66 所示。

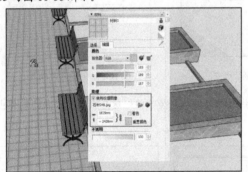

图 10-65　赋予小道地面【石材】纹理图像

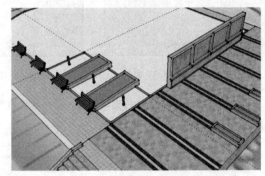

图 10-66　右侧小道景观模型完成效果

10.2.3　制作廊架

01 彩平图中的廊架效果如图 10-67 所示。启用【直线】工具，绘制廊架所处平面的斜向分割线，如图 10-68 所示。

02 启用【直线】工具，绘制廊架所处平面的斜坡分割线，如图 10-69 所示。

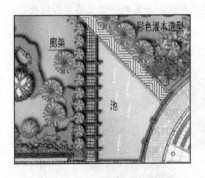

图 10-67　彩平图中的廊架效果

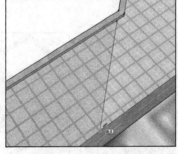

图 10-68　绘制斜向分割线

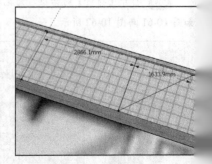

图 10-69　绘制斜坡分割线

03 启用【推/拉】工具，推拉出台阶及坡道平面，如图 10-70 所示。移动线段形成坡道，如图 10-71 所示。

04 使用类似的方法制作出廊架另一侧入口处的台阶模型，如图 10-72 所示。

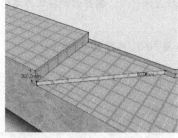
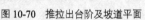

图 10-70　推拉出台阶及坡道平面

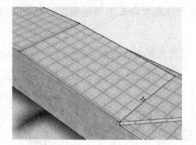

图 10-71　移动线段形成坡道

图 10-72　制作廊架另一侧的台阶模型

05 根据廊架台阶与斜坡完成路沿效果的修改，如图 10-73 与图 10-74 所示。

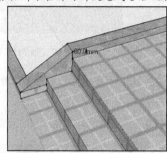

图 10-73　廊架台阶的路沿细节

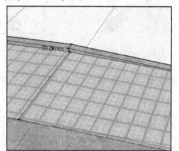

图 10-74　廊架斜坡路沿细节

06 最后合并第 5 章制作的【廊架】组件，根据当前场景修改造型，完成廊架效果的制作，如图 10-75 与图 10-76 所示。

图 10-75　选择【廊架】组件

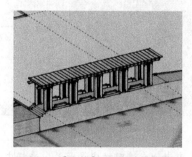

图 10-76　【廊架】组件调整完成效果

10.2.4　制作曲水流觞及亲水木平台

01 彩平图中心通道右侧景观布置如图 10-77 所示。除了有与左侧类似的花坛外，主要有曲水流觞与亲水木平台两处景观。

02 结合使用【直线】与【圆】工具，参考彩平图绘制右侧轮廓相关平面，如图 10-78 所示；然后启用【推/拉】工具，进行推高处理，如图 10-79 所示。

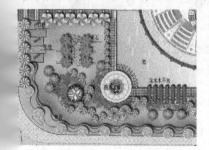

图 10-77　彩平图中心通道右侧景观布置

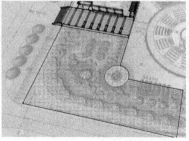

图 10-78　绘制相关平面

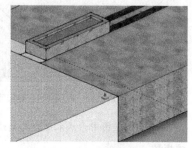

图 10-79　启用【推/拉】工具

[03] 参考彩平图，复制左侧制作好的花坛与长木椅等模型，赋予小道对应的材质，制作右侧花坛与路沿等如图 10-80 所示。

[04] 继续制作中部的毛石模型，以及右侧通往曲水流觞的台阶模型，如图 10-81 与图 10-82 所示。

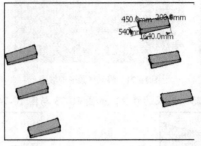
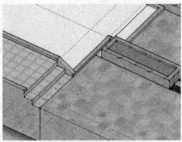

图 10-80　制作右侧花坛与路沿等模型　　　　图 10-81　制作毛石模型　　　　图 10-82　制作台阶模型

[05] 选择曲水流觞所在的圆形平面，打开【材料】对话框，为其赋予一张【地花】材质纹理图像，如图 10-83 所示。

[06] 结合使用【偏移】与【推/拉】工具，制作曲水流觞的细节模型，如图 10-84 与图 10-85 所示。

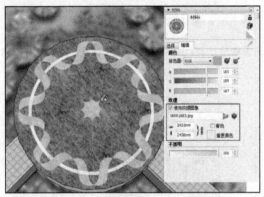
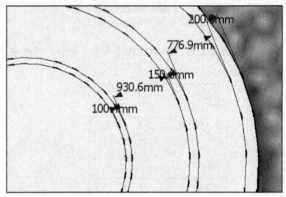

图 10-83　赋予曲水流觞平面纹理图像　　　　　　　图 10-84　细分曲水流觞平面

[07] 参考曲水流觞的实景照片，选择中心圆形平面，使用【曲水流觞】纹理图像模拟出该效果，如图 10-86~图 10-88 所示。接下来制作亲水木平台等模型。

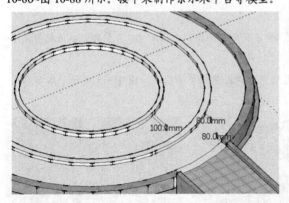
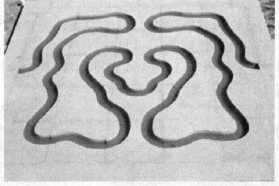

图 10-85　制作曲水流觞细节模型　　　　　　　图 10-86　曲水流觞实景照片

[08] 彩平图中亲水木平台与周边相关的景观布置如图 10-89 所示。首先制作曲水流觞外侧位于水面内的石柱模型。

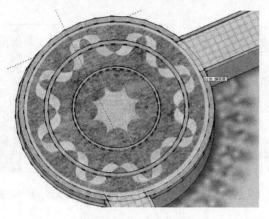

图 10-87 选择中心圆形平面

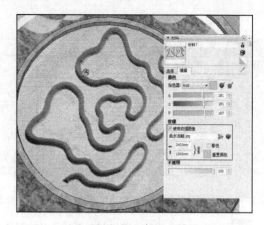

图 10-88 赋予实景纹理图像

09 启用【矩形】工具，参考彩平图绘制石柱截面，如图 10-90 所示。

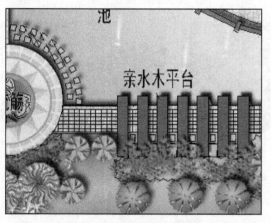

图 10-89 亲水木平台景观布置

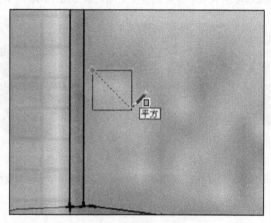

图 10-90 绘制石柱截面

10 启用【推/拉】工具，制作石柱模型并为其赋予对应材质，如图 10-91 所示。

11 将创建好的石柱模型创建为群组，参考彩平图进行移动复制，如图 10-92 与图 10-93 所示。接下来制作亲水木平台模型。

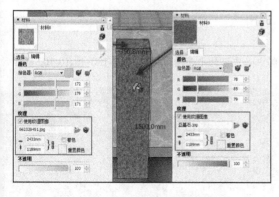

图 10-91 制作石柱模型并赋予材质

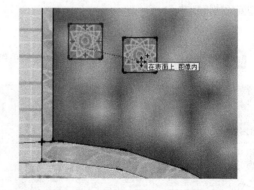

图 10-92 移动复制石柱模型群组

12 启用【矩形】工具，参考彩平图绘制亲水木平台平面，如图 10-94 所示

13 结合使用【直线】以及【推/拉】工具，制作亲水木平台模型并赋予对应材质，如图 10-95 所示。

图 10-93　石柱模型群组复制完成效果

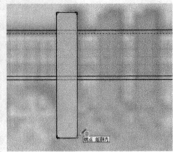

图 10-94　绘制亲水木平台平面

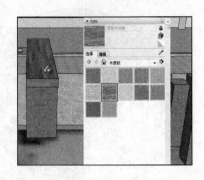

图 10-95　制作亲水木平台模型并赋予材质

14　制作平台内侧的小花坛模型并赋予对应材质，如图 10-96 所示。

15　将亲水木平台模型与小花坛模型共同创建为群组，通过【移动】工具进行复制，如图 10-97 所示。曲水流觞与亲水木平台景观模型完成效果如图 10-98 所示。

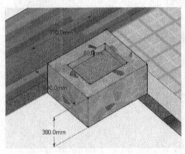

图 10-96　制作小花坛模型并赋予材质

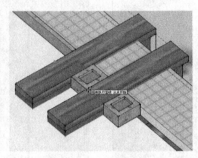

图 10-97　移动复制水平台与花坛模型群组

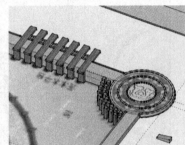

图 10-98　曲与流觞与亲水木平台景观模型完成效果

10.3　制作中心广场

中心广场彩平图及其周边景观效果如图 10-99 所示。除了制作中心广场的喷泉、花坛等模型外，还应处理好模型间的连接细节。

10.3.1　制作轮廓并处理连接细节

01　结合使用【直线】与【圆】工具，参考彩平图绘制中心广场的平面轮廓，如图 10-100~图 10-102 所示。

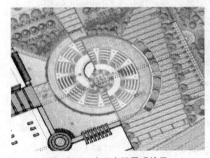

图 10-99　中心广场景观效果

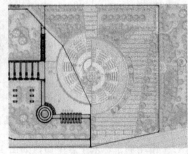

图 10-100　绘制中心广场平面轮廓

图 10-101　绘制广场细节

02　启用【推/拉】工具，推高中心广场平面，与之前创建的地面齐平，如图 10-103 所示。

03 处理好两个区域连接的小道模型，制作中间的水面效果，如图 10-104 与图 10-105 所示。

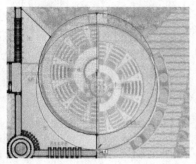

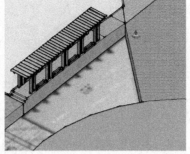

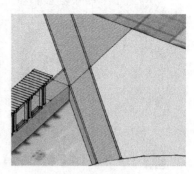

图 10-102　广场平面细节完成效果　　　　图 10-103　启用【推/拉】工具　　　　图 10-104　处理小道模型

04 合并之前创建的木桥模型组件，参考彩平图调整其位置和大小，然后复制出双桥效果，如图 10-106 与图 10-107 所示。

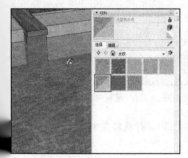

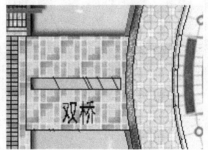

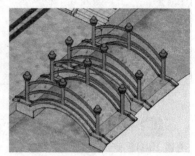

图 10-105　制作水面效果　　　　图 10-106　彩平图中的双桥　　　　图 10-107　合并小桥模型并进行修改

10.3.2 制作中心广场及喷泉

01 启用【直线】工具，参考彩平图分割中心广场与入口等平面，如图 10-108 所示。

02 结合使用【偏移】与【推/拉】工具，制作各处的路沿模型，如图 10-109 所示。

03 打开【材料】对话框，为中心广场赋予【地花】材质纹理图像，如图 10-110 所示。

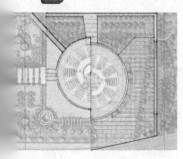

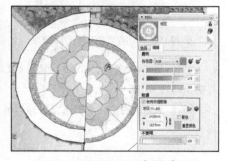

图 10-108　分割中心广场平面　　　　图 10-109　制作路沿模型　　　　图 10-110　赋予中心广场【地花】材质

04 参考 AutoCAD 平面图中的中心广场细节，启用【直线】工具，分割中心广场水槽平面，如图 10-111 与图 10-112 所示。

05 启用【推/拉】工具，制作出 50mm 的水槽深度。打开【材料】对话框，为水槽模型赋予【浅蓝色水池】材质，如图 10-113 所示。

06 为中心广场外侧弧形地面模型赋予【广场砖拼花】材质纹理图像，完成中心广场水槽与弧形地面模型的制作，如图 10-114 与图 10-115 所示。

图 10-111　中心广场细节

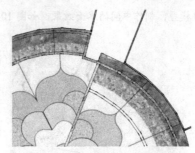

图 10-112　分割中心广场水槽平面

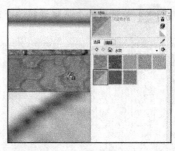

图 10-113　推拉出水槽深度并赋予材质

07　结合使用【圆】与【偏移】工具，参考彩平图，绘制中心喷泉圆形平面并进行初步分割，如图 10-116 与图 10-117 所示。

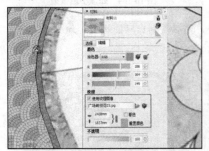

图 10-114　赋予弧形地面模型材质

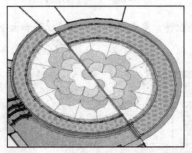

图 10-115　水槽与弧形地面模型完成效果

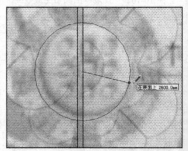

图 10-116　绘制中心喷泉圆形平面

08　启用【直线】工具，对中心喷泉进行进一步细分；启用【旋转】工具，以 45° 进行旋转复制，如图 10-118 与图 10-119 所示。

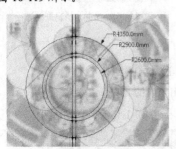

图 10-117　对中心喷泉进行初步分割

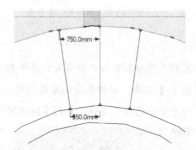

图 10-118　细分中心喷泉

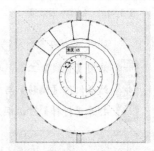

图 10-119　旋转复制分割线

09　拆分复制的线段，结合使用【直线】、【偏移】及【推/拉】工具，制作中心喷泉水槽模型，如图 10-120 与图 10-121 所示。

10　启用【旋转】工具，选择水槽模型，以 45° 进行多重旋转复制，完成其余水槽模型的制作，如图 10-122 所示。

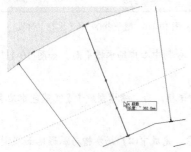

图 10-120　拆分分割线

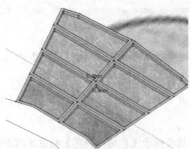

图 10-121　制作中心喷泉水槽模型

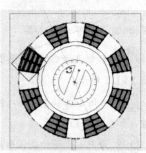

图 10-122　旋转复制水槽模型

11 打开【材料】对话框，为水槽中间平面赋予【地花】材质纹理图像，如图 10-123 所示。

12 结合使用【圆】、【偏移】及【推/拉】工具，制作喷嘴模型，然后进行多重旋转复制，如图 10-124～图 10-126 所示。

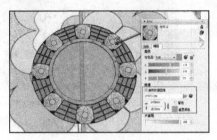

图 10-123 赋予【地花】材质

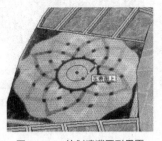

图 10-124 绘制喷嘴圆形平面

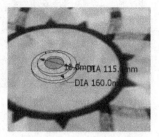

图 10-125 制作喷嘴模型

13 选择制作好的石柱模型进行移动复制，参考彩平图调整其位置与大小，并制作中间较大的石柱模型，如图 10-127 与图 10-128 所示。

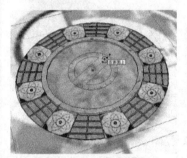

图 10-126 旋转复制喷嘴模型

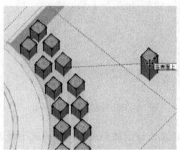

图 10-127 移动复制石柱模型

图 10-128 对位并调整石柱模型大小

14 选择复制好的石柱模型，参考彩平图继续移复制出中心喷泉中的其他石柱模型，完成中心喷泉的制作，效果如图 10-129 与图 10-130 所示。

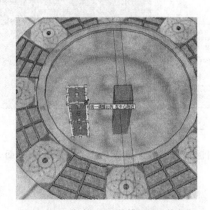

图 10-129 移动复制石柱模型并调整大小

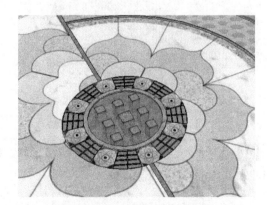

图 10-130 中心喷泉模型完成效果

10.3.3 制作中心广场其他细节

01 首先制作广场外沿的出水石柱模型。启用【矩形】工具，参考彩平图绘制出水石柱平面，如图 10-131 所示。

02 结合使用【直线】与【推/拉】工具，制作水石柱模型，并赋予对应材质，如图 10-132 所示。

03 选择制作的出水石柱模型，参考彩平图进行旋转复制，如图 10-133 与图 10-134 所示。

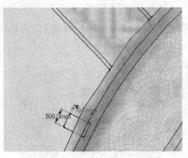

图 10-131　绘制出水石柱平面

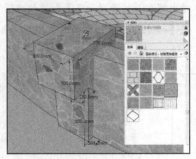

图 10-132　制作好出水石柱模型

并赋予材质

图 10-133　旋转复制出水石柱模型

04 结合使用【偏移】与【推/拉】工具，制作中心广场左上方的小型花坛模型，然后赋予对应材质，如图 10-135 与图 10-136 所示。

图 10-134　出水石柱模型完成效果

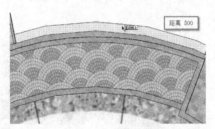

图 10-135　绘制小型花坛平面

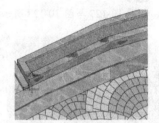

图 10-136　小型花坛模型完成效果

05 使用类似的方法，制作中心广场正上方的弧形文碑模型并赋予对应材质，如图 10-137 所示。

06 为了在弧形平面上形成理想的纹理图像效果，首先在其正前方绘制一个矩形平面，然后赋予诗文纹理图像，如图 10-138 所示。

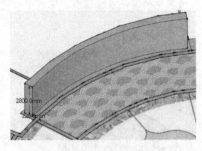

图 10-137　制作弧形文碑模型

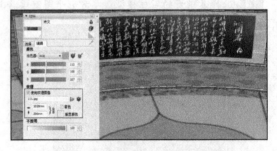

图 10-138　绘制矩形平面并赋予诗文纹理图像

07 选择矩形平面进行纹理图像【投影】处理，将纹理图像投影至后方弧形平面后删除矩形平面，如图 10-139 与图 10-140 所示。

图 10-139　通过【投影】制作弧形平面纹理图像

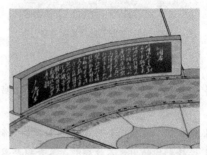

图 10-140　弧形文碑模型完成效果

08 结合使用【偏移】与【推/拉】工具，制作广场右侧大型花坛模型，参考彩平图进行旋转复制，如图 10-141~图 10-143 所示。

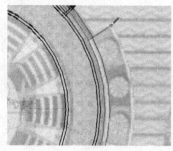

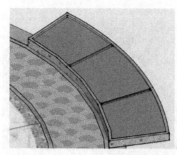

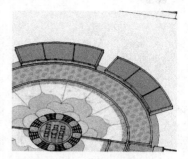

图 10-141 绘制大型花坛平面　　　图 10-142 单个大型花坛模型完成效果　　　图 10-143 旋转复制大型花坛模型

09 制作中心广场上方入口处铺地模型。启用【直线】工具，参考彩平图对中心广场入口地面进行分割，如图 10-144 与图 10-145 所示。

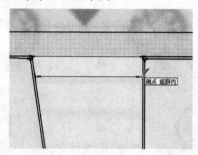

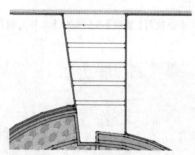

图 10-144 分割中心广场入口地面　　　　　　　　图 10-145 地面分割完成效果

10 打开【材料】对话框，为分割地面分别赋予对应的材质及纹理图像，如图 10-146 所示。

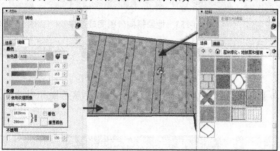

图 10-146 赋予地面材质及纹理图像

11 结合使用【矩形】与【推/拉】工具，参考彩平图制作入口处的树池模型，然后赋予对应材质，如图 10-147 所示。

12 参考彩平图，移动复制出其他位置的树池模型，完成入口处树坛模型的制作，效果如图 10-148 所示。

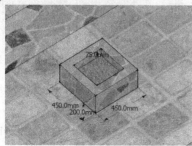

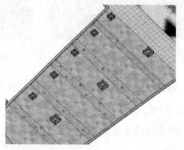

图 10-147 制作入口树池模型并赋予材质　　　　　　图 10-148 入口处树坛模型完成效果

13　使用类似的方法，完成中心广场右侧地面横向的分割并赋予对应材质，如图10-149与图10-150所示。

14　接下来进行中心广场的斜向分割。首先创建斜向分割参考线，如图10-151与图10-152所示。

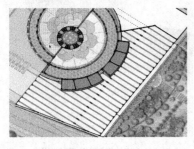
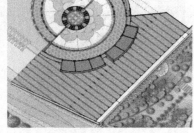
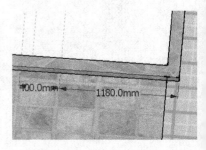

图 10-149　横向分割中心广场右侧地面　　　　图 10-150　赋予横向分割地面材质　　　　图 10-151　创建斜向分割上部参考线

15　启用【直线】工具，连接参考线，完成中心广场地面的斜向分割，赋予对应材质进行区分，如图10-153所示。

16　结合使用【直线】与【推/拉】工具，制作中心广场下方的毛石模型，然后复制出树池模型，如图10-154所示。

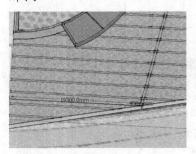

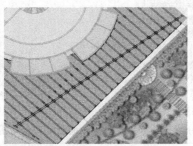
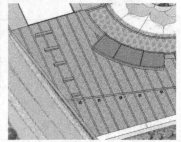

图 10-152　创建斜向分割参考线　　　　图 10-153　地面斜向分割完成效果　　　　图 10-154　制作毛石模型并复制树池模型

17　制作广场右下方的花坛模型。参考彩平图中花坛平面位置，绘制一个半径为3150mm的圆形平面，如图10-155所示。

18　结合使用【偏移】与【推/拉】工具，制作圆形花坛模型，然后赋予对应材质，如图10-156与图10-157所示。

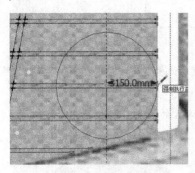
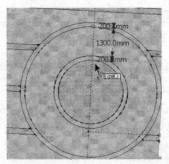
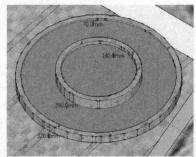

图 10-155　绘制圆形平面　　　　图 10-156　分割花坛平面　　　　图 10-157　花坛模型完成效果

19　制作花坛右侧的矩形石碑模型。结合使用【偏移】与【推/拉】工具，制作石碑轮廓模型，如图10-158与图10-159所示。

20　结合使用【直线】与【推/拉】工具，制作石碑模型细节，为其赋予对应材质的纹理图像，如图10-160与图10-161所示。

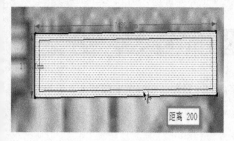

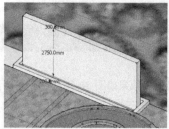

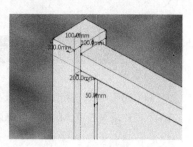

图 10-158　绘制石碑平面　　　　　　图 10-159　制作石碑轮廓模型　　　　　图 10-160　制作石碑模型细节

21 参考彩平图，移动复制石碑模型至广场右上方，然后更改材质纹理图像效果，完成另一侧石碑模型的制作，效果如图 10-162 所示。

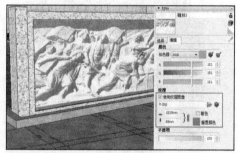

图 10-161　赋予石碑模型材质　　　　　　　　　　图 10-162　另一侧石碑模型完成效果

22 最后合并【阳光长廊】模型组件，参考彩平图，进行造型调整与复制，如图 10-163~图 10-165 所示。

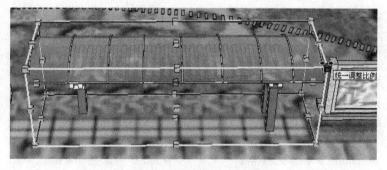

图 10-163　选择【阳光长廊】模型组件　　　　　　图 10-164　调整休闲长廊大小

至此，中心广场及周边的景观模型全部制作完成，当前的效果如图 10-166 所示。

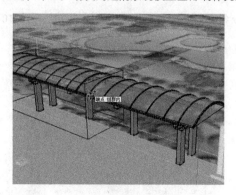

图 10-165　移动复制【阳光长廊】效果　　　　　　图 10-166　当前中心广场完成效果

10.4 制作后方汀步及水景

彩平图中中心广场的后方水景及汀步效果如图 10-167 所示。除了后方水景和汀步等主要模型外，还有正上方的入口广场与右下方的弧形休息廊，接下来一一进行制作。

10.4.1 制作水景轮廓

01 参考彩平图，结合使用【直线】与【圆弧】工具，绘制轮廓平面并完成初步分割，如图 10-168~图 10-170 所示。

图 10-167 彩平图中的后方水景及汀步效果　　　　　　图 10-168　绘制轮廓平面

02 启用【推/拉】工具，制作后方整体轮廓与水景轮廓模型初步层次，完成效果如图 10-171 所示。接下来制作汀步模型。

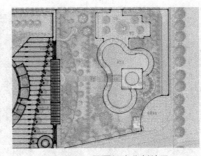

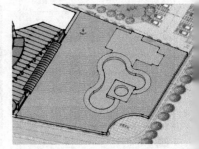

图 10-169　参考彩平图分割平面　　　图 10-170　平面初步分割效果　　　图 10-171　制作后方整体轮廓与水景轮廓
模型

10.4.2 制作汀步及小广场

01 参考彩平图，结合使用【圆】与【圆弧】工具，分割左上方汀步通道平面，图 10-172 与图 10-173 所示。

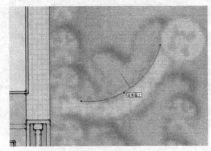

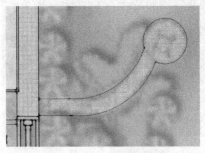

图 10-172　分割汀步通道平面　　　　　　　　图 10-173　汀步通道平面分割完成效果

02 打开【材料】对话框，为汀步通道模型赋予【石头】材质纹理图像，如图 10-174 所示。

03 启用【推/拉】工具，制作出 20mm 的汀步通道深度；启用【矩形】与【推/拉】工具，制作汀步石板模型，如图 10-175 所示。

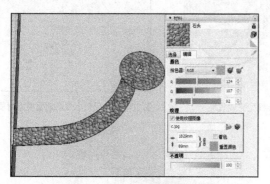

图 10-174 赋予汀步通道模型材质

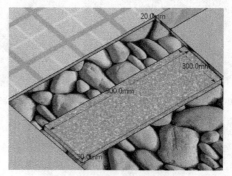

图 10-175 制作汀步石板模型

04 参考彩平图，选择汀步石板模型进行移动复制，完成汀步通道末端圆形平台模型制作，如图 10-176 与图 10-177 所示。

05 通过【组件】对话框合并石桌凳模型组件，完成该处汀步模型的制作，如图 10-178 所示。

图 10-176 复制汀步石板模型

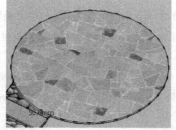

图 10-177 制作圆形平台模型

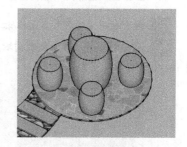

图 10-178 合并石桌凳模型组件

06 使用类似的方法，制作出中部的汀步通道模型，如图 10-179 与图 10-180 所示。

07 最后参考彩平图完成弧形汀步模型制作，如图 10-181 与图 10-182 所示。

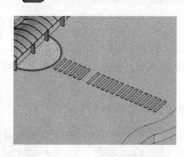

图 10-179 复制中心区域汀步石板模型

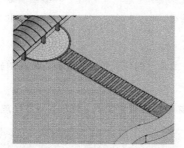

图 10-180 制作中部汀步通道模型

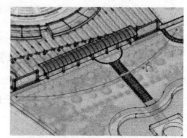

图 10-181 绘制弧形汀步通道平面

08 所有汀步模型制作完成效果如图 10-183 所示，接下来制作水景入口小广场模型。

09 打开【材料】对话框，为水景入口小广场地面模型赋予【地砖-釉面】材质纹理图像，如图 10-184 所示。

10 结合使用【偏移】与【推/拉】工具，制作出入口小广场左侧的花坛模型，然后赋予对应材质，如图 10-185 与图 10-186 所示。

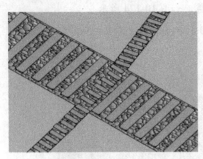

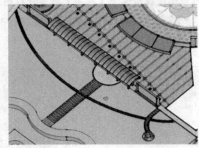

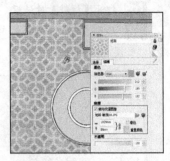

图 10-182　制作弧形汀步通道模型　　　　图 10-183　汀步模型完成效果　　　　图 10-184　赋予小广场地面模型材质

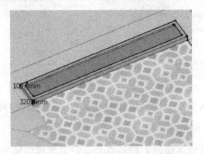

图 10-185　绘制小广场左侧花坛平面　　　　　　图 10-186　小广场左侧花坛模型完成效果

11 结合使用【偏移】与【推/拉】工具，制作小广场周边的路沿模型，如图 10-187 所示。

12 参考彩平图，移动复制树坛至水景广场，然后合并雕塑模型组件，完成小广场模型的制作，效果如图 10-188 所示。

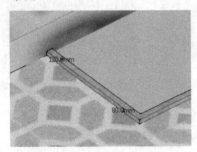

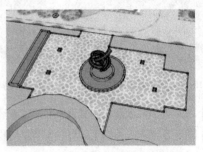

图 10-187　制作小广场周边路沿模型　　　　　　图 10-188　小广场模型完成效果

10.4.3　制作水景周边环境

01 结合使用【偏移】与【推/拉】工具，制作水景环形路面内外两侧的路沿模型，如图 10-189 与图 10-190 所示。

02 进入【材料】面板，为水景环形路面模型赋予【地花】材质纹理图像，如图 10-191 所示。

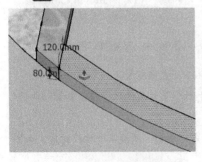

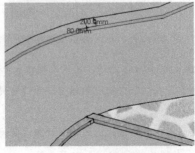

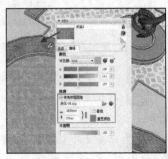

图 10-189　制水景外侧路沿模型　　　图 10-190　制作水景内侧路沿模型　　　图 10-191　赋予水景环形路面模型材质

03 参考彩平图中的水景配套景观，调入相关的组件，完成对应模型制作，如图 10-192 与图 10-193 所示。

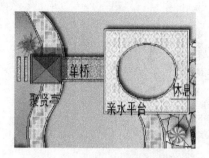

图 10-192　彩平图中的水景配套景观

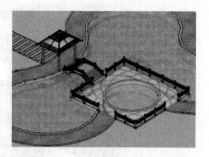

图 10-193　调入相关组件制作水景模型

10.4.4　制作其他细节

01 参考彩平图，分割右下方的弧形休息廊平面，如图 10-194 所示。

02 结合使用【偏移】与【推/拉】工具，制作弧形休息廊后方的弧形花坛，然后赋予对应材质，如图 10-195 和图 10-196 所示。

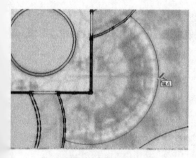

图 10-194　分割弧形平面

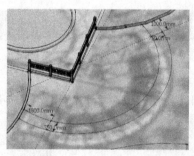

图 10-195　细分弧形花坛平面

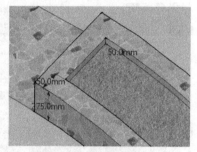

图 10-196　制作弧形花坛模型

03 为弧形平面模型赋予【地砖-釉面】材质纹理图像，调入【弧形休息廊架】组件，如图 10-197 与图 10-198 所示。

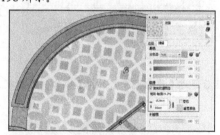

图 10-197　赋予弧形平面模型材质

图 10-198　合并【弧形休息廊架】组件

04 最后参考彩平图，使用之前介绍过的方法，完成右下方汀步模型制作，如图 10-199 与图 10-200 所示。

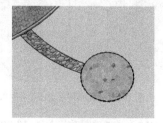

图 10-199　绘制右下方汀步通道及平台平面

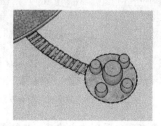

图 10-200　复制汀步与石桌凳模型

至此，景观区域效果制作完成，如图 10-201 所示。

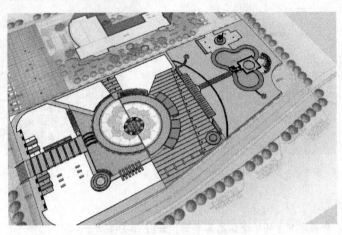

图 10-201　后方水景及汀步模型完成效果

10.5　制作建筑及周边环境

10.5.1　制作建筑模型

01 参考彩平图，绘制建筑及周边配套平面，然后进行细节分割，如图 10-202 与图 10-203 所示。

图 10-202　绘制建筑及周边配套平面

图 10-203　参考彩平图分割平面

02 首先制作出建筑周边的广场、停车场等配套模型，然后通过【移动】与【推/拉】操作制作建筑主体轮廓模型，如图 10-204 与图 10-205 所示。

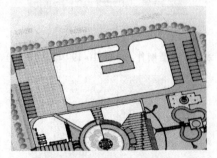

图 10-204　制作建筑周边配套模型

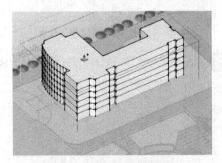

图 10-205　制作建筑主体轮廓模型

03 参考彩平图制作出建筑入口轮廓模型，并与建筑主体一起赋予半透明材质，如图 10-206 与图 10-20 所示。

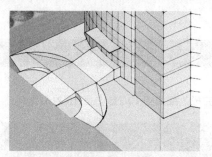

图 10-206　制作建筑入口轮廓模型　　　　　　　图 10-207　赋予建筑及入口半透明材质

10.5.2　制作周边环境

01　参考 AutoCAD 平面图中道路与入口的造型及标高，完成相关模型制作，如图 10-208~图 10-210 所示。

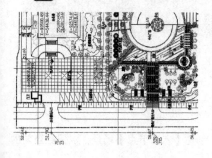

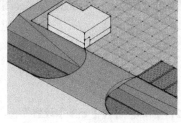

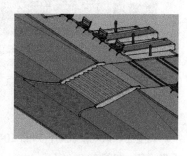

图 10-208　AutoCAD 平面图中的道路及入口　　图 10-209　制作车辆入口坡道模型　　图 10-210　制作人行道与护坡模型

02　参考 AutoCAD 平面图中外围上行坡道造型与标高，完成相关模型的制作，如图 10-211 与图 10-212 所示。

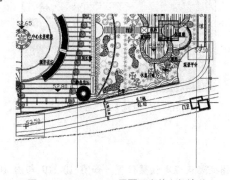

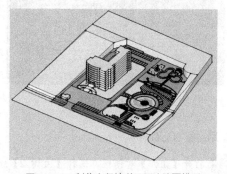

图 10-211　AutoCAD 平面图中的上行坡道　　　　图 10-212　制作上行坡道及周边路面模型

03　结合彩平图制作后方的楼梯及坡道，完成建筑及周边环境模型的制作，如图 10-213 与图 10-214 所示。

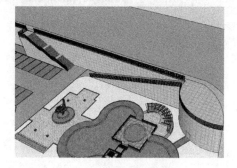

图 10-213　绘制后方楼梯及坡道模型　　　　　　图 10-214　建筑及周边环境模型完成效果

10.6 细化景观节点效果

本节重点介绍主入口以及中心广场景观节点的细化，两处完成效果如图 10-215 与图 10-216 所示。

图 10-215　主入口景观节点细化完成效果　　　图 10-216　中心广场景观节点细化完成效果

10.6.1　细化主入口景观节点

1. 创建场景

调整主入口观察视角，如图 10-217 所示。打开【场景】设置面板，创建【入口节点】场景，以保存当前的观察视角，如图 10-218 所示。

图 10-217　调整主入口观察视角　　　　　图 10-218　创建【入口节点】场景

2. 添加植物及石头

01　打开【组件】对话框，选择【大树 2】组件，通过捕捉端点确定放置位置，如图 10-219 与图 10-220 所示。

图 10-219　选择【大树 2】组件　　　　　图 10-220　放置【大树 2】组件

图 10-221　【大树 2】组件放置完成效果

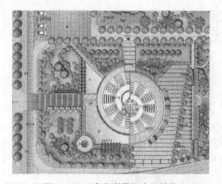

图 10-222　参考彩平图布置植物

02　模型组件放置好后，勾选【总是朝向相机】复选框，使其产生正对相机的效果，如图 10-221 所示。

03　参考彩平图，布置主入口周边的植物，如图 10-222 与图 10-223 所示。

技 巧

调入的植物组件通常颜色都比较单调，此时可以先将某些组件选择为【设定为唯一】，然后修改其颜色，以达到美化的效果，如图 10-224 和图 10-225 所示。

图 10-223　中心通道右上方植物布置效果

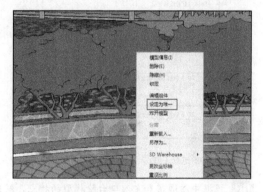

图 10-224　选择【设定为唯一】选项

04　树木及灌木模型通常通过调入组件完成，花丛等模型则通过推拉出花丛轮廓，然后指定花丛纹理图案模拟，如图 10-226 与图 10-227 所示。

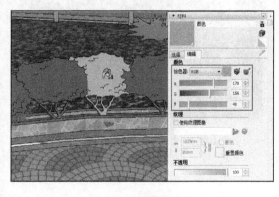

图 10-225　调整灌木颜色

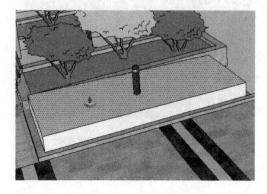

图 10-226　推拉花丛轮廓

05　最后通过合并组件及纹理图像的方式，完成石块模型与草地模型的制作，如图 10-228 所示。

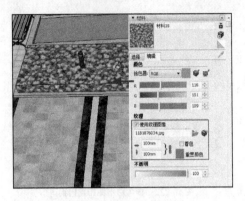

图 10-227　赋予花丛纹理图像

图 10-228　合并石块模型并完成草地模型的制作

3. 添加人物

01 打开【组件】对话框，调入人物模型组件，参考景观位置合理布置，如图 10-229 与图 10-230 所示。

图 10-229　选择【2D 人物组　妈妈和女儿】组件

图 10-230　布置人物模型组件

02 根据中心通道和主入口台阶模型的特点，继续布置其他人物模型，效果如图 10-231 与图 10-232 所示，完成主入口节点效果的制作。

图 10-231　中心通道人物模型布置效果

图 10-232　主入口处人物模型布置效果

10.6.2　细化中心广场景观节点

1. 创建场景

01 参考彩平图，选择当前布置好的植物、石头等模型组件，通过移动复制与缩放操作，完成整体效果，如图 10-233 所示。

02 调整视图，创建【中心广场节点】场景，如图 10-234 所示。接下来完善中心喷泉及水池细节。

图 10-233　移动复制与缩放操作

图 10-234　创建【中心广场】节点场景

2. 完善中心喷泉及水池细节效果

01 打开【组件】对话框，选择【喷泉低】水柱组件，将其放置至喷嘴位置；然后启用【缩放】工具，调整其大小，如图 10-235 与图 10-236 所示。

图 10-235　选择【喷泉低】水柱组件

图 10-236　放置水柱组件并调整其大小

02 启用【旋转】工具，进行旋转复制，如图 10-237 与图 10-238 所示。

图 10-237　选择细水柱模型

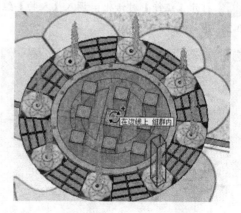

图 10-238　旋转复制细水柱模型

03 通过类似的操作，完成中心喷泉水柱模型的制作，如图 10-239 所示；然后合并【出水口】组件，如图 10-240 所示。

图 10-239　中心喷泉水柱模型完成效果　　　　　　图 10-240　合并【出水口】组件

04 旋转复制【出水口】组件，合并【荷花】组件至水池模型，完成中心喷泉及水池细节的制作，如图 10-241 与图 10-242 所示。

图 10-241　旋转复制【出水口】并调入【荷花】组件　　　　图 10-242　中心喷泉及水池细节完成效果

3. 添加人物与动物

01 打开【组件】对话框，调入【人物】组件，逐步完成广场中心及周边相关景点人群的布置，如图 10-243~图 10-245 所示。

图 10-243　布置中心喷泉周边人群　　　　　　　图 10-244　布置亲水木平台周边人群

02　调入【白鸽】和【小狗】等动物组件，完成中心广场景观节点的细化，如图10-246与图10-247所示。

图10-245　布置中心广场左侧人群

图10-246　布置广场中心【白鸽】和【小狗】等组件

图10-247　中心广场景观节点细化完成效果

10.6.3　细化其他节点效果

使用类似的方法，完成场景中其他节点的细化，效果如图10-248～图10-250所示。

图10-248　后方水景细化效果

图 10-249　后方停车坪完成效果

图 10-250　广场景观最终鸟瞰效果

第 11 章

V-Ray for SketchUp 渲染表现

本章重点：

◆V-Ray for SketchUp 渲染器概述

◆V-Ray for SketchUp 渲染器详解

◆实战——室内客厅效果图渲染

11.1 VRay for SketchUp 渲染器概述

虽然 SketchUp 建模功能灵活、易于操作，但渲染功能非常有限。在材质上，只有纹理图像、颜色及透明度控制，不能设置真实世界物体的反射、折射、自发光、凹凸等属性，因此只能表达建筑的大概效果，无法生成真实的照片级效果。此外，SketchUp 灯光系统只有太阳光，没有其他灯光系统，无法表达夜景及室内灯光效果；提供的阴影模式，只能对阳面、阴面进行简单的亮度分别。V-Ray for SketchUp 渲染器的出现，弥补了 SketchUp 渲染功能的不足。V-Ray for SketchUp 渲染器具有参数较少、材质调节灵活、灯光简单而强大的特点，只要掌握了正确的渲染方法，现在使用 SketchUp 也能做出照片级的效果，如图 11-1 与图 11-2 所示。

图 11-1　室内渲染效果

图 11-2　室外渲染效果

总的来说，V-Ray for SketchUp 渲染器具有如下特点：

➢ V-Ray 拥有优秀的全局照明系统和超强的渲染引擎，可以快速计算出比较自然的灯光关系效果，并且同时支持室外、室内及机械产品的渲染。

➢ V-Ray 还支持其他主要三维软件，如 3ds max、Maya、Rhino 等，其使用方式及界面与其相似。

➢ V-Ray 以插件的方式存在于 SketchUp 界面中，实现了对 SketchUp 场景的渲染，同时也做到了与 SketchUp 的无缝整合，使用起来非常方便。

➢ V-Ray 支持高动态贴图（HDRI），能完整表现出真实世界中的真正亮度，模拟环境光源。

➢ V-Ray 拥有强大的材质系统，庞大的用户群提供的教程、资料、素材也极为丰富，遇到困难时通过网络便可很容易找到答案。

➢ 开发了 V-Ray 与 SketchUp 插件接口的美国 ASGVIS 公司，已经在 2011 年被 ChaosGroup 收购，相对于 FRBRMR 等渲染器来说，V-Ray 的用户群非常大，很多网站都开设了 V-Ray 渲染技术讨论区，便于用户进行技术交流。

11.2 V-Ray for SketchUp 渲染器详解

在初步了解了 V-Ray for SketchUp 渲染器的特点后，下面将详细讲解其具体的使用方法。

11.2.1 V-Ray for SketchUp 主工具栏

在 SketchUp 软件中安装好 V-Ray 插件后，会在界面上出现主工具栏和光源工具栏，如图 11-3 所示。

图 11-3　V-ray for SketchUp 主工具栏

该工具栏中共有 8 个工具按钮，其主要功能如下所述。

> 【资源管理器】：用于打开 V-Ray 资源管理器，编辑设置场景中的 V-Ray 材质。

> 【渲染】：单击该按钮，开始或终止非互动式渲染。

> 【交互式渲染】：单击该按钮，开始或终止交互式渲染。

> 【视口渲染】：单击该按钮，在 SketchUp 视口中进行互动式渲染。

> 【视口区域渲染】：单击该按钮，开启或关闭视口区域渲染。允许在 SU（SketchUp）视口中选择渲染区域，按 Shfit+鼠标左键，可以框选增加渲染区域。

> 【帧缓存窗口】：用于打开帧缓存窗口。

> 【批量渲染】：用于开始或停止批量渲染，开启时批量渲染 SU 每一个场景记录的内容。

> 【锁定相机方向】：在 SU 中移动相机时，允许互动式渲染窗口，停止镜头更新。

11.2.2 V-Ray 材质编辑器

V-Ray 材质编辑器用于创建材质和设置材质的属性。单击 V-Ray for SketchUp 主工具栏中的【资源管理器】按钮，可以打开【V-Ray 资源管理器】窗口，如图 11-4 所示。

单击窗口右侧的向右箭头，弹出参数设置区，如图 11-5 所示。【V-Ray 资源管理器】由三个部分组成，左上方为材质预览视窗，左下方为材质列表，右侧为参数设置区。在【材质列表】中选择任意一种材质后，窗口右侧将会出现材质参数设置区。

图 11-4　【V-Ray 资源管理器】窗口

图 11-5　参数设置区

1. 材质预览视窗

在窗口的左上方，资源管理器将根据材质参数的设置，自动生成材质的大概效果，以便观察材质是否合适，如图 11-5 所示。

2. 工具按钮

在窗口的右下方有 5 个工具按钮,如图 11-6 所示。主要用于查看和管理场景材质,如添加材质、导入文件、保存材质、删除材质和清理材质。

> 【添加材质】 ⊕: 单击该按钮,向上弹出列表,显示多种类型的材质,如图 11-7 所示。选择一种材质类型,如选择【通用】选项,即可添加新材质,如图 11-8 所示。

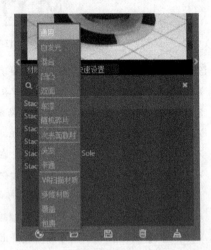

图 11-6　工具按钮　　　　　　　　　　　　　图 11-7　显示材质类型列表

> 【导入.vrmat 文件】 📂: 用于将保存磁盘上的材质读入到场景中,如果重名,将自动在材质名称后加上序号。
> 【将材质保存到文件】 💾: 将材质保存到磁盘。
> 【删除材质】 🗑: 删除选中的材质。
> 【清理未使用的材质】 🧹: 用于清理场景中没有使用到的材质,加快软件运行速度。

在材质类型列表任意材质上单击鼠标右键,将弹出如图 11-9 所示的快捷菜单。

图 11-8　添加新材质　　　　　　　　　　　　图 11-9　材质快捷菜单

材质快捷菜单中各选项的含义如下。

> 在场景中选择物体: 用于选择场景中使用此材质的物体。
> 将材质应用到选择物体: 用于将当前选定材质赋予当前选择的物体。
> 重命名: 用于对材质重新命名,方便查找和管理。

> ➤ 将材质应用到图层：用于将当前选定材质赋予指定图层中的全部物体。
> ➤ 副本：用于将当前选定材质进行复制，并且在其后自动添加序号，方便在此材质基础上创建新材质。
> ➤ 拷贝：复制选中的材质。
> ➤ 粘贴：选定一个材质，单击右键，在快捷菜单中选择【粘贴】选项，可删除已有的材质，显示所粘贴的材质。
> ➤ 另存为：用于将当前选定材质保存在磁盘上，以供其他场景中使用。
> ➤ 删除：用于删除不需要的材质。

11.2.3　创建 V-Ray 材质流程

在了解了材质编辑器之后，本节通过具体操作讲解材质的创建过程。

01 在 V-Ray for SketchUp 主工具栏上单击按钮 ⟨Ⓥ⟩，打开【V-Ray 资源管理器】窗口，如图 11-10 所示。

02 单击左下方的【添加材质】 ⊕，在材质类型列表中选择【通用】选项，如图 11-11 所示。

图 11-10　【V-Ray 资源管理器】窗口

图 11-11　选择【通用】选项

03 在新材质上单击鼠标右键，可以进行更名、复制、保存等一系列操作，同时右侧显示新建材质的相关设置参数，如图 11-12 所示。

04 选择材质参数设置区中的选项，可打开与之对应的参数设置窗口。例如，单击【漫反射】选项右侧的色块，将弹出如图 11-13 所示的窗口，在其中可设置【漫反射】的颜色参数。

图 11-12　显示相关设置参数

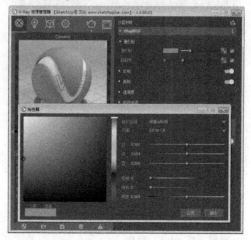

图 11-13　【拾色器】窗口

> **注 意**
>
> 在材质参数设置区中，还提供了其他类型的材质参数，如【反射】、【折射】、【透明度】等。展开卷展栏，可以详细设定材质参数。图 11-14 所示为【反射】卷展栏中所包含的各项参数。

11.2.4　V-Ray 材质类型

　　V-Ray for SketchUp 材质包括混合材质、通用材质、卡通材质、双面材质等类型，如图 11-15 所示，本节对常用的几个材质进行介绍。

图 11-14　【反射】卷展栏中的参数

图 11-15　材质类型

1. 混合（Blend）材质

　　混合材质是两个基本材质的混合，主要用于模拟天鹅绒、丝绸、高光镀膜金属等材质效果。混合材质参数如图 11-16 所示。

> **注 意**
>
> 当制作车漆材质和布料材质时，常常基于菲涅耳原理来设置材质的漫反射颜色，让材质表面随着观察角度的不同而发生反射强弱变化。

图 11-16　【混合】材质参数

图 11-17　【通用】材质参数

2. 通用（Generic）材质

　　通用材质是最常用的材质类型，可模拟出多数物体的属性，其他几种材质类型都是以通用材质为基础。【通用材质】参数中包含【漫反射】、【反射】、【折射】、【透明度】、【高级选项】和【贴图】7个卷展栏，如图 11-17 所示。

> 【漫反射】：材质漫反射是通过设置漫反射的【颜色】及【粗糙度】实现的，可以自定义颜色的类型，或者添加贴图及纹理。【漫反射】卷展栏如图 11-18 所示。

> 【反射】：通过设置反射的颜色、高光光泽度以及反射光泽度等参数，定义材质的反射效果。用户可以选择参数选项、滑动滑块的位置或参数来调整材质的反射值。【反射】卷展栏如图 11-19 所示。

图 11-18 【漫反射】卷展栏

图 11-19 【反射】卷展栏

> 【折射】：折射用来设置物体的选项或雾、色散、插值、半透明属性。在 V-Ray 材质中，折射是以折射层的方式实现的，折射层在漫反射层下面，是材质的最底层。实现该功能需要设置透明参数，也就是折射颜色的亮度，否则折射效果是无法表现出来的。【折射】参数卷展栏如图 11-20 所示。

> 【透明度】：通过输入参数或调整滑块的位置来定义透明度。单击【模式】，在列表中显示三种模式，分别是【正常】、【修剪】和【随机】。【透明度】卷展栏如图 11-21 所示。

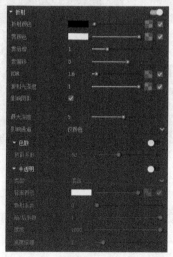

图 11-20 【折射】卷展栏

图 11-21 【透明度】卷展栏

> 【高级选项】：该卷展栏相当于材质的选项开关，可关掉或开启材质的某些属性，如图 11-22 所示。

> 【贴图】：【贴图】卷展栏是对漫反射、反射、折射图层的扩充。此图层是将材质中那些共用的且仅需一个的贴图的汇总。【贴图】卷展栏如图 11-23 所示。

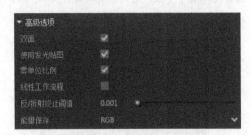

图 11-22 【高级选项】卷展栏 　　　　　　　　　　　图 11-23 【贴图】卷展栏

3. 双面（Two Sided）材质

V-Ray 的双面材质用于模拟半透明的薄片效果，如纸张、灯罩等。它是一个较特殊的材质，由两个子材质组成，通过参数（颜色灰度值）可以控制两个子材质的显示比例。这种材质可以用来制作窗帘、纸张等薄的、半透明效果的材质，如果与 V-Ray 的灯光配合使用，还可以制作出非常漂亮的灯罩和灯箱效果。【双面材质】参数如图 11-24 所示。

4. 卡通（Toon）材质

卡通材质用于将物体渲染成卡通效果。V-Ray 的卡通材质在制作模型的线框效果和概念设计中非常有用，其创建方法与混合材质等材质的创建方法相同。创建材质后，为其设置一个基础材质，就可以渲染出带有比较规则轮廓线的默认卡通材质效果。卡通材质参数如图 11-25 所示。

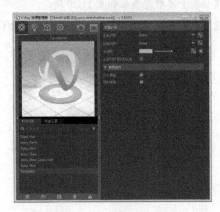

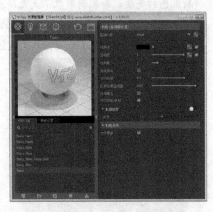

图 11-24 【双面材质】参数 　　　　　　　　　　　图 11-25 【卡通】材质参数

11.2.5 V-Ray 灯光工具栏

V-Ray 灯光工具栏包括【矩形灯】、【球灯】、【聚光灯】、【光域网（IES）光源】、【泛光灯】、【穹顶光源】等命令按钮，如图 11-26 所示。

图 11-26 V-Ray 灯光工具栏

> 　【矩形灯】：用于在场景中指定位置创建矩形灯。
> 　【球灯】：用于在场景中指定位置创建球体光源，可以对内凹形的表面实现均匀的照明。

> 【聚光灯】◿：用于在场景中指定位置创建聚光灯。
> 【光域网光源】⬆：用于在场景中指定位置创建一盏可加载光域网的 V-Ray 光源。
> 【泛光灯】✳：用于在场景中指定位置创建泛光灯。
> 【穹顶光源】⬭：用于在场景中指定位置创建穹顶光源，可以对弯曲的表面实现均匀的照明。
> 【转换网格灯】◉：转换 SketchUP 组或组件物体为网格灯。
> 【灯亮度工具】🔅：在 SketchUP 视口的 V-Ray 灯物体上，按住左键拖曳修改亮度。

1. 矩形灯

在 V-Ray 灯光工具栏上单击【矩形灯】按钮▽，指定起点与对角点绘制矩形灯，如图 11-27 所示。打开【V-Ray 资源管理器】窗口，单击【光源】💡，在列表框中显示场景光源的名称，如图 11-28 所示。

在窗口的右侧区域中显示【矩形灯】的光源参数选项，如图 11-28 所示。通过修改参数，可以控制灯光的颜色、强度以及形状、方向性等。

图 11-27　绘制矩形灯

图 11-28　设置【矩形灯】光源参数

2. 球灯

单击 V-Ray 灯光工具栏上的【球灯】按钮◎，指定点并设置半径即可创建球灯，如图 11-29 所示。打开【V-Ray 资源管理器】窗口，在【光源】列表框中选择【球灯（V-Ray Sphere Light）】，在窗口的右侧区域中显示光源参数。

单击【颜色】右侧的色块，弹出【拾色器】窗口，在其中自定义灯光的颜色。调整【选项】卷展栏中的参数，控制球灯的漫反射、高光效果，如图 11-30 所示。

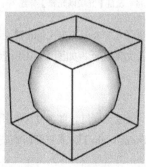

图 11-29　创建球灯

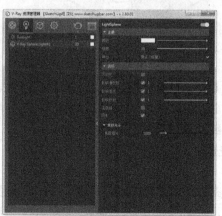

图 11-30　设置【球灯】光源参数

3. 聚光灯

单击 V-Ray 灯光工具栏上的【聚光灯】按钮，在场景中单击左键创建光源，按住 Shift 键控制光源的方向。创建聚光灯的效果如图 11-31 所示。

打开【V-Ray 资源管理器】窗口，在【光源】列表框中选择【聚光灯（V-Ray Spot Light）】，在窗口的右侧区域中显示光源参数。展开【选项】卷展栏，设定选项参数，如图 11-32 所示。

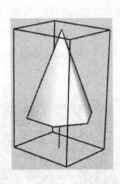

图 11-31　创建聚光灯的效果

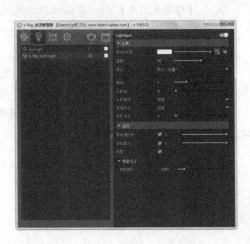

图 11-32　设置【聚光灯】光源参数

4. 光域网光源

单击 V-Ray 灯光工具栏上的【光域网光源】按钮，打开【IES File】文件夹，选择格式为.ies 的文件。单击【打开】按钮，调用灯光文件。在场景中单击左键，创建光域网光源，如图 11-33 所示。

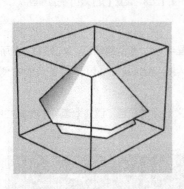

图 11-33　创建光域网光源

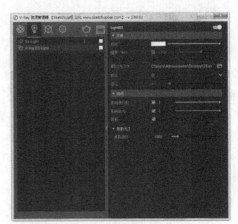

图 11-34　设置【光域网光源】参数

打开【V-Ray 资源管理器】窗口，在【光源】列表框中显示【光域网光源（V-Ray IES Light）】名称。选择光源，在窗口的右侧区域中显示光源参数。在【IES 灯光文件】选项中显示文件路径，如图 11-34 所示。设置其他选项参数，调整光源在场景中的显示效果。

5. 泛光灯

在 V-Ray 灯光工具栏上单击【泛光灯】按钮，在场景中单击左键，创建泛光灯，如图 11-35 所示。打开【V-Ray 资源管理器】窗口，在【光源】列表框中选择【泛光灯（V-Ray Omni Light）】，展开窗口的右侧区域的卷展栏，设置【泛光灯】光源参数，如图 11-36 所示。

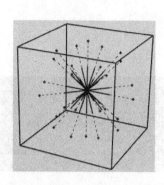

图 11-35　创建泛光灯

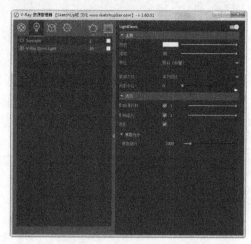

图 11-36　设置【泛光灯】光源参数

6. 穹顶光源

在 V-Ray 灯光工具栏上单击【穹顶光源】按钮 ，在场景中单击左键，创建穹顶光源，如图 11-37 所示。按住 Shift 键，创建无贴图穹顶光源。按住 Ctrl 键，打开【选择图像】对话框，选择 HDR 贴图，创建带贴图的穹顶光源。

打开【V-Ray 资源管理器】窗口，在【光源】列表框中选择【穹顶光源（V-Ray Dome Light）】，在窗口的右侧区域中显示光源参数，如图 11-38 所示。修改【主要】选项组中的参数，可定义光源的颜色、强度以及形状等。

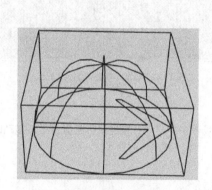

图 11-37　创建穹顶光源

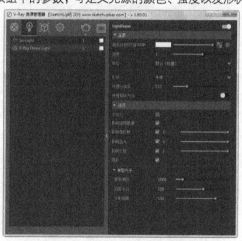

图 11-38　设置【穹顶光源】参数

7. 太阳光

打开【V-Ray 资源管理器】窗口，在【光源】列表框中选择【太阳光（Sun Light）】，在窗口的右侧区域中展开卷展栏，如图 11-39 所示。设置【主要】选项组中的参数，可定义太阳光的颜色、强度以及尺寸。

在【天空】卷展栏中单击【天空模型】选项右侧的按钮 ，弹出下拉列表，如图 11-40 所示。选择下拉列表中的选项，可定义天空模型的样式。

8. 转换网格灯

选择常见的组件，单击 V-Ray 灯光工具栏上的【转换网格灯】按钮 ，可将组件转换为网格灯，如图 11-41 所示。

打开【V-Ray 资源管理器】窗口，在【光源】列表框中选择【网格灯（V-Ray Mesh Light1）】，在窗口的右侧区域中设置【网格灯】光源参数，如图 11-42 所示。

图 11-39　设置【太阳光】光源参数

图 11-40　选择【天空模型】样式

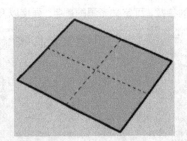

图 11-41　转换为网格灯

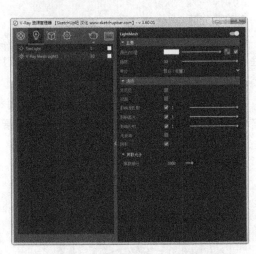

图 11-42　设置【网格灯】光源参数

9. 灯亮度工具

单击 **V-Ray** 灯光工具栏上的【灯亮度工具】按钮，选择场景中的灯具，按住鼠标左键并上下拖动以增加或减小亮度，如图 11-43 与图 11-44 所示。

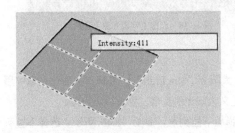

图 11-43　增加亮度

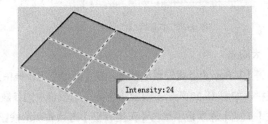

图 11-44　减小亮度

11.2.6　V-Ray 渲染设置面板

打开【V-Ray 资源管理器】窗口，单击【设置】按钮，显示 V-Ray 渲染设置面板，如图 11-45 所示。

V-Ray for SketchUp 大部分渲染参数都在该设置面板中完成，共有 12 个卷展栏，分别是【渲染设置】、【相机设置】、【渲染输出】和【环境设置】等。本节将介绍几个常用卷展栏的用法。

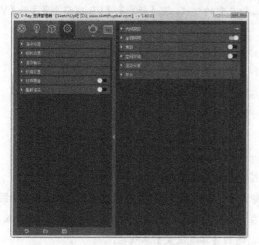

图 11-45　V-Ray 渲染设置面板

图 11-46　【渲染设置】卷展栏

1. 渲染设置

在【渲染设置】卷展栏中通过设置参数，选择渲染的引擎类型以及渲染的方式，如图 11-46 所示。

卷展栏中各选项的含义如下所述。

➤ **引擎**：默认选择 CPU。选择 GPU，激活右侧的圆点。单击圆点，显示另一引擎的妈妈 C++/CPU。

➤ **互动式/渐进式**：用于指定渲染的方式。

➤ **质量**：选择【互动式】渲染，可以在【质量】选项中选择图像的质量，有低、中、高三种类型可供选择。

➤ **去噪点过滤**：用于降低图像上的噪点。

2. 相机设置

在使用相机拍摄景物时，可通过调节光圈、快门或使用不同的大小的感光度 ISO 以获得正常的曝光照片。相机的白平衡调节功能还可以对因色温变化引起的相片偏色现象进行修正。

V-Ray 也具有相同功能的相机，可通过调整渲染图像的曝光和色彩等效果，达到真实相机效果。【相机设置】卷展栏如图 11-47 所示。

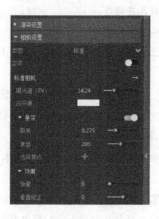

图 11-47　【相机设置】卷展栏

V-Ray 中支持渲染景深，在渲染中需要景深效果。启用【景深】功能，通过设置散焦、焦距等参数营造景深效果。

其他选项的含义如下所述。

- 类型：单击其右侧按钮 ，弹出下拉列表，包括三种类型的相机，即【标准】、【VR 球形全景】和【VR 立方体】，默认选择【标准】类型。
- 立体：默认情况下该选项没有启用。启用该选项，设置渲染的立体效果。
- 曝光值：用于设置标准相机的曝光值。
- 白平衡：单击其右侧颜色色块，打开【拾色器】窗口，设置白平衡的颜色。
- 渐晕：输入数据或移动圆形滑块，可调整渲染中的光晕效果。
- 垂直修正：修正渲染过程中垂直效果发生偏差的问题。

3. 环境设置

在【环境设置】卷展栏（见图 11-48）中设置参数，可控制场景的环境效果。

- 背景：单击颜色色块，在【拾色器】窗口中设置背景色；输入数值，调整背景色的强度。选择【贴图】选项 ，进入参数设置界面，如图 11-49 所示。在界面中设置天空的显示效果，包括颜色、强度及尺寸等。设置完毕后，单击左下方的【返回】按钮，返回【环境设置】卷展栏。

图 11-48 【环境设置】卷展栏

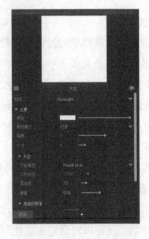

图 11-49 参数设置界面

- GI（天光）：选择该选项，设置天光的颜色及强度。
- 反射：选择该选项，设置反射颜色及强度。
- 折射：选择该选项，设置折射的颜色与强度。
- 二次蒙版：选择该选项，调整二次蒙版的颜色种类及强度大小。

4. 全局照明

在【全局照明】卷展栏（见图 11-50）中设置参数，可控制整个场景空间的照明效果。

- 主光线引擎：选择该选项，在下拉列表中提供了三种模式的引擎供用户选择，分别是【强算】、【发光贴图】和【灯光缓存】。默认选择【强算】模式。
- 次光线引擎：在选项下拉列表中提供三种模式，分别是【无】、【强算】和【灯光缓存】。默认选择【灯光缓存】模式。
- 细分：用于设置渲染过程中图像的细分值。参数值越大，物体越精细，所需的时间也更长。反之亦然。
- 采样尺寸：用于设置在渲染时的采样值，值越大，所需内存越大，时间也越长。
- 回折：默认值为 1，所设置的值越大，需要的渲染时间也越长。
- 模式：用于设置文件缓存的模式，单击【保存】按钮，设置保存路径。单击【软盘缓存】右侧的【切换到高级设置】按钮 （见图 11-50），弹出【渲染结束时】选项组，如图 11-51 所示。选择其中的选项，设置在渲染结束时缓存文件的处理方法。

图 11-50 【全局照明】卷展栏

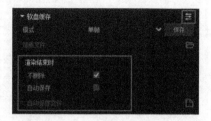

图 11-51 【渲染结束时】选项组

11.3 实战——室内客厅效果图渲染

在了解了 V-Ray for SketchUp 的材质、灯光和渲染的基本知识之后，本节将通过实战案例，讲解如何使用 V-Ray for SketchUp 渲染器渲染室内效果图。

11.3.1 布置家具

要进行室内效果图的设计，首先要布置家具，客厅家具包括沙发、茶几、餐桌、电视、灯具等。

01 按 Ctrl+O 组合键，打开配套资源的【素材\第 11 章\11.3.1 客厅初始模型.skp】，如图 11-52 所示。

02 选择顶棚模型，单击右键将其进行隐藏，如图 11-53 所示，隐藏效果如图 11-54 所示。

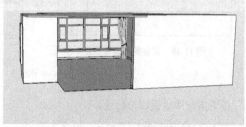

图 11-52 打开场景模型

03 执行【文件】|【导入】菜单命令，导入配套资源【素材\第 11 章\配套模型】文件夹的家具模型，如图 11-55 所示。

图 11-53 隐藏顶棚模型

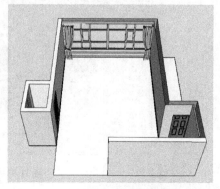

图 11-54 隐藏结果

图 11-55 执行【导入】菜单命令

04 系统弹出【导入】对话框，如图 11-56 所示。

05 选择组件中的餐桌模型进行导入，如图 11-57 所示。

图 11-56　【导入】对话框

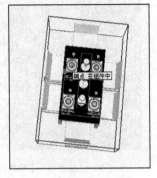

图 11-57　导入餐桌模型

06 使用【缩放】工具，将餐桌模型等比例缩放到合适的大小，如图 11-58 所示。

07 使用【移动】和【旋转】工具，将餐桌放置到合适的位置。如图 11-59 所示。

08 使用相同的方法将主要家具模型进行导入并进行布置，如图 11-60 所示。

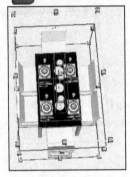

图 11-58　调整餐桌模型比例

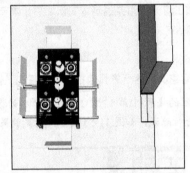

图 11-59　调整餐桌模型位置

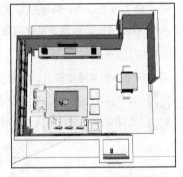

图 11-60　布置主要家具模型

11.3.2　添加材质

在主要家具模型布置完成后，接下来赋予场景模型材质。

01 按下键盘上的 B 键，弹出【材料】对话框，如图 11-61 所示。

02 单击【材料】对话框中的【创建材质】按钮，在弹出的对话框中选择随书配套资源中的材质纹理图案，如图 11-62 所示。

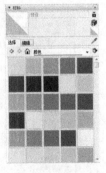

图 11-61　【材料】对话框

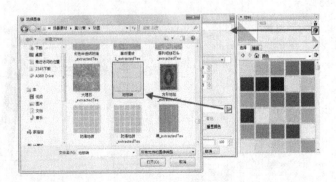

图 11-62　创建材质

03 将创建好的材质赋予地板模型，如图 11-63 所示。

04 调整地板纹理图像的尺寸，如图 11-64 所示。

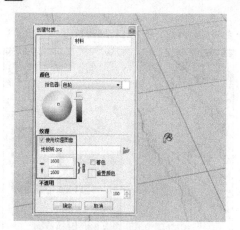

图 11-63　赋予地板模型材质

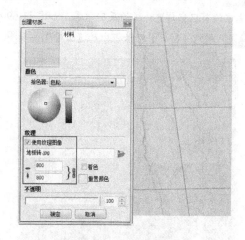

图 11-64　调整尺寸大小

05 在地板模型上单击右键，选择【纹理】|【位置】命令，调整纹理图像的位置，如图 11-65 所示。

06 选择地板模型，打开【V-Ray 资源管理器】窗口如图 11-66 所示。

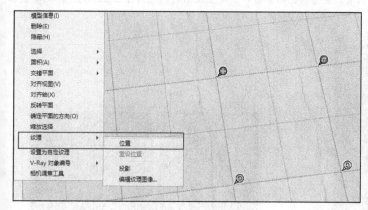

图 11-65　调整纹理图像的位置

图 11-66　【V-Ray 资源管理器】窗口

07 使用【材料】对话框中的【吸管】工具 🖊，吸取地板模型材质，如图 11-67 所示。

08 在【V-Ray 资源管理器】中新建一个材质，在【反射】卷展栏中单击【反射颜色】选项右侧的色块，在【拾色器】窗口中设置如图 11-68 所示的颜色作为反射颜色。

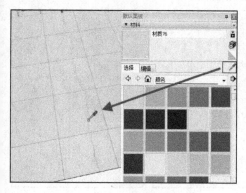

图 11-67　吸取地板模型材质

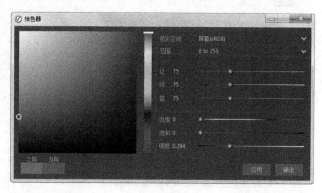

图 11-68　设置反射颜色

09　单击【应用】按钮，再单击【确定】按钮，返回【V-Ray 资源管理器】。在【反射】卷展栏中设置参数，在左上方的窗口中预览地板的反射效果，如图 11-69 所示。

10　使用【材料】对话框中的【吸管】工具 ，吸取沙发模型的材质，如图 11-70 所示。

图 11-69　预览反射效果

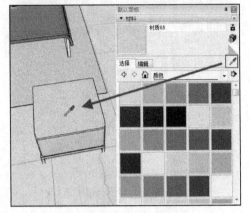

图 11-70　吸取沙发模型材质

11　在【拾色器】窗口中设置反射颜色为【40,40,40】，其他参数的设置如图 11-71 所示。

12　吸取沙发群组中的茶几玻璃面材质，在【拾色器】窗口中设置反射的颜色为【25,25,25】，其他参数保持默认，如图 11-72 所示。

图 11-71　设置其他参数

图 11-72　设置茶几玻璃模型反射颜色

13　在【V-Ray 资源管理器】中设置茶几玻璃面模型的反射参数，如图 11-73 所示。

14　使用同样的方法编辑指定内侧墙面模型材质，如图 11-74 所示。

图 11-73　设置茶几玻璃模型反射参数

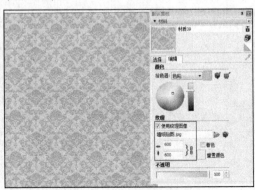

图 11-74　指定内侧墙面材质

15　使用同样的方法赋予外侧墙面模型材质，如图 11-75 所示。

16　使用同样的方法赋予电视机模型材质，如图 11-76 所示。

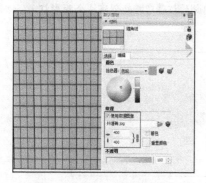

图 11-75　赋予外侧墙面模型材质

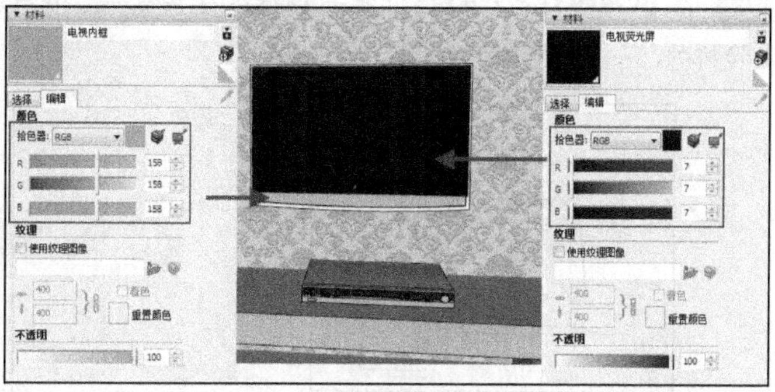

图 11-76　赋予电视机模型材质

17　使用同样的方法赋予窗帘模型材质，如图 11-77 所示。

18　使用同样的方法赋予装饰画模型材质纹理图像，如图 11-78 所示。

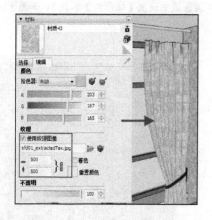

图 11-77　赋予窗帘模型材质

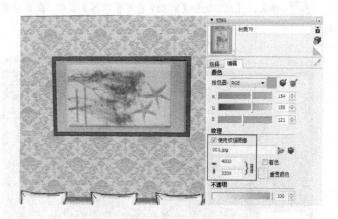

图 11-78　赋予装饰画模型材质

19　最后在窗户外使用【矩形】工具绘制一个矩形并指定环境纹理图像，如图 11-79 所示。

20　材质赋予完成的效果如图 11-80 所示。

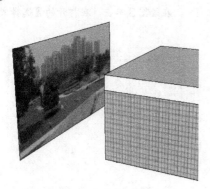

图 11-79　赋予环境纹理图像

图 11-80　材质赋予完成效果

1.3.3　布置灯具

赋予材质完成后，需要在场景中布置灯具，通过渲染表现出灯光的效果，使效果图更加真实。

01 执行【绘图】 | 【形状】|【矩形】菜单命令，在顶棚上绘制一个矩形，并结合【推/拉】工具向下推拉出如图 11-81 所示吊顶造型。

02 在【V-Ray 灯光工具栏】上单击【矩形灯】按钮 ⊽ ，在吊顶内侧的灯带凹槽处创建 4 个矩形灯 1，如图 11-82 所示。

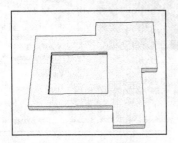

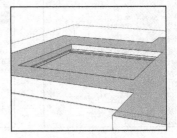

图 11-81　推拉出吊顶造型　　　　　　　　　　　　图 11-82　创建矩形灯 1

03 选择矩形灯，打开【V-Ray 资源管理器】窗口。在【光源】列表框中选择【矩形灯】，在右侧的界面中单击【颜色/纹理】选项右侧的色块，在【拾色器】窗口中设置【矩形灯】光源颜色参数 1，如图 11-83 所示。

04 结束设置后，返回【V-Ray 资源管理器】窗口，在窗口的右侧区域中设置【矩形灯】参数 1，如图 11-84 所示。

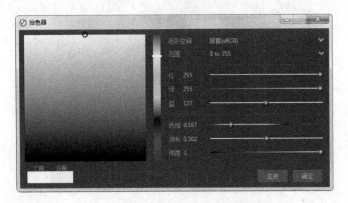

图 11-83　设置【矩形灯】光源颜色参数 1　　　　　　图 11-84　设置【矩形灯】光源参数 1

05 执行【文件】 | 【导入】命令，导入配套资源中的【筒灯】组件，如图 11-85 所示。

06 在【V-Ray 灯光工具栏】中单击【光域网光源】按钮 ⊺ ，在绘图区单击，在打开的【选择文件】对话框中选择【19.ies】光域网文件，如图 11-86 所示。

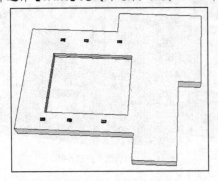

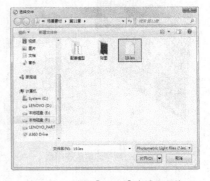

图 11-85　导入【筒灯】组件　　　　　　　　　　　图 11-86　选择【19.ies】光域网文件

07 在绘图区中单击，创建光域网光源，如图 11-87 所示。

08 打开【V-Ray 资源管理器】窗口，在【光源】列表框中选择【光源网光源】，在窗口的右侧区域中设置参数，如图 11-88 所示。

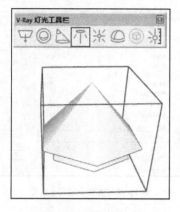

图 11-87　创建光源网光源

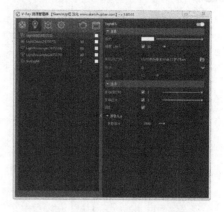

图 11-88　设置【光域网光源】参数

09 选择光源网光源，按 M 键激活【移动】工具，将设置好参数的光源网光源移动到筒灯位置下方，如图 11-89 所示。使用移动复制的方法，将光源网光源复制到其他筒灯位置的下方。

10 在【V-Ray 灯光工具栏】中单击【球灯】按钮◎，在筒灯内部创建一个球灯，如图 11-90 所示。

11 启用【缩放】工具，对球灯执行等比例缩放和上下缩放，如图 11-91 所示。

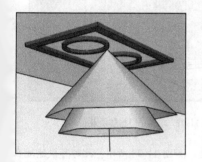

图 11-89　移动复制光源网光源

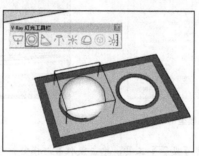

图 11-90　创建球灯

图 11-91　缩放球灯

12 选择球灯，打开【V-Ray 资源管理器】窗口，单击【颜色】右侧的图块，在【拾色器】窗口中设置【球灯】光源颜色 RGB 值为【255、186、4】，如图 11-92 所示。

13 在【V-Ray 资源管理器】的窗口右侧区域中设置【球灯】光源参数，如图 11-93 所示。

图 11-92　设置【球灯】光源颜色参数

图 11-93　设置【球灯】光源参数

14 将调整好的球灯复制到其他的筒灯下，如图 11-94 所示。使用同样的方法，在其他筒灯下放置球灯。

15 执行【编辑】|【取消隐藏】|【全部】命令，如图 11-95 所示，取消隐藏顶棚。

图 11-94　复制球灯

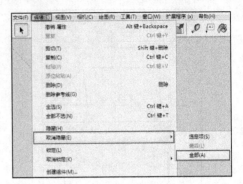

图 11-95　执行【全部】命令

16 执行【文件】|【导入】命令，在【导入】对话框中选择客厅吊灯模型，如图 11-96 所示。

17 调整导入吊灯模型的位置，如图 11-97 所示。

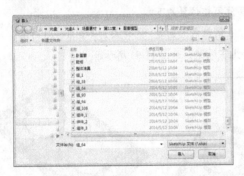

图 11-96　选择客厅吊灯模型

图 11-97　调整吊灯模型位置

18 在【材料】对话框中使用【吸管】工具，单击吸取吊灯模型材质，如图 11-98 所示。此时可快速地在【V-Ray 资源管理器】窗口【材质列表】框中找到相应的材质。

19 在【V-Ray 资源管理器】窗口的右侧区域中设置材质参数，如图 11-99 所示。

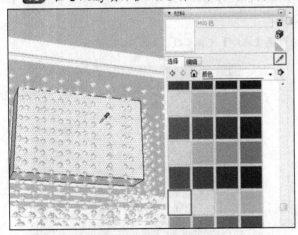

图 11-98　吸取吊灯模型材质

图 11-99　设置【客厅吊灯灯心】材质参数

20 在【V-Ray 资源管理器】窗口中单击【渲染】按钮，进行简单的渲染，效果如图 11-100 所示。

图 11-100　简单渲染效果

21　使用同样的方法，在餐桌模型和沙发模型旁布置灯具，如图 11-101 所示。

22　在放置的沙发灯具下方创建矩形灯 2，如图 11-102 所示。

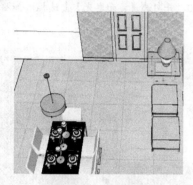

图 11-101　布置灯具

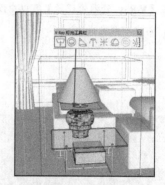

图 11-102　创建矩形灯 2

23　打开【V-Ray 资源管理器】窗口，在【光源】列表框中选择【矩形灯】，单击窗口右侧区域中【颜色/纹理】右侧的色块。在【拾色器】窗口中设置【矩形灯】光源，颜色参数 2，如图 11-103 所示。

24　在【V-Ray 资源管理器】窗口的窗口右侧区域设置【矩形灯】光源参数 2，如图 11-104 所示。

图 11-103　设置【矩形灯】光源颜色参数 2

图 11-104　设置【矩形灯】光源参数 2

25　使用同样的方法在餐桌模型上方的吊灯处创建矩形灯 3，如图 11-105 所示。

26　打开【V-Ray 资源管理器】窗口，在窗口的右侧区域中设置【矩形灯】光源参数 3，如图 11-106 所示。

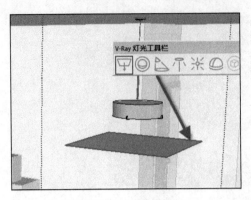

图 11-105　创建矩形灯 3

图 11-106　设置【矩形灯】光源参数 3

27 使用【材料】对话框中的【吸管】工具，吸取沙发模型左边的落地灯灯罩模型，在【V-Ray 资源管理器】窗口中单击【透明度】色块，在【拾色器】窗口中设置【透明度】颜色为【80,80,80】，如图 11-107 所示。

28 在【V-Ray 资源管理器】窗口中设置发光【强度】为 50，并勾选【背面发光】复选框，如图 11-108所示。至此，灯光布置完成。

图 11-107　设置【透明度】颜色参数

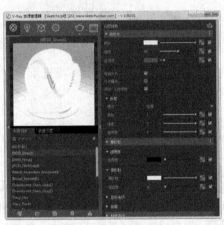

图 11-108　设置灯罩材质参数

11.3.4　添加装饰

灯光布置完成后，可以在室内增加一些装饰，如盆栽、餐具等，使室内效果更加真实。添加室内装饰时，既可以从随书配套资源提供的组件库中查找，也可以从 SketchUp 网上 3D 模型库下载。

单击工具栏中的【获取模型】按钮，打开【3D Warehouse（3D 模型库）】窗口，如图 11-109 所示。在【搜索】文本框中输入【盆栽】，可以搜索到模型库中的盆栽模型，如图 11-110 所示。

图 11-109　【3D Warehouse（3D 模型库）】窗口

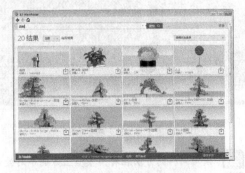

图 11-110　搜索【盆栽】模型

选择需要的模型，如图 11-111 所示。单击【下载】按钮，即可进行导入，如图 11-112 所示。

图 11-111　选择并下载模型

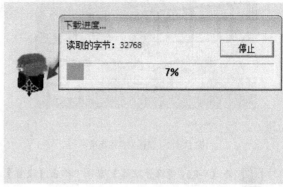

图 11-112　导入模型

　　将下载的模型放置在阳台合适的位置，如图 11-113 所示。使用同样的方法布置其他盆栽及装饰模型，如图 11-114 所示。

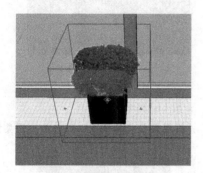

图 11-113　放置盆栽

图 11-114　布置其他装饰模型

11.3.5　最终渲染

　　布置好室内装饰后，接下来设置相机的拍摄角度，具体操作如下。

01　单击【相机】工具栏上的【定位相机】按钮 ，在图中适当的位置进行放置，如图 11-115 所示。

02　放置到合适的位置后单击，如图 11-116 所示。此时相机的【视点高度】为系统默认的 1676mm。

图 11-115　放置相机

图 11-116　定位相机

03　在【眼睛高度】文本框中输入 980mm，并按 Enter 键调整相机的高度，如图 11-117 所示。

04　单击【阴影】工具栏上的【显示/隐藏阴影】按钮 ，打开阴影显示，对阴影进行适当的调整，如图 1-118 所示。

图 11-117　调整相机的高度

图 11-118　调整阴影

05 在【V-Ray 资源管理器】窗口中单击【设置】按钮，如图 11-119 所示。

06 在【渲染输出】卷展栏下设置【尺寸】参数，如图 11-120 所示。

图 11-120　设置【尺寸】参数

图 11-119　单击【设置】按钮

07 在【环境设置】卷展栏中设置【CI（天光）】强度为 2，如图 11-121 所示。

08 打开【渲染输出】卷展栏，选择【保存图片】选项，并设置渲染文件保存的路径和文件类型，如图 11-122 所示。

图 11-121　设置环境参数

图 11-122　设置【保存图片】参数

09 在【全局照明】卷展栏中设置【主光线引擎】为【发光贴图】，【次光线引擎】为【灯光缓存】，如图 11-123 所示。

10 在【发光贴图】卷展栏中设置【最小比率】为-2，【细分】为 80，如图 11-124 所示。

图 11-123　设置【全局照明】参数

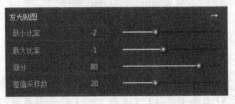

图 11-124　设置【发光贴图】参数

11 在【灯光缓存】展卷栏中设置【细分】为 1200,【回折】数为 6,如图 11-125 所示。

12 设置完成后,单击【用 V-Ray 渲染】按钮 ⬛ 渲染场景,如图 11-126 所示。

图 11-125　设置【灯光缓存】参数

图 11-126　单击【用 V-Ray 渲染】按钮

13 渲染完成效果如图 11-127 所示。

图 11-127　渲染完成效果

附　录

附录 A　SketchUp 快捷功能键速查

直线		L	圆		C
圆弧		A	材质		B
矩形		R	创建组件		G
选择		空格键	视图平移		H
擦除		E	旋转		Q
移动		M	推/拉		P
缩放		S	偏移		F
卷尺		T	视图缩放		Z
环绕观察		O			

附录 B　SketchUp 8.0/2015/2018
菜单和工具栏对比

SketchUp 8.0	SketchUp 2015	SketchUp 2018
【编辑】菜单		

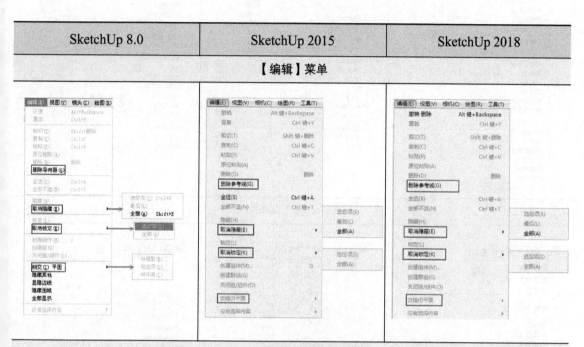

【视图】菜单		

（续）

SketchUp 8.0	SketchUp 2015	SketchUp 2018

【镜头】或【相机】菜单

【绘图】菜单

 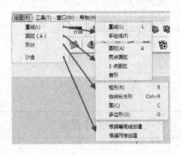 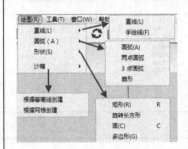

【工具】菜单

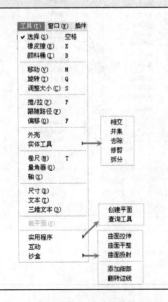  

（续）

SketchUp 8.0	SketchUp 2015	SketchUp 2018
【窗口】菜单		

工具栏及对话框		
【沙盒】或【沙箱】工具栏		

【镜头】或【相机】工具栏		

【绘图】工具栏		

【修改】或【编辑】工具栏		

（续）

SketchUp 8.0	SketchUp 2015	SketchUp 2018
【样式】或【风格】工具栏		

【材质】或【材料】对话框		
		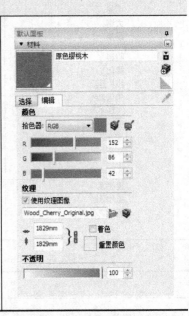